機器人力觸覺感知技術

梁橋康，徐菲，王耀南 編著

前言

　　操控智慧化是機器人技術領域研究和發展的主要趨勢之一，而系統的感知和反饋是高級智慧行為的必要手段。 力觸覺感知系統能獲取機器人作業時與外界環境之間的相互作用力，進而實現機器人的力覺、觸覺和滑覺等資訊的感知。

　　本書在作者所在的機器人感知技術團隊的多項國家和省部級科研課題（NSFC. 6167316，Hunan NSFC. 2016JJ3045，IRT 2018003）成果的基礎上，詳細介紹機器人的力觸覺感知系統。 本書共 11 章，分別從力觸覺感知系統原理、設計方法、分析、建模、研製和應用展開闡述。 第 1 章為緒論，簡單介紹了智慧機器人感知技術的發展；第 2 章概括地介紹了機器人力覺和觸覺感知技術，包括感知技術的基本原理、常見的分類和研究現狀；第 3 章闡述了力敏導電橡膠的基礎理論和研究現狀，對其導電性和導電機理進行了初步探討，分析了導電橡膠的力敏特性，並介紹了力敏導電橡膠在觸覺傳感器及其他領域中的應用；第 4 章對基於力敏導電橡膠觸覺感知系統設計方法展開了論述，並通過三種具有整體多層結構的多維觸覺傳感器詳細介紹了觸覺感知系統設計方法，傳感器的受力分析模型的建立方法，並通過相應的指標描述了設計的三種結構的優缺點；第 5 章在第 4 章的基礎上，設計了一種基於力敏導電橡膠的可整體液體成型的兩層非對稱式網狀傳感器敏感單元結構，其兼有柔韌性和檢測三維力的能力，基於導電橡膠材料的隧道效應計算模型對傳感器的物理模型進行了改進，建立了更加符合橡膠材料實際性質的三維力檢測模型；第 6 章對柔性三維觸覺傳感器的標定方法進行了研究，並設計了基於 BP 神經網路的觸覺傳感器標定方法；第 7 章介紹了常見的電阻式、電容式、光電式和壓電式多維力/力矩傳感器的檢測原理，並通過指尖四維力/力矩傳感器的設計闡述了力覺感知系統的設計方法和步驟；第 8 章介紹了常見的多維力覺感知系統的標定和解耦算法，通過實例分析了各種解耦算法的性能；第 9~11 章分別通過基於力覺感知的三維座標測量系統、仿人機器人足部多維力/力矩傳感器的設計與研究、水下機器人腕部

六維力/力矩資訊獲取等介紹了力覺感知系統的應用。

　　本書由湖南大學王耀南（第1章和第2章）、昆明船舶設備研究試驗中心徐菲（第3~6章）、湖南大學梁橋康（第7~11章）編著。全書由梁橋康負責統稿和審校。中國科學院合肥物質科學研究院研究員葛運建為本書的編寫提供了很多的指導和幫助。此外，湖南大學伍萬能、龍建勇等為本書相關章節的標定和解耦實驗做了大量工作。

　　本書適合機器人技術相關方向的研究者和學生閱讀和參考，也適合智慧新技術領域的從業人員參考學習。作者希望通過本書的介紹，吸引更多的有志青年選擇智慧機器人感知系統作為自己的研究方向，從事機器人感知、人機交互和人工智慧等相關的職業，並積極加入機器人技術、仿生感知與新型傳感器、訊號獲取與處理、人工智慧及其應用領域的研究團隊。

　　限於作者程度，書中疏漏之處在所難免，懇請讀者批評指正。

編著者

　　說明：為了方便讀者學習，書中部分圖片提供電子版（提供電子版的圖，在圖上有「電子版」標識），在 www.cip.com.cn/資源下載/配書資源中查找書名或者書號即可下載。

目錄

144 第 7 章 機器人力覺資訊獲取的研究

185 第 8 章 機器人多維力/力矩傳感器解耦方法的研究

206 第 9 章 基於力覺感知的三維座標測量系統

219　第 10 章　仿人機器人足部多維力/力矩傳感器的設計與研究

243　第 11 章　水下機器人腕部六維力/力矩資訊獲取

263　附錄　多維力傳感器解耦算法代碼

第1章

緒論

1.1 概述

　　隨著機器人技術的進步和製造業的大規模高速擴展，機器人開始廣泛應用於汽車、電子、機械等行業，主要從事焊接、裝配、產品質量檢測、搬運、加工、碼垛等高強度重複作業，隨著製造業競爭的日益加劇，引入柔性化、綠色化、數位化的智慧製造是製造業發展的必然方向。機器人作為未來製造業的核心裝備，傳統固定模式和單任務工業機器人顯然無法滿足智慧化製造需求，迫切需要引入智慧感知、資訊獲取和控制技術，以完成更加複雜和自動化水準要求更高的作業處理，逐步替代人工完成複雜工序和精密作業處理。如在汽車、機床等行業的裝配和抓取環節，希望機器人能夠自動完成智慧化裝配和抓取處理；在精密製造生產線中，涉及各種各樣的高速、高精度產品裝配和分揀，迫切需要具有高速、高精度的高可靠機器人自動化裝備。

　　目前國內外智慧機器人研究內容非常廣泛，研究方向也十分具體和細化，相應的研究成果很多，具體的關於智慧機器人的主要研究內容大概可以概括為以下幾個方面。

　　(1) 機器人執行機構的優化和創新設計技術

　　探索新的機器人本體執行機構的材料、構型和裝配方式，如利用並聯機構、柔性機構和混聯機構完成特殊的工作任務，利用新的高強度輕質材料提高剛度/自重比，利用模塊化設計和可重構等裝配方式搭建各種新型的面向任務的機器人。一些高性能材料的不斷出現，如形狀記憶合金、電致流變流體材料、磁致流變流體材料、電致伸縮材料、磁致伸縮材料、光導纖維和功能凝膠等對機器人技術的不斷發展和應用起到了關鍵性作用，機器人的設計和建造需要高強度、高韌性、變形可控的高性能材料，或者具有特殊強度、韌性以及一些類生物特性的材料。一些集傳感、控制、驅動多種功能於一身的智慧材料被不斷研究出來，考慮如何將這些新型材料用於機器人的結構、驅動和傳感將為機器人的性能提高起到關鍵作用。

　　(2) 機器人控制技術研究

　　機器人系統建模與分析、路徑規劃、運動控制和自主控制等，如通過人工神經網路、模糊控制和遺傳算法等高級智慧算法使機器人系統在複雜環境中具有高度的適應性和魯棒性，將極大地提高系統的控制性能。

目前在結構化環境下的控制方法經廣泛的研究和應用已取得可喜的成果，但對非結構化、未知環境下的機器人控制關鍵理論、技術和方法還有待進一步完善。

（3）機器人-控制者的人機實時交互

機器人集環境感知、動態決策和規劃、行為控制與執行等多功能於一體，智慧機器人的關鍵智慧技術是自動規劃技術和基於傳感器的智慧。研究機器人微型化、智慧化、網路化和資訊化的各種傳感器及檢測感知技術，利用圖形/圖像分析、圖像重構、立體視覺、傳感器動態分析和補償、多傳感器資訊融合、虛擬現實臨場感等技術實現實時的人機交互等是當前的研究焦點。可以通過虛擬機器人技術實現基於多傳感器、多媒體和虛擬現實以及臨場傳感技術的機器人虛擬遙控操作和人機交互。

（4）機器人仿生智慧技術研究

通過研究、學習、模仿來複製和再造某些生物系統的結構、功能、工作原理及控制機制，機器人對自然的適應和改造能力將獲得了巨大的提升和改善。結構仿生通過研究生物肌體的構造和動作機理，搭建類似生物體或生物體中某部分的機械裝置作為機器人的機械本體結構，通過結構相似實現功能仿生，如仿生足部、仿生魚、蛇形機器人、LS3 野外機器人等。機器人所採用的運動方式主要有輪式、履帶式、足式、飛行式、蠕動式、振動衝擊式和泳動式等，通過模仿生物系統形式多樣的運動器官和運動形式，拓寬機器人在各種環境中（如深海、陸地、空中）的運動功能和性能，實現機器人的仿生運動。通過對生物視覺、聽覺、觸覺等感知功能的研究，有助於解決機器人更高性能的環境感知問題。如仿生視覺、仿蜜蜂導航和定心能力、仿蝙蝠超聲波仿生聲納頭、仿生皮膚等。如何應用不斷涌現的新型敏感材料和檢測方法實現仿生感知在機器人的研究中具有重大意義。

（5）多傳感感知和資訊融合

機器人系統複雜，控制方法要求高，系統的未知因素很多，控制變數具有不確定性，因此機器人依賴於其感知系統如視覺、力覺、觸覺、接近覺、距離覺、姿態覺、位置覺等傳感器，及其採用的相關資訊獲取、融合、理解及控制方法和機制。關於機器人感知系統的研究還不夠成熟，其相應的感知資訊方面的技術相對落後，自身在智慧化和網路化方面還有待進一步發展。

（6）多智慧體協調控制技術

機器人的具體任務可能需要多個機器人共同合作完成，應主要考慮

多機器人合作和多機器人協調等兩個方面的問題。如通過多機器人系統來協調完成飛船與空間站的交會對接，能夠有效地避免利用噴氣裝置對接時極易產生的飛船與空間站之間的碰撞，繼而避免可能出現的毀壞的危險。通過對多智慧體的群體體系結構、相互間的通訊與磋商機理，感知與學習方法，建模和規劃、群體行為控制等方面進行研究，通過群體行為增強個體智慧，提高系統整體工作效率，減少局部故障對整體的影響，從而表現出「組智慧」，實現團體功能。

（7）故障診斷及可靠性分析

利用基於解析數學模型、基於訊號處理和基於知識等故障診斷方法，結合專家系統、神經網路和混合診斷等智慧化技術，對機器人進行故障診斷和可靠性評估，設計具有故障容錯性能的機器人，以提高機器人的可靠性、降低系統的故障率和故障損失也是當前的研究內容之一。

（8）特殊極端環境下機器人的感知、機構、控制和驅動研究

極端環境機器人是當今前沿技術研究最活躍的領域之一，國際上把極端環境下的機器人適應技術公認為通往機器人技術產業化之路上必須解決的難題，對其進行深入的研究與開發是推進高精尖的國防軍事、航空、航天、航海、資源開發、民用機器人的必需步驟。近年來，世界各國十分重視極端環境下機器人技術的研究，分別研究和開發新型的具有智慧、能接受面向任務的命令、自動搜索目標、自動制訂規劃並完成任務的極端環境下機器人，用以完成極端環境下各種人類不可能完成或較難完成的作業任務。

1.2 智慧機器人感知技術的發展

智慧機器人最重要的特徵之一就是其裝備有能夠將環境中各種有用資訊及時反饋給機器人控制系統的較為齊全的感知系統，並通過多傳感器融合技術有效地適應環境的變化。對機器人感知系統的研究和開發，推動了現代工業機器人技術的發展，使得機器人技術在現代工業中得以推廣進而降低總體投資成本[1,2]。

智慧機器人技術涉及的傳感器種類繁多。目前比較成熟的機器人傳感器及檢測感知技術主要包括機器人視覺、力覺、觸覺、接近覺、距離覺、姿態覺、位置覺等傳感器，圖形/圖像分析、圖像重構、立體視覺、傳感器動態分析和補償、多傳感器資訊融合、人機交互、虛擬現實臨場

感技術等[3,4]。如空間機器人系統中，由於其是在一個不斷變化的三維環境中運動並自主導航，幾乎不能夠在空間停留，所以必須能實時確定它在空間的位置及狀態，且還要能對它的垂直運動進行控制，其星際飛行預測及規劃路徑等都需要傳感器來進行外界環境和系統內部參數的感知[5]。又如智慧機器人要在未知或非結構化環境完成作業，需要實時高精度的力和力矩資訊，然而，對力/力矩資訊的高質量的要求直接導致了感知系統變得高度複雜而失去穩定性。目前最常見的機器人力/力矩資訊的獲取途徑主要通過多維腕力/力矩傳感器和多維指力/力矩傳感器。其中，安裝在機器人的指尖傳感器主要有陣列式、壓電式和應變式三種。壓電式指尖傳感器雖然有體積小的特點，但低頻性能欠佳，且測多維力很困難；陣列式有動態觸覺和識別形狀的特殊功能，但電路較為複雜，價格也較貴。圖 1-1 所示為常見類型的智慧機器人傳感器，如常用的內部傳感器有編碼器、線加速度傳感器、陀螺儀、GPS、激光全局定位傳感器，激光雷達等；常用的外部傳感器有視覺傳感器、超聲波傳感器、紅外傳感器、接觸和接近傳感器等。

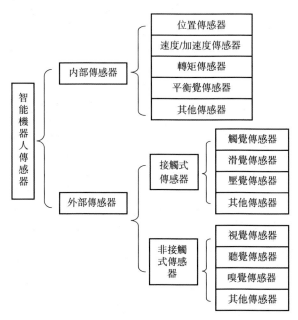

圖 1-1　常見的智慧機器人傳感器分類

　　傳感技術是新技術革命和資訊社會的重要技術基礎，現代科技的開路先鋒，作為資訊技術中採集、處理、傳播三大關鍵技術之一，各發達

國家都將其視為現代高技術發展的關鍵。傳感器是極端環境機器人系統的關鍵基礎器件，其技術水準直接影響到系統的自動化技術水準，系統對傳感器技術依賴程度很大。傳感器技術是測量技術、半導體技術、電腦技術、資訊處理技術、微電子學、光學、聲學、精密機械、仿生學、材料科學等眾多學科相互交叉的綜合性高新技術密集型前沿技術之一[6]。

智慧機器人感知技術發展的總體趨勢為充分利用現有成熟技術中的光敏、熱敏、力敏、電壓敏、磁敏、氣敏、濕敏、聲敏、射線敏、離子敏、生物敏以及各種傳感器、變送器、二次儀表等多種類型傳感技術，結合利用新材料、新工藝實現微型化、集成化，利用新原理、新方法實現極端環境中的各種資訊獲取，輔以先進的資訊處理技術提高傳感器的各項技術指標，以適應極端環境機器人的應用需求，微型化、集成化、多功能化、智慧化、系統化、網路化、低功耗、無線、便携式等將成為新型機器人感知部件的顯著特點[6,7]。具體對智慧機器人某種類型的資訊獲取而言，如何高效、低成本實現高精度資訊的獲取，如何解決傳感器的各項性能參數之間的矛盾，如何利用新技術及相應新理論來消除或補償傳感器的各種誤差如多維資訊採集時的維間耦合誤差等，以及如何提高資訊獲取的精度、速度是當前智慧機器人感知技術科研工作者面臨的主要挑戰。

觸覺是自然界多數生物從外界環境獲取資訊的重要形式之一，廣義的觸覺是指接觸、壓迫、滑動、溫度、濕度等的綜合，而狹義的觸覺則單指接觸面上的力覺[8,9]，其嚴謹的概念包括接觸覺、壓覺和滑覺。對於智慧機器人而言，觸覺是其實現與外部環境直接作用的重要手段，特別地，相比於其他知覺形式（例如聽覺、視覺），觸覺能夠使得機器人感知目標物體的更多物理性能，例如表面形狀、物體硬度、溫度、濕度以及物體材質等[10,11]。因此，觸覺傳感器的研究及應用對於實現機器人的智慧化而言是非常重要的，它可以幫助機器人特別是仿生機器人檢測識別目標物體，完成多種複雜的任務。

隨著智慧機器人技術的進步，其應用的領域也不斷擴展。當機器人與人類並肩工作時，要求其必須具備類似於人的觸覺感知能力，即能夠精確地獲取空間的三維力資訊，同時，為了確保人機交互接觸時的安全性，要求用於機器人感知的觸覺傳感器能夠具有類似於人類皮膚的柔軟性，能夠適應不同載體的表面形狀，完成對任意複雜物體的資訊檢測任務[12]，因此能夠檢測三維力資訊的柔性觸覺傳感器在機器人研究領域的需求日益迫切。此外，兼有柔韌性和三維力檢測功能的「類皮膚」觸覺傳感器在體育運動、康復醫療和人體生物力學等研究領域中也具有廣泛

的應用前景。

　　然而綜觀國內外的研究成果，儘管觸覺傳感器的研究經過幾十年的發展已經取得了較大進步，但傳感器不能兼有柔韌性和多維力檢測功能仍然是目前亟待解決的最突出的難題。除此之外，目前多數觸覺傳感器還存在著後期訊號處理複雜、製作成本較高、穩定性差以及實際應用和商用化滯後等問題，因此，觸覺傳感器的發展現狀距能滿足當前各個領域的實際應用需求尚有較大的距離。究其原因主要有以下幾方面。

　　① 傳感機理的研究存在障礙。觸覺的產生和傳遞是一個相當複雜的綜合過程，並非簡單的通過皮膚將物理特性轉換為電訊號，儘管研究者對人類皮膚的構造、特性以及人類觸覺的產生過程等均有了較為深入的瞭解，但目前人們仍然無法做到精確地模仿觸覺傳感機理。

　　② 受敏感材料的限制。觸覺傳感器敏感材料的研究基本上依賴於材料科學本身的發展，並不是觸覺傳感領域的研究者所能解決的問題。

　　③ 傳感器工作原理的研究沒有新突破。目前仍然集中於傳統的種類，如壓阻式、壓電式等。

　　④ 傳感器實體化的支撐條件不足，如傳感器製作工藝等不能滿足測量精度的要求。

　　⑤ 缺少有效的驅動力。

　　⑥ 傳感器的多數研究成果仍停留在實驗室階段，產業化受限。

　　正是由於觸覺傳感器的研究仍然存在上述的許多困難，因此，目前國內外的研究者正在積極地通過開發新材料和發現新原理來設計高性能、高柔性、高可靠性的觸覺傳感器，爭取使觸覺傳感器盡快走入實用階段。

1.3 智慧機器人資訊獲取概述

　　21 世紀資訊無處不在，資訊獲取的重要性不言而喻。為使智慧機器人及其自動控制系統能夠在非結構環境下自主工作，對環境資訊的獲取和智慧決策的能力要求越來越高。如圖 1-2 所示，資訊鏈由資訊獲取、資訊傳輸和資訊處理三個環節組成，它們構成了資訊科學的三大支柱：資訊獲取、電腦、通訊。目前，隨著電腦技術和網路技術的發展，資訊處理和資訊傳輸目前已經在一定程度上能基本滿足各種智慧機器人場合的要求，而資訊鏈的首要環節——資訊獲取的系統研究依舊停留在傳統的檢測技術和傳感技術等較低層次，還不能完全滿足智慧機器人的應用要求。資訊獲取系統理論研究逐漸成為 21 世紀資訊科學與技術發展的

瓶頸[13,14]。

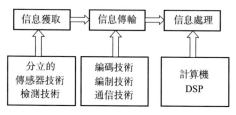

圖 1-2　資訊鏈示意圖

　　智慧機器人系統非常複雜,控制方法要求相對更高,而且系統的未知因素很多,控制變數具有不確定性,因此智慧機器人更加依賴於其感知系統及其採用的相關資訊獲取、融合、理解及控制方法和機制。針對智慧機器人的傳感器研究還沒有得到足夠的重視,其相應的感知資訊方面的技術相對落後,自身在智慧化和網路化方面還有待進一步研究和開發[6]。

　　通過融合智慧機器人各種類型傳感器所提供的冗餘、互補或更實時的資訊,可以使系統獲得更加可靠、準確的各類資訊,以便更加精確地反映檢測對象的特徵,消除不確定性[15]。通過適當的資訊融合算法,使得處理後的資訊對比原傳感器反饋資訊具有資訊的互補性、資訊的冗餘性、資訊的實時性和資訊的低成本性。

　　目前機器人的多傳感器融合技術的研究方法主要有:加權平均法、卡爾曼濾波、貝葉斯估計、D-S證據理論推理、模糊邏輯、神經網路法和粗糙集理論等。

參考文獻

[1]　葛運建. 多維力傳感器的研究現狀[J]. 機器人情報, 1993, 2: 27-30.

[2]　梁橋康. 特殊應用的多維力/力矩傳感器研究與應用 [D]. 合肥: 中國科學技術大學, 2010.

[3]　Fong T, Nourbakhsh I, Dautenhahn K. A Survey of Socially Interactive Robots [J]. Robotics and Autonomous Systems, 2003, 42 (3-4): 143-166.

[4]　原魁, 李園, 房立新. 多移動機器人系統研

究發展近況 [J]. 自動化學報, 2007, 33
(8): 785-794.

[5] 方鬱. 可穿戴下肢助力機器人動力學建模
及其控制研究[D]. 合肥: 中國科學技術大
學, 2009.

[6] 葛運建, 戈瑜, 吳仲城, 等. 淺析中國傳感
器技術發展中的若干問題[J]. 世界產品與
技術, 2003, 5: 22-36.

[7] Mohanty P K, Parhi D R. Controlling the
Motion of an Autonomous Mobile Robot
Using Various Techniques: A Review[J].
Journal of Advance Mechanical Engi-
neering, 2013, 1(1): 24-39.

[8] 李科杰. 新編傳感器技術手冊[M]. 北京: 國
防工業出版社, 2002.

[9] R Andrew Russell. Robot Tactile Sens-
ing[M]. London: Prentice Hall of Austral-
ia Pty Ltd, 1990.

[10] 高國富, 謝少榮, 羅均. 機器人傳感器及

其應用 [M]. 北京: 化學工業出版社,
2005.

[11] Mark R Cutkosky, Robert D Howe,
William R Provancher. Springer Hand-
book of Robotics [M]. Berlin:
Springer, 2008.

[12] Baglio S, Muscato Savalli N. Tactile
Measuring Systems for the Recognition
of Unknown Surfaces[J]. IEEE Transac-
tion on Instrument and Measurement,
2002, 51(3): 522-531.

[13] 梅濤, 汪增福, 葛運建. 資訊獲取科學技
術與應用[M]. 合肥: 中國科學技術大學出
版社, 2003.

[14] 宋記鋒. 資訊獲取學科的若干基礎問題研
究[D]. 合肥: 中國科學技術大學, 2008.

[15] 孫華, 陳俊風, 吳林. 多傳感器資訊融合
技術及其在機器人中的應用[J]. 傳感器與
微系統, 2003, 22(9): 1-4.

第2章

智慧機器人
感知系統

2.1 概述

傳感器與感知技術是新技術革命和資訊社會的重要技術基礎，現代科技的開路先鋒，作為資訊技術中採集、處理、傳播三大關鍵技術之一，各發達國家都將其視為現代高技術發展的關鍵。有「誰掌握和支配了傳感器技術誰就能夠支配新時代」的說法。表 2-1 列出了常用傳感器和對常用物理量的檢測方法[1]。

智慧機器人在執行作業過程中，必須持續不斷地感知周圍環境資訊及自身狀態資訊，由於未知環境的複雜性、機器人自身狀態的不確定性和傳感器的局限性，僅僅依靠某一種傳感器一般難以完成對外部環境的感知。因此，智慧機器人一般同時具有多種感知功能，如視覺、力覺、接近覺、聽覺、熱覺、位置和方位覺等。表 2-2 所示為機器人應用多傳感器的一些實例。

總的來說，面向智慧機器人系統的新型傳感器應具有以下特點[2]。

① 集成式複合敏感功能。即一種敏感元件能夠實現多種物理量和化學量的同時檢測，並能較全面地反映環境變數的變化規律資訊，或能以集成式的形式融合到現有的其他傳感器和檢測系統中。

② 智慧的自補償、自標定、自檢、自診斷功能。某些作業環境下的各種待測參數資訊往往變化幅度大、變化速度快、所工作的頻段寬，因此要求傳感器有較智慧的自補償和自標定功能，對檢測過程中的漂移和非線性誤差有一定的補償，並對檢測的結果進行實時的校正和校對，從而保證測量結果的精確有效性。

③ 實時性要求更高。機器人所工作的環境越來越特殊，這也決定了傳感器與檢測系統應具有更好的實時性，如在幾微秒時間內要求完成整個過程，包括數據採集、計算、處理和輸出，其中的數據處理可以通過相應的硬體和軟體完成，包括標度換算、數字調零、非線性補償、溫度補償、數字濾波等功能和計算。

④ 可靠性要求更高。傳感器的可靠性直接影響到電子設備的抗干擾等性能，研製高可靠性、寬量程範圍和寬溫度適用範圍的傳感器將是永久性的方向。

⑤ 資訊儲存和傳輸。極端環境要求系統的傳感器與檢測系統能與上位機或控制台通過智慧單元完成通訊功能，實現實時的增益、補償參數的設置和檢測結果的輸出。

表 2-1　常用傳感器和對常用物理量的檢測方法[1]

傳感器類型	物理量								
	加速度-振動	流速	力	濕度	液位	位移	壓力	溫度	速度
電阻式傳感器	彈簧-應變計	風速計、熱敏電阻、目標+應變計	應變計	濕敏電阻	懸浮體+電位器、光敏電阻、熱敏電阻	磁致電阻、電位器、應變計	布爾頓管電位器、膜片-應變計	電阻式溫度檢測器、熱敏電阻	
電容式傳感器	彈簧-可變電容		電容式應變計	介質變化電容器	可變電容器	差動電容器	膜片+可變電容器		
電感式傳感器和磁感式傳感器	彈簧+LVDT	法拉第定律、轉子流速	負荷傳感器+LVDT、磁致伸縮		磁致伸縮、磁致電阻、懸浮+LVDT、渦流	渦流、霍爾效應、感應同步器、LVDT、分解器、磁致伸縮	膜片+LVDT、膜片+可變磁阻		渦流、霍爾效應、法拉第定律、LVT

續表

傳感器類型	物理量								
	加速度振動	流速	力	濕度	液位	位移	壓力	溫度	速度
有源傳感器	彈簧-壓電	熱傳遞-熱電偶	壓電傳感器				壓電傳感器	熱電傳感器	
數字式傳感器		計數葉輪 渦旋		SAW	振動棒 懸浮+滑輪	編碼器	布爾頓+編碼器 石英諧振 膜片+振絲	熱電偶 石英振盪器	增量編碼器
PN結傳感器					光電傳感器			二極管 雙極晶體管 電流轉換器	
光/光纖傳感器		激光測定 多普勒		冷鏡	吸收		膜片光反射		
超聲波傳感器		傳播時間 渦旋葉輪			傳播時間				多普勒效應
其他傳感器		差壓 可變面積 可變面積 互補效應			差壓 微波雷達 核輻射		液壓計		

表 2-2　機器人應用多傳感器實例

機器人(年代)	傳感器類型	操作環境	融合手段
HILARE (1979)	視覺,聲音,激光測距	人造未知環境	加權平均
Crowley (1984)	旋轉超聲,觸覺	人造已知環境	可信度係數的匹配
DAPPA ALV (1985)	彩色視覺,聲納,激光測距	未知自然環境	小範圍內平均最高
NAVLAB & Teregator (1986)	彩色視覺,聲納,激光測距	未知公路環境	多樣可能性
Stanford (1987)	半導體激光,觸覺,超聲波	人造未知環境	卡爾曼濾波
HERMIES (1988)	多攝像機,聲納陣列,激光測距	人造未知環境	基於規則
RANGER (1994)	半導體激光,觸覺,超聲波	未知室外三維環境	雅可比張量與卡爾曼濾波
L IAS (1996)	超聲傳感器,紅外傳感器	人造未知環境	多種融合方法
Oxford & Series (1997)	攝像機,聲納,激光測距	已知或未知的工廠環境	卡爾曼濾波
Alfred (1999)	聲音,聲納,彩色攝像機	未知室內環境	邏輯推理
ANFM (2001)	攝影機,紅外探測器,超聲波,GPS,慣性導航	已知或未知自然環境	模糊邏輯和神經網路
HSASC (2002)	加速度,聲納陣列,視覺邊緣檢測	城市或建築物內未知環境	卡爾曼濾波
LRS EPFL (2006)	力傳感器,力矩傳感器,光纖位移傳感器,磁共振成像	人體未知環境	專家系統

續表

機器人(年代)	傳感器類型	操作環境	融合手段
IPCR (2008)	力/力矩傳感器,觸覺傳感器	已知環境下的門	基於規則
HCRG (2009)	激光測距儀,單目相機	室內複雜環境	無跡卡爾曼濾波
SCSCMU (2013)	激光測距儀,3D深度相機	室內複雜環境	梯度細化

⑥ 低功耗、無源化、微型化、數位化。傳感器與檢測系統一般是非電量向電量的轉化,其能耗的高低直接影響系統的持續工作時間和壽命,通過新敏感材料及新的加工技術實現極端環境下的機器人系統傳感器微型化、低功耗甚至無源化和數位化是智慧機器人傳感器及檢測系統發展的一個必然方向。

2.2 智慧機器人多維力/力矩資訊感知獲取

力覺感知系統能獲取機器人作業時與外界環境之間的相互作用力,是智慧機器人最重要的感知之一,它能同時感知直角座標三維空間的兩個或者兩個以上方向的力或力矩資訊,進而實現機器人的力覺、觸覺和滑覺等資訊的感知。

2.2.1 智慧機器人多維力/力矩傳感器研究現狀

智慧機器人多維力/力矩傳感器受到各領域專家學者的重視,並廣泛應用於各種場合,為機器人的控制提供力/力矩感知環境,如零力示教、輪廓追蹤、自動柔性裝配、機器人多手合作、機器人遙操作、機器人外科手術、康復訓練等。

國際上對多維力/力矩資訊獲取的研究是從 20 世紀 70 年代初期開始的,目前,機器人多維力傳感器生產廠家主要有美國的 AMTI、ATI、JR3、Lord,瑞士的 Kriste,德國的 Schunk、HBM 等公司,每台價格為一萬美元左右。我國中科院合肥智慧機械研究所、哈爾濱工業大學、華中理工大學、東南大學等單位分別研製出多種規格的多維力/力矩傳

感器。

　　力覺感知的最早應用是力覺臨場感遙操作系統。裝備這種系統的智慧機器人把複雜惡劣環境（深海、空間、毒害、戰場、輻射、高溫等）下感知到的交互資訊以及環境資訊實時地、真實地反饋給操作者，使操作者有身臨其境的感覺，從而有效地實現帶感覺的控制來完成指定作業。其概論可以回溯到 1965 年 Sutherland 提出的設想，即把電腦作為人類視覺、聽覺、觸覺以及人與真實世界相互作用的介面。早在 20 世紀 60 年代末，美國 Ames 實驗室就研製出了具有力覺反饋的外骨架裝置用於主從式遙操作系統。在遙操作機器人對操作對象進行接觸作業時，如抓取、扭轉、插入等，環境的動力學特徵顯得尤為重要，有實驗表明，這些操作中 70％的資訊是通過力覺來提供的。遙操作機器人與環境的相互作用力通過傳感器實時反饋到本地操作者處，使操作者產生身臨其境的感受，從而實現對遙操作機器人實現帶力感覺的控制。理想的力覺臨場感能使操作者感知的力等於從手與環境間的作用力，同時從手的位置等於主手的位置，此時的力反饋控制系統稱為完全透明的。操作者與遠端機器人之間的通訊時延是影響遙操作系統的突出問題，時延降低了系統的穩定性；基於無源二通訊埠網路和散射理論、自適應預測控制理論、滑模控制理論、魯棒控制理論等的方法，有望消除或減緩時延的影響。圖 2-1 是兩個典型的遙操作系統：Intuitive Surgical 公司機器人遙操作手術系統和 Stanford 大學帶有力觸覺臨場感的遙操作機器人系統[3]。

　　圖 2-2 所示為幾種比較成熟的具有力覺反饋的數據手套，其中美國 Utah/MIT 的遙操作主手（UDHM）具有 16 個自由度，四個手指機構採用霍爾效應傳感器測量各關節的運動角度；UDHM 的研究包括人手到機械手的運動映射、人手運動的校正等。Rutgers Master Ⅱ手套採用氣動伺服機構，可以為操作者各手指的四個關節提供最大至 16N 的力反饋，其角度測量也是採用非接觸式的霍爾效應傳感器；這種介面的特點是採用直接驅動方案，沒有纜索和滑輪等中間傳動，結構簡單。Rutgers Ⅱ型應用玻璃-石墨結構的低摩擦氣動驅動機構，其靜摩擦力只有 0.05N，大約為手指指端力的 3‰。NASA/JPL 實驗室的力反饋手套採用張力傳感器和電動執行機構再現接觸力覺。Immersion 公司的 Cybergrasp 手套則是通過機械線控方式，由電機輸出最大至 12N 力至操作者的五個手指關節。

 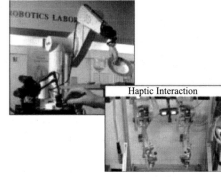

(a) Intuitive Surgical公司機器人　　　　　　(b) Stanford大學帶有力觸覺
　　遙操作手術系統　　　　　　　　　　　　臨場感的遙操作機器人系統

圖 2-1　遙操作系統

(a) Utah/MIT遙操作主手　　　　　　　　(b) Rutgers Master Ⅱ主手

(c) JPL主手　　　　　　　　　(d) Immersion公司的Cybergrasp

圖 2-2　幾種力覺反饋數據手套

　　韓國漢陽大學的研究者 Jae-jun Park、Kihwan Kwon 和 Nahmgyoo Cho[4] 於 2006 年研製了一種基於多維力/力矩傳感器的座標檢測系統（CMM），如圖 2-3 所示。傳統的基於探針的座標檢測系統總是受探針不可消除的彈性變形和探針末端探球引起的系統形狀誤差的影響，針對這種情況，設計者提出用集成的三維力傳感器來補償探針的彈性變形誤差，並根據由三維力資訊計算得到的受力方向和探針的幾何形狀方程來補償探球引起的系統形狀誤差。其測量不確定度可以達到 $0.25\mu m$。

圖 2-3　基於多維力/力矩傳感器的座標檢測系統[4]

　　近年來，並聯機構被廣泛地研究，其相應成果被應用到機器人技術相關領域，取得了一些新穎的成果。將並聯機構尤其是 Stewart 平台應用到多維力/力矩傳感器也獲得了相應的研究：Gailet 和 Reboulet 早在 1983 年首次提出和設計了一種基於 Stewart 平台八面體結構的力傳感器；Dwarakanath 和 Bhaumick 於 1999 年研製了基於 Stewart 平台的多維力/力矩傳感器，並對運動學、支鏈的設計及構型優化進行了理論分析；Ranganath、Mruthyunjaya 和 Ghosal 分析並設計了一種高靈敏度基於近奇異構型的 Stewart 平台的六維力/力矩傳感器；Nguyen、Antrazi 和 Zhou 設計和分析了一種基於 Stewart 平台的六維力/力矩傳感器，其每條支鏈都裝有彈簧，使設計的傳感器靈敏度高、動態性能好；Dasgupta、Reddy 和 Mruthyunjaya 針對基於 Stewart 平台的多維力/力矩傳感器提出了一種基於力傳遞矩陣的最優條件數的優化設計方法。如圖 2-4 所示。

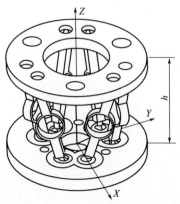

圖 2-4　Dasgupta 等提出的基於 Stewart 平台的六維力/力矩傳感器[5]

2.2.2 　智慧機器人多維力/力矩傳感器的分類

　　按資訊檢測原理可將目前的機器人多維力/力矩資訊獲取系統分為：電阻應變式、電感式、光電式、壓電式和電容式等。按採用的敏感原件可將機器人多維力/力矩資訊獲取系統分為：應變式（金屬箔式和半導體式）、壓電式（石英、壓電複合材料等）、光纖應變式、厚膜陶瓷式、MEMS（壓電和應變）式等[6]。

　　國際上對多維力/力矩傳感器的研究焦點除了在檢測原理和方法創新、新型彈性體結構設計外，人們更關注的是多維力/力矩傳感器的應用問題，如現代工業機器人怎麼樣能夠充分利用多維力/力矩傳感器以及其他感知系統來完成對各種環境下的更多更複雜的機器人作業，使工作更加精確、生產效率更高、成本更低。如將多維力/力矩傳感器利用到工業機器人自動裝配生產線，結合更實時更有效的算法，使智慧工業機器人能夠更好地進行精密柔性機械裝配、輪廓追蹤等作業。

2.2.3 　電阻式多維力/力矩傳感器檢測原理

　　從以上的分析可知，智慧機器人廣泛使用的多維力/力矩傳感器都基於電阻式檢測方法，其中又以應變電測和壓阻電測最為常見。如圖 2-5所示，基於應變電測技術的力/力矩資訊檢測方法，一般分以下幾步完成傳感器所受力/力矩到等量力/力矩資訊輸出的過程。

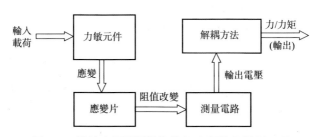

圖 2-5　基於應變電測技術的力/力矩資訊檢測原理

　　① 載荷——彈性應變：載荷作用的傳感器的彈性體發生與所受載荷成一定關係的極微小應變。

　　② 彈性應變——應變片阻值的變化：彈性體上的應變片組也會發生與黏貼位置相同的變形和應變。

③ 阻值的變化——電壓輸出：通過相應的檢測電路來將阻值的變化變成電流或電壓的變化，以便進行下一步資訊處理工作。

④ 電壓輸出——力/力矩資訊輸出：傳感器應變片各組輸出與其所受的載荷關係可以用檢測矩陣來表示：

$$S = TF \tag{2-1}$$

其中，$S = [S_1, S_2, S_3, \cdots]^T$ 表示傳感器各應變片組的輸出；T 表示傳感器的檢測矩陣；$F = [F_1, F_2, F_3, \cdots]^T$ 表示傳感器所受載荷，F_i 表示第 i 維力/力矩。

傳感器所受力/力矩經解耦矩陣可得

$$F = T^{-1}S \tag{2-2}$$

當應變片組數大於傳感器的維數時，且檢測矩陣的維數等於傳感器的維數時，應通過廣義逆矩陣方法來計算：

$$F = (T^T T)^{-1} \cdot T^T S \tag{2-3}$$

為了控制器使用方便，把所獲得的力/力矩轉換成機器人末端執行器座標係下的表示：

$$\begin{bmatrix} F_c \\ M_c \end{bmatrix} = \begin{bmatrix} R_s^c & 0 \\ S(r_{cs}^c)R_s^c & R_s^c \end{bmatrix} \begin{bmatrix} F_s \\ M_s \end{bmatrix} \tag{2-4}$$

其中，F_c 表示在手爪座標係下的三維力；M_c 表示在手爪座標係下的三維力矩；R_s^c 表示方向轉變矩陣；r_{cs}^c 表示在手爪座標中表示的，起點在傳感器座標係原點，終點在手爪座標係原點的矢量；F_s 表示在傳感器座標係下的三維力；M_s 表示在傳感器座標係下的三維力矩資訊；$S(*)$ 表示斜對稱算子，其定義為

$$S(r) = \begin{bmatrix} 0 & -r_z & r_y \\ r_z & r_y & -r_x \\ -r_y & r_x & 0 \end{bmatrix} \tag{2-5}$$

2.2.4　智慧機器人多維力/力矩傳感器的發展

隨著現代機器人技術的發展，機器人力覺感知系統應用場合越來越多，從水下機器人到空間機器人，從微小型化的機器人指尖力覺傳感器到力覺臨場感系統，從微小零部件等微細操控的毫牛級的多維力覺感知系統到噸級稱重傳感器，力覺感知系統在現代機器人工業技術的發展及應用中起到舉足輕重的作用，同時也對力覺感知系統提出了更高更嚴格的要求。表 2-3 顯示了智慧機器人力傳感器在各個年代的研

究熱度。

表 2-3　各數據庫關於智慧機器人力傳感器文獻統計

年代	IEEE library	Compendex	ASME Digital Collection	SPIE Digital library	Springer-link
1980~1989	2	0	0	0	──
1990~1999	126	61	2	6	110
2000~2009	608	649	171	173	1144
2010~2018	646	604	281	245	1478

傳統的力覺感知系統還存在如下問題。

① 為了檢測機器人操控時笛卡兒座標係中的三維力及三維力矩資訊，感知系統的機械本體結構一般都比較複雜，導致很難用經典力學知識來建立精確理論模型，為感知系統的建模、資訊獲取與處理帶來一定的困難。

② 幾乎所有傳統力覺感知系統都存在有不可消除的維間耦合，而且部分耦合還有非線性的特徵，這就給傳感器的解耦、精度提高帶來了極大的困難。雖然目前許多研究學者提出了一系列的非線性解耦方法，能有效地消除維間耦合，但往往比較複雜，而且計算量很大，所需計算時間較長，給實時檢測帶來限制。

③ 訊號採集及處理對感知系統各維的輸出提出各維同性的要求，即要求各維在最大量程時的輸出大小相近，以便採用相同的放大倍數及電子元器件，也有利於各維精度保持一致。傳統的感知系統都基於簡化的模型或者設計師的經驗來進行設計，因此各維同性很難達到。

④ 傳統的力覺感知系統的剛度性能及靈敏度性能往往是一種矛盾關係，為保證系統的高可靠性，其剛度必須相應地較高，此時靈敏度將相應地下降，反之亦然。

全柔性並聯機構因為具備結構緊湊、重量輕、體積小、剛度大、承載能力強、動態性能好等優良特性被廣泛研究及應用到多個科學研究領域。針對以上缺陷，研究者發現全柔性並聯機構作為一種新型機構很適合被用作微細操控系統中力覺感知系統的機械本體結構，因為其具有如下諸多特徵。

① 目前並聯機構和全柔性機構的相關理論發展比較成熟，如並聯機構的靜態運動學分析、剛度分析、動態性能分析等理論都有了比較透澈的理解。

② 提供無/微耦合的多維力/力矩資訊：與傳統的感知系統用同一個

彈性體實現對多維力/力矩資訊進行檢測不同，基於全柔性並聯機構的力覺感知系統用並聯機構的多條支鏈來實現多維力/力矩的感知與檢測，理論上可以提供無/微耦合的多維力/力矩資訊。

③ 提供各維同性的多維力/力矩資訊：根據並聯機構的靜態力學理論分析，並聯機構的全局剛度矩陣反映了所承受載荷與並聯機構動平台發生的微小位移的關係。利用全局剛度的相關理論，可以使各維之間具有各維同性的特點。

④ 解決傳統力覺感知系統的剛度和靈敏度之間的矛盾關係：微細操控系統的剛度取決於其中剛度最小的環節（一般為力覺感知模塊）。傳統的力覺感知系統一般以犧牲其靈敏度來達到高剛度的要求。基於全柔性並聯機構的力覺感知系統由於多條柔性支鏈的存在，可以同時具備高剛度和高靈敏度。

⑤ 基於全柔性並聯機構的力覺感知系統用柔性鉸鏈代替傳統關節來消除因其引起的間隙、摩擦、緩衝等誤差，使其具有高穩定性、零間隙、無摩擦、高重複性等特性，成為一種性能優良的力覺感知系統。

總的來說，機器人多維力/力矩資訊獲取的關鍵技術與挑戰主要體現在以下幾個方面。

利用新材料、新工藝實現系統微型化、集成化、多功能化，利用新原理、新方法實現更多種類的資訊獲取，再輔以先進的資訊處理技術提高傳感器的各項技術指標，以適應更廣泛的應用需求。目前，微電子、電腦、大規模集成電路等技術正日趨成熟，光電子技術也進入了發展中期，超導電子、光纖與量子通訊等新技術也已進入了發展應用初期，這些新技術均為加速設計和研製下一代新型機器人多維力/力矩資訊獲取系統提供了有利發展的條件。

生物醫學工程、材料科學及細微系統識別和操作等應用環境中的微細操作如細胞操作等應用需要微牛（10^{-6}N）甚至納牛（10^{-9}N）級的多維力/力矩資訊獲取系統來保證微細操作的精確性和可靠性，傳統的多維力/力矩傳感器無法滿足這種需求（如傳統 ATI Nano17 系列的傳感器的力和力矩的解析度分別在 3.1mN 和 15.6mN·m）。引進先進的MEMS 製造工藝及方法，將傳統的六維力/力矩傳感器微型化、集成化，使解析度達到微牛甚至納牛的級別，利用先進的資訊處理技術控制系統的噪聲水準在系統允許的範圍，可以設計和製造出完全滿足微細操作需求的微牛級和納牛級的多維力/力矩資訊獲取系統。

從微處理器帶來的數位化革命到虛擬儀器的高速發展，從簡單的工業機械臂到複雜的仿人形機器人，各種應用環境對傳感器的綜合性能精

度、穩定可靠性和動態響應等性能要求越來越高,傳統的多維力/力矩傳
感器已經不能適應現代機器人技術中的多種測試要求。隨著微處理器技
術和微機械加工技術等新技術的發明和它們在傳感器上的應用,智慧化
的感知系統被人們所提出和關注。從功能上講,智慧感知系統不僅能夠
完成訊號的檢測、變換處理、邏輯判斷、功能計算、雙向通訊,而且內
部還可以實現自檢、自校、自補償、自診斷等功能。具體來說,智慧化
的多維力/力矩感知系統應該具備實時、自標定、自檢測、自校準、自補
償(如溫漂補償、零漂補償、非線性補償等)、自動診斷、網路化、無源
化、一體化(如與線加速度和角加速度等感知功能整合)等部分或者全
部功能。

2.3 智慧機器人觸覺感知技術

機器人觸覺傳感器的研究已有四十多年的歷史,現階段,隨著硅材
料微加工技術和電腦技術的發展,觸覺傳感器已逐步實現了集成化、微
型化和智慧化,並且涉及的種類繁多,但其工作原理主要集中於壓電式、
壓阻式、電容式、光波導式和磁敏式等。此外,聚偏二氟乙烯(polyvi-
nylidene fluoride,簡寫 PVDF)和壓敏導電橡膠等作為敏感材料已經被
廣泛應用於觸覺傳感器的研制中。

2.3.1 壓電式觸覺傳感器

壓電式觸覺傳感器是基於敏感材料的「壓電效應」(piezoelectric
effect)來完成測力功能的。由於材料內部的晶格結構具有某種不對
稱性(inversion asymmetry),材料產生的應變使得內部電子分布呈現
出局部不均勻性,此時會產生一淨的電場分布,相應地,晶體的表面
上會出現正負束縛電荷,並且其電荷密度跟施加的外力大小成比例
關係。

印度的研究者基於壓電陶瓷(PZT)材料的壓電效應製作了一種壓
電式觸覺傳感器[7],在壓電陶瓷的上下表面均布置相互獨立的電極陣列,
電極陣列的規模會對傳感器的性能產生重要影響。如圖 2-6 所示。

自從 Kawai 發現聚偏二氟乙烯(PVDF)具備良好的壓電效應以來,
越來越多的研究者利用聚偏二氟乙烯的這種特性來研製觸覺傳感器。
PVDF 材料具有質輕、柔韌、壓電性強、靈敏度高、線性好、頻帶寬、

時間和溫度穩定性強等優點，並且相比於其他多數敏感材料而言，PVDF
具有更接近於人類皮膚的柔軟度，可以用於製作較大面積的柔性觸覺傳
感器陣列，並且不會受到目標物體形狀的限制。PVDF 材料的研究與應
用使得觸覺傳感器的「類皮膚」化成為可能，柔性觸覺傳感器的研究工
作向前邁進了一大步。PVDF 的壓電效應可以描述為：當 PVDF 膜受到
壓力時，其輸出電荷與所受壓力之間成比例關係：$Q = dF$，其中，d 為
PVDF 材料的壓電-應變常數。

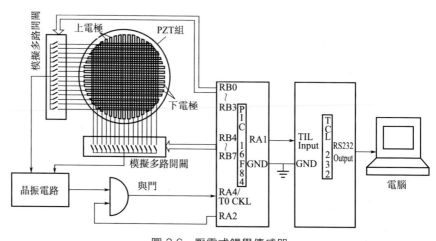

圖 2-6　壓電式觸覺傳感器

　　重慶大學杜彥剛等人設計了一種基於 PVDF 材料的三維力觸覺傳感
頭[8]。傳感頭由四角錐體、四塊 PVDF 壓電膜和基座組成。該傳感器的
工作原理為：施於四角錐體上表面的 x、y、z 三維力分別在 A、B、C、
D 四塊 PVDF 膜上產生不同的壓力，相應地，四塊 PVDF 膜會輸出與所
受壓力成比例的電荷，電荷經 Q/V 轉換電路轉換成電壓訊號，通過檢測
四路電壓訊號即可確定作用在傳感頭上的三維力資訊。

　　多數壓電式觸覺傳感器均具有頻帶寬、靈敏度高、訊噪比高、可
靠性強以及質輕等優點，但是因為需要從每個傳感器單元獲取訊號數
據，因此該類型傳感器的訊號處理電路一般較為複雜。此外，因為壓
電材料產生的電荷需要單獨累積，需要為每個傳感器單元配備一個電
荷放大器，電路實現起來較為困難，同時也提高了傳感器的造價。另
外，某些壓電敏感材料還需要做好防潮措施，限制了傳感器的應用
領域。

2.3.2　壓阻式觸覺傳感器

　　壓阻式觸覺傳感器的工作原理是基於敏感材料的壓阻效應——某些材料在受到外力的作用時，由於外部形態或內部結構的變化，導致材料的電阻值發生相應變化。一般來說，材料的電阻值變化與所受外力之間具有某種確定的數學關係。1954 年 C. S. 史密斯詳細研究了硅材料的壓阻效應，從此研究者開始利用硅材料來研製壓力傳感器。研究發現，硅材料的壓阻效應靈敏度是金屬應變計（電阻應變計）的 50～100 倍，更適用於作為壓力傳感器的敏感材料。

　　韓國的研究者利用 MEMS 集成技術製作了一種基於硅壓阻效應的三維力觸覺陣列傳感器[9]，研究者利用 MEMS 工藝在硅薄膜的邊緣製作了四個壓阻體，每個壓阻體均可作為獨立的應變計。當有外力作用在傳感器上時，硅薄膜發生形變，四個壓阻體的電阻值會隨之變化，根據硅材料的阻值與壓力間的確定關係，通過檢測阻值的變化量即可獲知作用在傳感器上的三維力資訊。該傳感器具有良好的線性響應和較高的靈敏度，已被成功應用在機器人靈巧手爪上。

　　中科院智慧機械研究所的梅濤等人同樣利用 MEMS 技術製作了能夠檢測三維力的觸覺傳感器陣列[10]，該傳感器除了能夠檢測接觸壓力的分布和大小之外，還可以獲知滑動的趨勢和發生等多種資訊。傳感器陣列由敏感單元、傳力柱、橡膠層、保護陣列和基板等組成，其結構如圖 2-7（a）所示。其中，敏感單元是傳感器系統中最關鍵的構件，設計成方形的 E 型膜結構，作用在膜上的三維力所產生的應變由三組集成在 E 型膜上的力敏電阻所構成的檢測電路檢出。傳感器陣列共包括 32 個敏感單元，按 4×8 的陣列排布。

　　一般而言，基於硅壓阻效應的觸覺傳感器具有如下優點：①頻率響應高，某些傳感器的固有頻率可達 1.5MHz 以上，適用於動態測量的場合；②體積小，有利於觸覺傳感器的微型化發展；③測量精度高，誤差可低至 0.1％～0.01％；④靈敏度高，是一般金屬應變計的幾十倍；⑤可以在振動、腐蝕、強干擾等惡劣環境下工作。但是，該類型的傳感器同時也存在受溫度影響較大、製作工藝較複雜以及造價高等缺點。

　　除了以上介紹的幾種壓阻式觸覺傳感器之外，隨著材料科學的不斷發展，越來越多的研究者注意到了導電橡膠材料的良好壓阻特性，並利用該材料來研製柔性化的觸覺傳感器陣列，導電橡膠的壓阻特性等內容在第 3 章中將給出詳細的介紹。

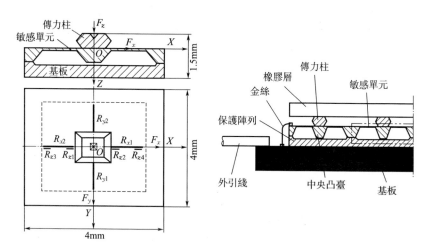

(a) 力敏單元的結構

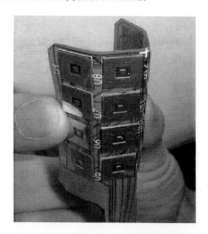

(b) 壓阻式三維力觸覺傳感器

圖 2-7　壓阻式三維力觸覺傳感器結構與外形[10]

2.3.3　電容式觸覺傳感器

　　電容式觸覺傳感器的工作原理是把被測力資訊轉換為電容量變化，該類型傳感器的敏感單元是具有可變參數的電容器，其最常用的形式是由兩個平行電極組成，極間介質為空氣。一般而言，用於測力的觸覺傳感器是通過測量外力所引起的電極間距變化來反映相對應的受力資訊，此外，還可通過測量電容器的面積變化來獲取角位移或線位移，或者通

過測量介質的變化完成不同介質的溫度、密度、濕度的測定。

J. G. Rocha 和 C. Santos 等設計了一種可檢測三維力的電容式觸覺傳感器[11]，其結構示意圖見圖 2-8(a)。傳感器敏感單元的基體為柔性絕緣橡膠材料，在橡膠的上表面中央位置黏貼一方形的導電鋁片，下表面按 2×2 陣列排布四塊鋁片，按這樣的結構設計，構造了四個電容器 C_1、C_2、C_3、C_4，如圖 2-8(b) 所示。該傳感器是通過檢測四個電容器的電容值變化來獲得三維力資訊，電容值與三維力間的關係表示如下：

$$
\begin{cases}
x = \dfrac{(C_1-C_3)(d-D)}{2(C_1+C_3)} = \dfrac{(C_2-C_4)(d-D)}{2(C_2+C_4)} \\[4mm]
y = \dfrac{(C_1-C_2)(d-D)}{2(C_1+C_2)} = \dfrac{(C_3-C_4)(d-D)}{2(C_3+C_4)} \\[4mm]
z = \dfrac{\varepsilon_r C_1(d-D)^2}{(C_1+C_2)(C_1+C_3)} + t \\[4mm]
\quad = \dfrac{\varepsilon_r C_2(d-D)^2}{(C_1+C_2)(C_2+C_4)} + t \\[4mm]
\quad = \dfrac{\varepsilon_r C_3(d-D)^2}{(C_1+C_3)(C_3+C_4)} + t \\[4mm]
\quad = \dfrac{\varepsilon_r C_4(d-D)^2}{(C_2+C_4)(C_3+C_4)} + t
\end{cases}
$$

2006 年，Hyung-Kew Lee 等利用聚二甲基硅氧烷（polydimethylsiloxane，簡稱 PDMS）製作了一種電容式觸覺傳感器，該傳感器具有高可靠性和高解析度，並且具有類似於人類皮膚的柔性[12]。

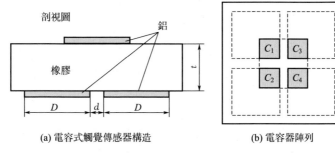

(a) 電容式觸覺傳感器構造　　　　(b) 電容器陣列

圖 2-8

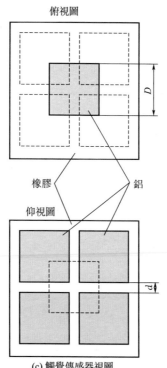

俯視圖

橡膠　　　　　鋁

仰視圖

(c) 觸覺傳感器視圖

圖 2-8　電容式觸覺傳感器構造及視圖

　　電容式觸覺傳感器具有結構簡單、造價較低、靈敏度高以及動態響應好等優點，尤其是對高溫、輻射、強振等惡劣條件的適應性比較強。但是，該類型的傳感器輸出一般會表現為非線性，並且固有的寄生電容和分布電容均會對傳感器的靈敏度和測量精度產生影響。20 世紀 70 年代以來，隨著集成電路技術的發展，出現了與微型測量儀表封裝在一起的電容式傳感器，這種新型的傳感器能夠大大減小分布電容的影響，克服了其固有的缺點。電容式觸覺傳感器是一種用途極廣，很有發展潛力的傳感器。

2.3.4　其他觸覺傳感器

　　除了以上介紹的幾種觸覺傳感器之外，目前還有研究者利用光波導、磁敏、超聲等相關原理來進行觸覺傳感器的研究，並取得了一定的成果。

　　南京航空航天大學的研究人員設計了一種基於光波導原理的三維力

觸覺傳感器[13]，利用新型光電敏感器件 PSD 來獲取三維力資訊，包括力的大小及位置。該傳感器的解析度高、響應速度快，並且能夠實現與視覺傳感器的兼容，可以應用於機器人主動觸覺及實時控制系統。圖 2-9 (a) 為該觸覺傳感器的原理圖。其敏感單元採用硅橡膠材料製成，橡膠兩側分別製作圓柱觸頭和圓錐觸頭陣列，使得每個圓柱觸頭對應五個圓錐觸頭。在硅橡膠與光波導之間分布一極薄的空氣隔離層，在光波導的另一面與中間圓錐觸頭的對應處設置一柔性光纖，用於將接收到的光訊號傳送至 PSD。當橡膠墊未受力時，根據完全內反射原理，入射光束被封閉於光波導內，當橡膠墊受到外力作用時，圓錐觸頭觸及到光波導表面，因為橡膠材料的折射率大於光波導的折射率，因此光線會在受力處發生散射並從另一側射出，於是在波導板上形成光斑現象，如圖 2-9(b)所示。

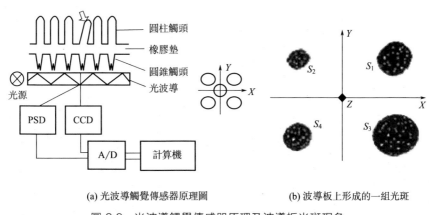

(a) 光波導觸覺傳感器原理圖　　　　(b) 波導板上形成的一組光斑

圖 2-9　光波導觸覺傳感器原理及波導板光斑現象

　　光傳感式觸覺傳感器在僅受單維力的情況下，外力資訊與像素值之間表現為良好的線性關係，而當有多維力作用時，傳感器卻很難保持好的線性，因此傳感器的標定難度較大，使得其測量精度難以提高，並且該類型的傳感器結構較為複雜，對製作工藝和製作過程的要求較高，不利於觸覺傳感器的商用化。

　　目前，還有研究者利用磁敏 Z 元件來研製觸覺傳感器[14]。該類傳感器的工作原理是通過位移把磁場強度的變化轉化成力資訊，基於的是磁敏 Z 元件的獨特性質——輸出訊號與磁場強度的變化成比例關係。這種傳感器適用於測量面力資訊，而對多個單獨的觸覺點卻很難做到一致性。同時，因為受到 Z 元件尺寸的限制，傳感器的解析度一般較低。此外，

該類型的傳感器結構設計較為複雜，後續處理電路繁雜，並且必須經過精確標定才可用於實際的測力。

2.3.5　觸覺傳感器的應用

目前，觸覺傳感器在機器人領域的廣泛應用是舉足輕重的，機器人依靠觸覺傳感器可以精確地感知外部資訊，實現與外界環境的良好互動。特別是柔性多維觸覺傳感器，可以很好地滿足當前迅速發展的各種服務機器人的要求，可以作為機器人的柔性敏感皮膚，實現良好的人機互動，更好地為人類服務[15]。

圖 2-10 示意了柔性觸覺傳感器在 CB2 機器人上的分布，機器人利用這種覆蓋全身的觸覺傳感器檢測外界環境資訊，完成多種複雜任務。圖 2-11 中的兩個機器人 RI-MAN（左）和 Macra（右）的「皮膚」功能的實現同樣是依靠大量的柔性觸覺傳感器陣列。

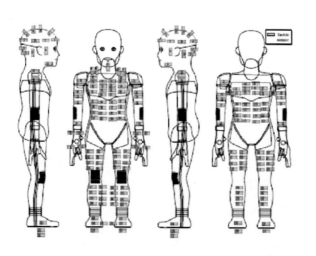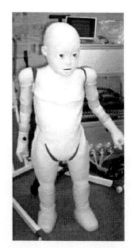

圖 2-10　觸覺傳感器在 CB2 機器人中的應用

除此之外，觸覺傳感器在體育訓練、康復醫療和人體生物力學等諸多領域均有廣泛應用，在這些領域，觸覺傳感器主要用於完成對各種觸覺壓力分布資訊的測量。如在與人類日常生活越來越密切的汽車工業中，觸覺傳感器的研究及應用發揮了重要的作用——通過研究人體對汽車座椅的觸覺壓力分布可以提高座椅的舒適性[16]；為了增強汽車車門的密閉性，可以利用觸覺傳感器來檢測分析密封條的受力分布，

見圖 2-12；分析汽車輪胎與地面間的接觸輪廓和輪胎表面的壓力分布可以提高輪胎的性能。此外，觸覺傳感器也已經應用於人體生物力學中[17]，如圖 2-13 所示的人體足底壓力測量，可以在臨床醫學上起到輔助治療的作用。在體育訓練中，可以利用觸覺傳感器來實時監測運動員的動作並給出數據分析結果，以達到及時糾正錯誤動作，提高訓練技術含量的目的。

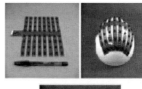

觸覺傳感器

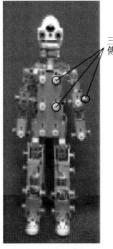

三維力
傳感器

圖 2-11　觸覺傳感器在機器人 RI-MAN 和 Macra 中的應用

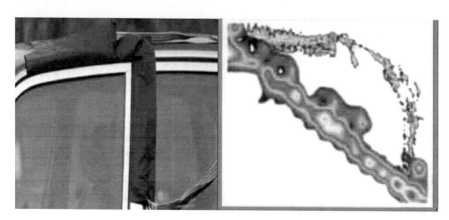

圖 2-12　觸覺傳感器用於測試車門密閉性

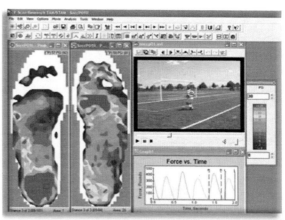

圖 2-13　觸覺傳感器用於足底壓力測量

　　目前，對於人體觸覺分布的測量要求更加擴展了觸覺傳感器的應用範圍，圖 2-14 給出了柔性觸覺傳感器在人體接觸中的應用實例。

　　除上述的傳統應用領域之外，近年來，隨著觸覺技術的研究，特別是柔性觸覺傳感器技術的發展，醫療、製造、軍事、航空航天和娛樂等各種新的領域也開始大量地應用觸覺傳感器。在外科手術上，由於人體器官的柔軟性和複雜性，醫用機器人所面臨的基本問題是如何保證與人體組織器官接觸時的安全性。為了解決這個問題，研究者[18] 提出了利用柔性觸覺傳感器來探測身體組織器官的接觸資訊，如溫度、濕度和紋

理等，這些給外科醫生提供的精確觸覺資訊，對於醫生準確進行手術是極其重要的。

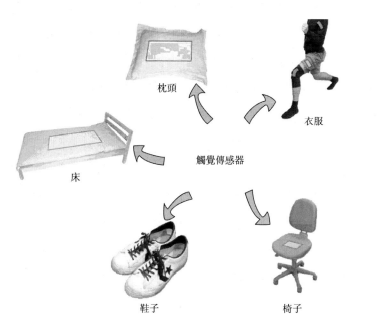

枕頭

衣服

觸覺傳感器

床

鞋子　　　　　　　椅子

圖 2-14　柔性觸覺傳感器在人體接觸中的應用

2.3.6　觸覺傳感器的發展趨勢

觸覺傳感技術的研究始於 20 世紀 70 年代，在四十多年的發展歷程中，國內外的科研人員在傳感器工作機理的研究、敏感材料的開發、傳感器的結構設計、觸覺圖像的處理等多方面都做了大量的工作，並取得了巨大的成就。綜合分析目前國內外的研究現狀來看，觸覺傳感器的研究表現出如下幾方面的發展趨勢。

（1）柔性化研究

所謂觸覺傳感器的柔性化是指傳感器從物理特性上具有類似人體皮膚的柔軟性，可以製作在任意的載體表面完成接觸力的測量，不會受到接觸面積和形狀的限制。近幾年來，研究人員在觸覺傳感器的柔性化研究方面取得了不少成果，主要分為三大類。

第一類是將剛性傳感器安裝在柔性材料內部。目前普遍採用的柔性材料有聚偏二氟乙烯（PVDF）和硅橡膠等，對於整個傳感器系統來說，

柔性材料的作用是傳遞力資訊或者作為保護層，而傳感器的敏感單元卻是剛性的。

日本九州大學的 KouMurakami 等人將剛性的六維力傳感器置於柔性硅橡膠內部，研製了一種新型柔性敏感觸覺手指[19]，如圖 2-15 所示。

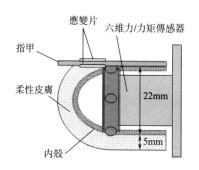

圖 2-15　柔性敏感觸覺手指

該類型的傳感器儘管其表面為柔性的，但由於受到剛性敏感單元的限制，傳感器一般很難隨意實現彎曲變形，無法滿足實用柔性化的要求。

第二類是利用柔性材料將剛性的敏感單元組合起來實現整個傳感器的柔性化。這種類型傳感器的典型結構如圖 2-16 所示。圖 2-16 是臺灣大學 Y. J. Yang 等人設計的 8×8 陣列的溫度和觸覺傳感器[20]。日本東京大學的 Takayuki Hoshi 等人研製了一種柔軟、可延展的大面積機器人皮膚，見圖 2-17，由訊號傳輸「橋」、電容式觸覺傳感單元以及外部柔軟的絕緣層組成[21]。

圖 2-16　集成式 8×8 陣列
的溫度和觸覺觸感器[20]

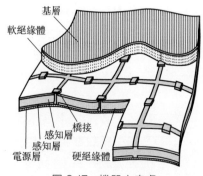

圖 2-17　機器人皮膚

東京大學工程學院的 Takao Someya 等人採用晶體管制作成一種柔性的大面積陣列式壓力和溫度傳感器[22]，見圖 2-18。

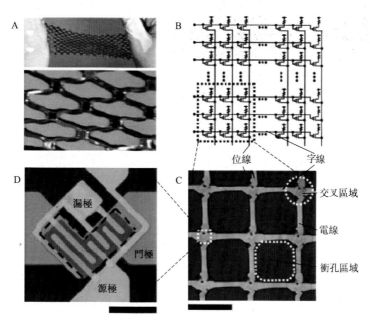

圖 2-18　晶體管陣列式壓力和溫度傳感器[22]

韓國國家技術科學院 Jin-Seok Heo 等人利用光纖布拉格光柵（FBG）傳感技術研究了一種 3×3 陣列的柔性觸覺傳感器，採用柔性硅橡膠材料將所有敏感單元組合起來[23]，見圖 2-19。

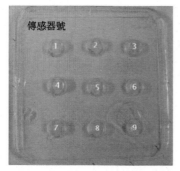

圖 2-19　基於光纖布拉格光柵傳感技術和柔性硅橡膠的觸覺傳感器[23]

　　2008 年加拿大的科學家研製了一種基於電容式傳感單元的柔性觸覺陣列傳感器，依靠柔性的硅橡膠襯底保證傳感器的柔性，可以應用在光滑的物體曲面上完成測力功能[24]，見圖 2-20。

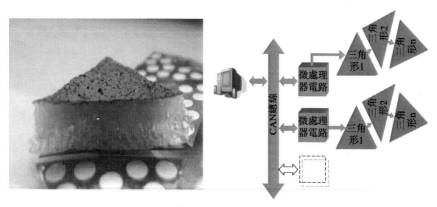

圖 2-20　基於電容式傳感單元的柔性觸覺傳感器[24]

　　這種類型的傳感器大多數是利用微機械電子系統（Micro-Electro-Mechanical Systems，簡稱 MEMS）工藝，將各類敏感元件及電子線路嵌入到一張柔性電路板上製作而成，製作工藝較為複雜，成本較高，難以實現商用化。

　　第三種類型的觸覺傳感器直接採用柔性材料作為敏感材料，如具有壓阻特性的壓敏導電橡膠和具有壓電特性的 PVDF 材料。

　　澳大利亞學者 R. Andrew Russell 利用壓敏導電橡膠作為敏感材料設計了柔性觸覺傳感器[25]，可用於機器人的柔順抓取，如圖 2-21 所示。當有外力作用時，傳感器通過檢測導電橡膠的電阻值變化來分析獲取受力資訊。

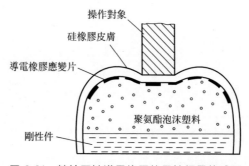

圖 2-21　基於壓敏導電橡膠的柔性觸覺傳感器

　　2007 年日本產業技術綜合實驗所基於電阻抗成像技術 EIT（Electrical Impedance Tomography）設計了一種柔性觸覺傳感器[26]。通過接通已知電壓來測量體表電流，或者注入已知電流來測量體表電壓，利用所測量的電流、電壓值，依照設計的重建算法，計算出傳感器內部在電場作用下所呈現的阻抗分布，利用電腦斷層成像技術獲得壓敏導電橡膠的形變資訊，最終獲得受力值。如圖 2-22 和圖 2-23 所示。

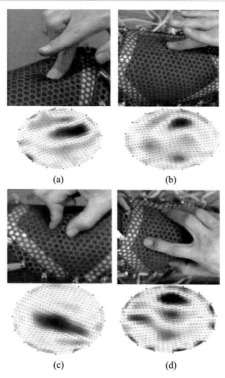

(a)　　　　　　　　(b)

(c)　　　　　　　　(d)

圖 2-22　基於電阻抗成像技術的傳感器伸展受力實驗結果[26]

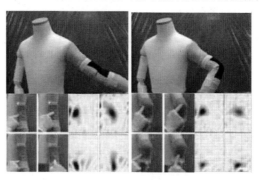

圖 2-23　肘部拉伸性實驗

加拿大康哥迪亞大學 Sedaghati. R 等人利用聚偏二氟乙烯（PVDF）薄膜設計了應用於內窺鏡檢查的壓電式觸覺傳感器[27,28]，圖 2-24 為該觸覺傳感器的結構。

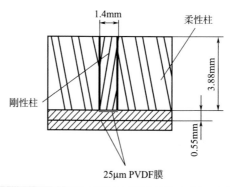

圖 2-24　基於聚偏二氟乙烯的壓電式觸覺傳感器

此外，清華大學的金觀昌等人利用導電橡膠成功研製了 251 點陣的人體足底壓力分布測量系統[29]。重慶大學秦嵐等人提出利用導電橡膠的壓阻特性設計陣列式觸覺傳感服裝的設想，並通過實驗研究取得了一定的成果[30]。

（2）多維力檢測

目前大多數的觸覺傳感器成果主要是通過檢測目標物體對傳感器的正向壓力資訊來識別物體的形狀及其他各項性能，但在實際應用中，傳感器與物體接觸時，不僅僅只有正向壓力的作用，X、Y 兩個切向力的作用也是不容忽視的。若想全面地獲取目標物體的各項性能參數，就必須要求觸覺傳感器能夠檢測 X、Y、Z 三個方向的作用力，因此，三維力的檢測已經逐漸成為觸覺傳感器研究的一個重要方向。

重慶大學的喬生仁等人利用光波導原理進行了三維力觸覺傳感器技術的研究，該傳感器靈敏度高，易於推廣應用[31]；韓國延世大學的 Eun-Soo Hwang 等人將金屬應變計放置於柔性的聚酰亞胺和聚乙烯聚合體之間來檢測三維力[32,33]。

2006 年日本東京大學 Kentaro Noda 等人在柔性橡膠材料內嵌入八懸臂式結構的敏感單元，利用其壓阻特性測量三維力資訊[34]。日本國家先進工業科學和技術研究所 Yoji Yamada 等同樣是在硅橡膠內埋入柔性光纖作為敏感單元，利用硅橡膠變形產生的壓力作用於敏感單元上，達到

測量多維力的目的[35]。

(3) 微型化及多功能化

隨著觸覺傳感技術的發展，觸覺傳感器在很多新領域得到了廣泛的應用，對觸覺傳感器的外形和功能也相應地有了更高的要求，特別是在各種要求精確操作的複雜環境下，觸覺傳感器必須兼具微型化和多功能化的特點。

天津大學的李源等人利用微納米加工技術研製了用於微結構幾何量測量的 MEMS 三維微觸覺傳感器，並對其性能進行了測試，實驗證明微納米技術的發展為觸覺傳感器的微型化提供了有力的技術支持[36]，此外，具備不同功能的微型觸覺傳感器目前已經大量地安裝在具有各種功用的機器人手爪上，以幫助機器人完成各項複雜的手爪操作行為。

2004 年日本東京大學的 Takao Someya 等研製了一種可以同時測量壓力和溫度資訊的柔性電子皮膚，在傳感器內部置入測量壓力的晶體管陣列和測量溫度的晶體管陣列，用添加了石墨的聚合物作為覆蓋層來保證電子皮膚的柔軟性[37]。

2006 年，美國科學家研製了一種具有多層結構的合成皮膚，皮膚的最外層為毛皮織物，中間層為合成硅樹脂材料，內層置入了多個觸覺和溫度傳感器[38]。

(4) 主動觸覺傳感器

主動觸覺是相對於被動觸覺而言的，被動觸覺通過觸覺傳感器與目標物體的靜態接觸來被動地獲取局部而單一的觸覺資訊，而主動觸覺則是一種模仿人類主動觸摸目標物體來獲取多種資訊的感知方式，是由運動機構帶動末端執行器上的觸覺傳感器，以特定的空間運動方式與目標物接觸並作相對運動，同時採集資訊。被動觸覺轉向主動觸覺之後，整個主動觸覺識別過程就變為觸覺傳感器、位置傳感器、控制系統以及探索程序相協調的系統過程。它表明觸覺傳感器的研究在不斷提高單體性能的同時，已經逐步演變為觸覺系統的概念。

賓夕法尼亞大學的 Bajcsy 和他的同事們提出了主動式接觸傳感（Active Tactile Sensing）技術[39]，假定接觸式傳感需要主動去接觸物體，以識別目標物體的形狀以及其他物理性能。物體的性能參數可以直接從傳感數據推導得出，然後將這些參數分解為一系列預先定義的動作模式。實驗證明，物體的多種特性，如靈活性、彈性、柔韌性和溫度等都可以通過安裝有相應傳感器和易於控制的末端受動器獲取，同時，物體的幾何和表面形狀等也可以由末端受動器測出。

2.3.7　存在問題

對於真正具有「類皮膚」功能的觸覺傳感器而言，除了需要具有類似於人類皮膚的柔順特性之外，當機器人需要靈巧且精確地完成多種複雜操作任務時，觸覺傳感器還必須具備空間多維感知能力，至少是精確獲知 X、Y、Z 三個方向的作用力，因此觸覺傳感器的兩個關鍵研究技術就是柔性化和多維力檢測，機器人可依靠柔性多維觸覺傳感器來更安全更精確地檢測與外界的接觸狀態，更好地實現與外界的交互接觸。

分析國內外的研究現狀可以看出，目前觸覺傳感器研究中最大的問題在於柔性化和多維力檢測的兼容。通過分析可知，已有的柔性多維力傳感器或者依賴柔性材料進行力的傳遞，或者依靠柔性的組織結構組合而成，這使得觸覺傳感器在真正的「類皮膚」和多維力連續大面積測量方面受到一定的限制。同時，大多數採用柔性力敏材料製作而成的傳感器則局限於單維壓力的測量，無法滿足智慧機器人特別是仿生機器人的需求。除此之外，目前已有的柔性多維力觸覺傳感器大多存在可靠性低、制備工藝複雜、成本較高等缺陷，並且大多數的研究成果還僅僅停留在實驗室階段，實際應用和商業化應用滯後，距離滿足當前各個領域的應用需求尚有相當的距離。究其原因，一方面是由於多年來觸覺傳感器的傳感機理研究幾乎沒有新的突破，另一方面觸覺傳感器新型敏感材料的研究方面也舉步維艱。由此可見，雖然觸覺傳感器經過了多年的研究，但還面臨著諸多困難，特別是觸覺傳感器的柔順化、多維力測量、可靠性和實用性等問題，逐漸成為近年來觸覺傳感技術重點發展的方向[40]。

參考文獻

---

［1］宋記鋒. 資訊獲取學科的若干基礎問題研究[D]. 合肥: 中國科學技術大學. 2008.

［2］Ponmozhi J, Frias C, Marques T, et al. Smart Sensors/Actuators for Biomedical Applications: Review [J]. Measurement, 2012, 45（7）: 1675-1688.

［3］宋全軍. 人機接觸交互中人體肘關節運動意圖與力矩估計[D]. 合肥: 中國科學技術大學, 2007.

［4］Park J, Kwon K, Cho N. Development of a Coordinate Measuring Machine （CMM）Touch Probe Using a Multi-Axis

Force Sensor[J]. Measurement Science and Technology, 2006, 17 (9): 2380.

[5] Dasgupta B, Reddy S, Mruthyunjaya T S. Synthesis of a Force-Torque Sensor Based on the Stewart Platform Mechanism[C]//Proc. National Convention of Industrial Problems in Machines and Mechanisms. 1994: 14-23.

[6] Kim G S. Development of a Small 6-axis Force/Moment Sensor for Robot's Fingers [J]. Measurement Science and Technology, 2004 (15): 2233-2238.

[7] Murali Krishna G, Rajanna K. Tactile Sensor Based on Piezoelectric Resonance[J]. IEEE Sensors Journal, 2004, 4 (5): 691-697.

[8] 杜彥剛，潘英俊，劉嘉敏. 基於 PVDF 壓電膜的三向力觸角傳感頭研究[J]. 儀器儀表學報，2004 (z3): 215-218.

[9] Kim Yong-Kook, Kim Kunnyun, Lee Kang Ryeol, Cho Woo-Sung, Lee Dae-Sung, Kim Won-Hyo. Technology Development of Silicon Based CMOS Tactile Senor for Robotics Applications [C]//Sensors, 2006. 5th IEEE Conference on. EXCO, Daegu, Korea: IEEE, 2006: 22-25.

[10] Mei Tao, Ge Yu, Ni Libin, et al. Study on the Robot Tactile Sensor for Detecting 3D Contact force [J]. Gaojishu Tongxin/High Technology Letters, 2000 (3): 53-56.

[11] Rocha J G, Santos C, Cabral J M, Lanceros-Mendezt S.3 Axis Capacitive Tactile Sensor and Readout Electronics [C]//Industrial Electronics, 2006 IEEE International Symposium on.Montreal, Quebec, Canada: IEEE, 2006, 2767-2772.

[12] Lee Hyung-Kew, Chang Sun-Li, Yoon Euisik. A Flexible Polymer Tactile Sensor: Fabrication and Modular Expandability for Large Area Deployment [J]. Journal of Microelectromechanical Systems, 2006 (15): 1681-1686.

[13] 李秀娟，許湘劍.一種採用光波導的觸覺傳感器 [J].儀器儀表學報，2002，23 (3): 127-129.

[14] 劉莉.基於磁敏 Z 元件的機器人觸覺傳感器及其實驗研究[D]. 哈爾濱：哈爾濱工業大學，2000.

[15] Tajima R, Kagami S, Inaba M, Inoue H. Development of Soft and Distributed Tactile Sensors and the Application to a Humanoid Robot [J]. Advanced. Robotics, 2002, 16 (4): 381-397.

[16] Tan H Z, Slivovsky L A, Pentland A, A Sensing Chair Using Pressure Distribution Sensors[J]. IEEE / ASME Transactions, 2001, 6 (3): 261-268.

[17] Baglio.S, Muscato.G, Savalli. N. Tactile Measuring Systems for the Recognition of Unknown Surfaces [J]. Instrumentation and Measurement, IEEE Transactions, 2002, 51 (3): 522-531.

[18] Cai Gan wei, Liang Jie ping, Liao Dao xun. Design of Flexible Robotic Manipulators with Optimal Arm Geometries Fabricated from Three-Dimensional Braided Composite with Optimal Material Properties [J]. Journal of Xiangtan Mining Institute, 2000, 51 (4): 23-28.

[19] Murakami K, Hasegawa T. New Tactile Sensing by Robotic Fingertip with Soft Skin[C]//Sensors, 2004 Proceedings of IEEE. New York: IEEE, 2004: 824-827.

[20] Yang Yaojoe, Cheng Mingyuan, Chang Weiyao, et al. An Integrated Flexible Temperature and Tactile Sensing Array Using PI-copper Films[J]. Sensors and Actuators

A: Physical, 2008.143（1）: 143-153.

[21] Hoshi T, Shinoda H. A Large Area Robot Skin Based on Cell-Bridge System [C]//IEEE Sensors, 2006, 5th IEEE Conference. New York: IEEE, 827-830.

[22] Someya T, Kato Y, Sekitani T, et al. Conformable, Flexible, Large Area Networks of Pressure and Thermal Sensor with Organic Transistor Active Matrixes[J]. PNAS, 2005.102（35）: 12321-1232.

[23] Heo Jin-Seok, Chung Jong-Ha, Lee Jung-Ju. Tactile Sensor Arrays Using Fiber Bragg Grating Sensors[J]. Sensors and Actuators A, 2006, I（26）: 312-327.

[24] Giorgio Cannata, Maggiali M, An Embedded Artificial Skin for Humanoid Robots[C]//2008 IEEE International Conference on Multisensor Fusion and Integration for Intelligent Systems. Seoul, Korea: IEEE, 2008.

[25] Andrew Russell R. Compliant-Skin Tactile Sensor[C]//Proceedings 1987 IEEE International Conference on Robotics and Automation. Raleigh, NC, USA: IEEE, 1987.

[26] Nagakubo A.Alirezaei H. A Deformable and Deformation Sensitive Tactile Distribution Sensor[J]. Robotics and Biomimetics, 2007, 7（1）: 1301-1308.

[27] Sedaghati R, Dargahi J, Singh H. Design and Modeling of All Endoscopic Piezoelectric Tactile Sensor[J]. International Journal of Solids and Structures, 2005（42）: 5872-5886.

[28] Najarian S, Dargahi J, Molavi M, et al. Design and Fabrication of Piezoelectric-based Tactile Sensor for Detecting Compliance[C]//Industrial Electronics,

2006 IEEE International Symposium. New York: IEEE, 2006: 3348-3352.

[29] 金觀昌, 張軍, 張建中, 等.一種新型人足底壓力分布測量系統及其應用[J].生物醫學工程學雜誌, 2005, 22（1）: 133-136.

[30] 秦嵐, 李青, 孫先逹.一種新型智慧機器人觸覺傳感服裝的研究[J].傳感技術學報, 2006, 19（3）: 824-827.

[31] 喬生仁, 潘英俊, 劉嘉敏, 等.光波導三向力觸覺傳感技術及訊號處理[J].光子學報, 2000, 29（1）: 63-67.

[32] Hwang E S, Seo H J, Kim Y J. A Polymer-Based Flexible Tactile Sensor for Normal and Shear Load Detection[C]//Proc. IEEE MEMS' 06.New York: IEEE 2006: 714-717.

[33] Hwang E S, Seom J H, et al. A Polymer-Based Flexible Tactile Sensor for Both Normal and Shear Load Detections and its Application for Robotics[J]. Microelectromechanical Systems, 2007, 16（3）: 556-563.

[34] Kentaro Noda, Kazunori Hoshino, Kiyoshi Matsumoto, et al. A Shear Stress Sensor for Tactile Sensing with the Piezoresistive Cantilever Standing in Elastic Material[J]. Sensors and Actuators A, 2006, 127: 295-301.

[35] Yoji Yamada, Tetsuya Morizono, Voji Umetani, et al. Highly Soft Viscoelastic Robot Skin with a Contact Object-Location Sensing Capability[J]. IEEE Transactions on Industry Electronics, 2005, 52（4）: 960-968.

[36] 李源, 邵力, 栗大超, 等.用於微結構幾何量測量的 MEMS 三維微觸覺傳感器的性能測試[J].計量學報, 2008, 29（1）: 21-25.

[37] Someya T, Iba S, et al. A Large-Area, Flexible, and Lightweight Sheet Im-

age Scanner Integrated with Organic Field-Effect Transistors and Organic Photodiodes[C]//2004 IEEE International Electron Devices Meeting IEDM.San Francisco: IEEE, 2004.

[38] Breazeal, Stiehl W D. A Sensitive Skin for Robotic Companions Featuring Temperature, Force, and Electric Field Sensors[C]//2006. Intelligent Robots and Systems.Beijing: IEEE, 2006.

[39] Bajcsy R. Active Perception[C]//Proc.of IEEE.New York, IEEE 1988, 76（8）: 996-1005.

[40] 徐菲.用於檢測三維力的柔性觸覺傳感器結構及解耦方法研究[D]. 合肥: 中國科學技術大學, 2011.

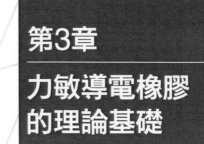

第3章

力敏導電橡膠
的理論基礎

3.1 概述

　　傳感器敏感單元是組成傳感器系統的關鍵部分，而敏感材料的性能是決定敏感單元功能的基礎。目前觸覺傳感器採用的敏感材料普遍存在柔順性不足、缺乏通用性、造價高以及可靠性差等缺點。其中，柔順性不足是已有觸覺傳感器難以和人類皮膚相媲美的一個重要原因，因此，研製符合要求的敏感材料是實現觸覺傳感器「類皮膚」的關鍵技術之一。

　　力敏導電橡膠以其良好的柔韌性、可靠性以及低廉的價格被越來越多的研究者選用作為觸覺傳感器的敏感材料。導電橡膠屬於複合型導電高分子材料的一種，是將各種導電填料分散在絕緣的硅橡膠材料中加工而成。除具備良好的導電性之外，導電橡膠還具有優異的力敏特性、優良的環境密封性以及良好的屏蔽功能，目前導電橡膠已經成為用量最大的一種導電複合材料。本文介紹的柔性多維觸覺傳感器正是基於導電橡膠材料的力敏特性，即橡膠材料在不受外力的情況下，內部的導電粒子彼此接觸很少，橡膠呈現高阻態，當有外力作用時，力敏導電橡膠中的導電粒子分布發生改變，其電阻值也會隨之發生相應變化。

　　導電橡膠的導電填料主要有炭黑、金屬材料和碳纖維等。其中，炭黑填充型導電橡膠是目前應用最廣泛的一種導電橡膠材料，主要是因為炭黑具有價格低廉、實用性強的優點，此外，炭黑能根據不同的導電要求選擇不同的種類、型號，達到不同的導電效果。但是因為炭黑的顏色只能是黑色，因此不適合要求美觀的應用場合。

　　近幾年，隨著電子電路技術的發展，導電橡膠的良好導電性、柔韌性、抗老化性及力敏特性等性能在電子、電信、軍工、航空航天、醫藥等許多領域得到廣泛應用，主要用於觸覺傳感器研製、電磁屏蔽、防靜電、防電磁擾動等。同時，隨著現代科技的不斷進步以及消費市場的迫切需求，湧現出了大批集合高精尖技術的新型電子產品，與之相匹配，多種高精密的新型導電橡膠製品也相繼問世，見圖 3-1。

　　本章主要對採用炭黑填充型導電橡膠作為敏感材料的觸覺傳感器的導電橡膠的導電性及力敏特性作簡要闡述，並介紹力敏導電橡膠在觸覺傳感器研究中的應用。

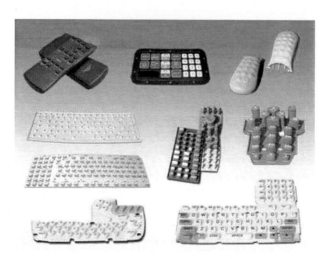

圖 3-1　各種高精密的新型導電橡膠製品

3.2　導電橡膠的導電性

3.2.1　基礎理論

炭黑填充型導電橡膠的導電性主要受到炭黑顆粒在硅橡膠基體材料中填充量的影響，其電阻率隨炭黑填充量的變化趨勢如圖 3-2 所示：隨著炭黑含量的增加，導電橡膠的電阻率緩慢下降，當炭黑含量達到某一臨界值時，橡膠的電阻率急劇下降，當下降到一定值後趨於平緩，幾乎變為一恆定數值，這一現象稱為滲濾現象。據此，可以將導電橡膠材料的導電特性曲線分為三個區域：

A 區：絕緣區，此時炭黑含量較低，炭黑顆粒之間的間距較大，電子受到橡膠絕緣體阻礙難以產生躍遷，處於該區域的導電橡膠表現出絕緣性質。

B 區：滲濾區，隨著炭黑顆粒含量的增加，顆粒之間的間距減小，逐漸形成導

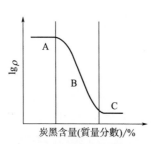

圖 3-2　導電橡膠的電阻率
隨炭黑填充量的變化趨勢

電網路，致使橡膠的導電性增強。當炭黑填充量達到滲濾閾值時，炭黑顆粒之間足夠接近甚至相互接觸，此時導電橡膠的電阻率急劇下降。

C區：導電區，隨著炭黑填充量的繼續增加，炭黑濃度超過了滲濾閾值，此時由於導電通道已經形成，即使繼續增加炭黑含量，對導電橡膠的電阻率影響也很小，其電阻率基本上保持為一恆定數值。

3.2.2 導電機理

目前關於炭黑填充型導電橡膠導電機理的研究較多，但現有的研究成果大多是在實驗和某個學科理論的基礎上作一些假設與推論，迄今為止仍然沒有形成一個統一的理論，導電機理的理論研究仍然落後於應用研究。目前關於導電橡膠的導電機理存在兩種比較流行的學說：一種是宏觀的導電通路學說，該學說認為導電粒子通過物理接觸形成導電鏈；一種是微觀的量子隧道效應理論，認為導電橡膠具有導電性是因為距離很近的導電粒子間發生了隧道效應。

（1）導電通路學說

導電通路學說主要是從宏觀機制來解釋導電橡膠中的導電通路是如何形成的，主要關注的是橡膠的導電性能與導電填料（炭黑）濃度的關係。該學說認為當導電填料相互接觸形成網路鏈或者導電粒子間的間隙很小時，即可形成電流的通路（圖 3-3）。

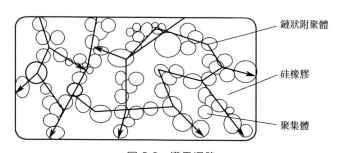

鏈狀附聚體

硅橡膠

聚集體

圖 3-3　導電通路

導電通路學說的形成理論主要有有效介質模型、統計滲濾模型和熱力學模型。下面對目前研究較為廣泛的有效介質模型（General Effective Media）作詳細介紹。

Mc Lachlan 等人[1] 提出了用於解釋顆粒填充型複合材料導電機理的通用有效介質模型（General Effective Media Function，簡稱 GEM）

如下：

$$\frac{(1-\varphi)(\sigma_1^{1/t}-\sigma_m^{1/t})}{\sigma_1^{1/t}+A\sigma_m^{1/t}}+\frac{\varphi(\sigma_h^{1/t}-\sigma_m^{1/t})}{\sigma_h^{1/t}+A\sigma_m^{1/t}}=0 \tag{3-1}$$

式中，$A=(1-\varphi_c)/\varphi_c$，$\varphi$ 是導電填料在複合材料中的體積分數，φ_c 是滲流通道形成時導電填料的臨界體積分數；σ_1、σ_h、σ_m 分別是基體材料、導電顆粒、複合材料的電導率；t 是複合材料的滲流係數。由於填料的電導率遠大於基體材料的電導率，因而可假設基體的電導率為零，即 $\sigma_1=0$。令 $\rho_m=1/\sigma_m$，$\rho_h=1/\sigma_h$，式(3-1) 可以簡化為

$$\rho_m=\rho_h\left(\frac{1-\varphi_c}{\varphi-\varphi_c}\right)^t \tag{3-2}$$

式中，ρ_m 是複合材料的體電阻率；ρ_h 是導電顆粒的體電阻率。需要注意的是，式(3-2) 僅適用於填充顆粒的體積分數在臨界閾值 φ_c 附近的情況。

導電通路學說從宏觀的角度較好地解釋了填充型導電複合材料的導電特性，但該學說僅是在外部實驗特徵的基礎上假想的理論，並沒有探討材料內部具體的電子運動，可以說是實驗現象的模型化，並且該學說無法解釋導電填料含量較低、導電通路尚未形成時導電複合材料仍具有一定導電性的現象。

(2) 量子隧道效應理論

量子隧道效應理論是由 Sheng. P 等人在 1978 年提出來的，該理論應用了量子力學的相關知識，探討了當導電填料含量較低、導電粒子間距較大時複合材料仍存在導電性的原因。當導電粒子間的間距較大時，顆粒間存在聚合物隔離層，相當於具有一定勢能的勢壘，而微觀粒子穿過勢壘的現象就稱為「隧道效應」。如圖 3-4 所示，由炭黑填充型導電橡膠的微觀結構示意圖可以看出，炭黑粒子在硅橡膠基體中不是均勻分布的，而是形成一個個的聚集體，聚集體之間存在間隙 ω。在聚集體的內部炭黑顆粒是相互接觸的，而聚集體之間導電是由於間距最小的炭黑粒子之間產生電子躍遷造成的。

若假設導電粒子間隙的統計平均值為 ω，表現出的宏觀電流密度 $J(\varepsilon)$ 和 ω 的關係為

$$J(\omega)=J_0\exp\left[-\frac{\pi\chi\omega}{2}\left(\frac{\varepsilon}{\varepsilon_0}-1\right)^2\right],|\varepsilon|<\varepsilon_0 \tag{3-3}$$

其中，J_0 為在弱的溫度和電場變化下的電流密度；ε_0 為零載荷時導電粒子間的場強，且 $\varepsilon_0=4V_0/e\omega$，$V_0$ 為勢壘高度，e 為一個電荷的電量；ε 為施加外力時導電粒子間的場強；$\chi=(2m\phi/\hbar^2)^{1/2}$，$m$ 為電子質

量，$\hbar$ 為約化普朗克常數，ϕ 為有效隧道勢壘。

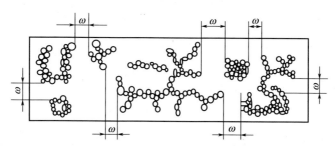

圖 3-4　炭黑粒子填充硅橡膠的微觀結構

　　由以上的方程可知，隧道電流密度是導電粒子間隙的指數函數，所以隧道效應幾乎僅發生在距離很近的導電粒子之間，間隙較大的導電粒子間不會發生電流的傳導行為。研究發現，可發生隧道效應的相鄰導電粒子間的平均距離為：$S = 2(3N/4\pi)^{1/3}$，其中，N 為單位體積的導電粒子數目。

　　量子隧道效應理論在一定意義上解釋了導電填料濃度較小的情況下，導電複合材料仍然能夠導電的原因，但該理論並不能解釋所有導電填料濃度下複合材料的導電機理，尤其是導電粒子含量較高時，大部分粒子直接接觸，導電高分子材料的電流-電壓特性表現出明顯的歐姆特性。

3.3　導電橡膠的力敏特性

　　力敏導電橡膠是一種特殊的導電橡膠，它除了具備一般導電橡膠的導電性、柔韌性外，還具有很好的力學性能，即外力不僅可以改變橡膠的外部形態，並且可通過改變橡膠內部導電粒子的分布而改變材料的電阻率等物理參數，從而引起橡膠電阻值的變化。可以說，力敏導電橡膠是一種對應力敏感的導電橡膠，這一點對於工程設計尤為重要。

　　目前大多數研究者主要進行的是導電橡膠壓敏特性的研究，即橡膠的電阻值會隨施加壓力的增大而減小，其壓敏效應已經應用於柔性觸覺傳感器的研究中。相對於壓敏特性，導電橡膠的拉敏特性，即電阻值與拉力之間的關係也受到部分學者的關注。為了統一起見，以下將導電橡膠的壓敏與拉敏特性統稱為力敏特性，其具體內容會在以下的章節中作詳細介紹。

3.3.1　壓敏特性

導電橡膠的壓敏特性可解釋為：在不受外力的情況下，橡膠材料呈現高阻態；當有壓力作用時，橡膠的導電性加強，呈現低阻態。壓敏導電橡膠在外加壓力的作用下一般表現為圖 3-5 所示的三種壓阻特性。

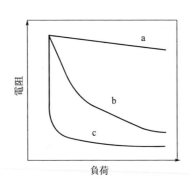

圖 3-5　壓敏導電橡膠的壓阻特性

曲線 a：導電填料的含量較少，橡膠基本上為絕緣體，不具有壓敏特性。

曲線 b：導電填料的含量適中，在壓力作用下，橡膠的電阻值隨壓力的變化而改變，具有該特性的導電橡膠稱為模擬型壓敏導電橡膠，該類型的導電橡膠一般用於檢測某種連續變化的壓力，如牙醫可用它來檢測牙齒的咬合狀況，汽車行業中用其測量人體與座椅的接觸情況，最重要的，機器人研究中可以用其來實現觸覺傳感器的柔性化。

曲線 c：導電填料的含量較多，導電橡膠在一定的壓力範圍內呈現高阻狀態，當壓力超過一定的值後橡膠的電阻值急劇下降，呈現低阻狀態。具有該特性的導電橡膠稱為開關型壓敏導電橡膠，可以用來模擬電子開關，用於製作某些報警裝置，或用於各種電子儀器的鍵盤製作等。

研究發現，壓敏導電橡膠的壓阻效應實際上是橡膠內部的體壓阻效應和電極接觸面產生的界面壓阻效應的結合，如圖 3-6 所示。

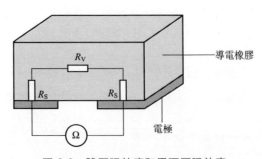

圖 3-6　體壓阻效應和界面壓阻效應

（1）體壓阻效應

壓敏導電橡膠的體壓阻效應可解釋為：當導電橡膠受到外界壓力作用時，橡膠內部導電粒子間的距離發生變化，改變了橡膠的導電性。根據導電鏈勢壘隧道效應，體電阻 R_V 可表示為[2]：

$$R_V = \frac{1}{p} \times \frac{k}{w} \times \frac{t^2 R_m}{m} \tag{3-4}$$

式中，m 為單位體積內的導電粒子數目；R_m 為導電粒子的電阻值；k 為單位體積內的導電鏈數目；t 為每個導電鏈內的導電粒子數目；w 為力-應變關係常數；p 為壓縮應力。令 $q = \frac{k}{w} \times \frac{t^2 R_m}{m}$，則導電橡膠的電阻與壓力成倒數關係，即 $R_V = \frac{q}{p}$。

（2）界面壓阻效應

界面壓阻效應可解釋為：當壓敏導電橡膠與電極接觸時，接觸表面的電阻率隨著外力的增大而減小。產生這種現象的原因是由於橡膠表面與電極並不可能完全接觸，隨著接觸壓力的增大，有效接觸面積逐漸增加，其界面接觸電阻 R_S 可以表示為[3]：

$$R_S \propto \frac{\rho}{F} K \tag{3-5}$$

式中，ρ 為接觸表面的電阻率；F 為施加在接觸面上的壓力；K 為接觸面的粗糙程度和彈性特性的函數。

3.3.2 外力-電阻計算模型

目前，不少學者對導電橡膠的外力-電阻特性進行了實驗性研究，通過大量的實驗結果來分析電阻隨外力變化的規律，但是對於外力-電阻數學模型的研究卻比較少見。本節介紹炭黑填充型導電橡膠的兩類外力-電阻模型：基於有效介質理論的壓阻模型和基於量子隧道效應理論的壓（拉）力-電阻模型。

（1）基於通用有效介質理論的壓阻計算模型

清華大學的王鵬等人[4] 在通用有效介質理論的基礎上，提出了炭黑填充型導電橡膠的壓阻計算模型，給出了炭黑顆粒的基本特徵參數、體積分數以及基體材料的彈性模量等對導電橡膠壓阻特性的影響。關於有效介質模型的基本理論在 3.2.2 中給出了詳細介紹，得出了複合材料的電阻率，如式(3-2)。在壓力作用下導電橡膠材料發生彈性變形，炭黑顆

粒間的距離減小，形成導電通路，橡膠的電阻值隨壓力的增大而減小，表現出明顯的壓阻效應。該過程可以用圖 3-7 近似地說明。

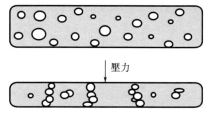

圖 3-7　導電橡膠的壓阻效應

對於長度為 L，橫截面積為 S，電阻率為 ρ_m 的炭黑填充型導電橡膠複合材料，其電阻 $R = \rho_m K$，電阻幾何係數 $K = L/S$。當受到壓力 P 作用時，橡膠的電阻率和電阻幾何係數均會發生變化，電阻 R 也隨之改變。實驗研究表明，對於炭黑填充型導電橡膠材料，在 $0 \sim 3.5 \text{MPa}$ 的壓力範圍內，其蒲松比 ν 和彈性模量 E 的變化很小，可認為其是理想的彈性體，則

$$\frac{1}{K} \times \frac{\partial K}{\partial P} = -\frac{1+2\nu}{E} \tag{3-6}$$

對上式積分得
$$K = K_0 \exp\left(-\frac{1+2\nu}{E} P\right) \tag{3-7}$$

式中，K_0 為零載荷下橡膠材料的電阻幾何係數。

定義炭黑填料的體積分數為

$$\varphi = V_1 / V_m \tag{3-8}$$

式中，V_1 是炭黑的體積；V_m 是導電橡膠的總體積。式（3-8）左右兩端對壓力 P 微分，同時由於炭黑填料是剛體，可假設其體積變化近似為零，即 $\dfrac{\partial V_1}{\partial P}$，從而有

$$\frac{1}{\varphi} \times \frac{\partial \varphi}{\partial P} = \frac{1}{V_1} \times \frac{\partial V_1}{\partial P} - \frac{1}{V_m} \times \frac{\partial V_m}{\partial P} = -\frac{1}{V_m} \times \frac{\partial V_m}{\partial P} \tag{3-9}$$

假設導電橡膠材料為理想彈性體，則有：$\dfrac{1}{V_m} \times \dfrac{\partial V_m}{\partial P} = \dfrac{2\nu-1}{E}$，代入式（3-9）得

$$\frac{1}{\varphi} \partial \varphi = \frac{1-2\nu}{E} \partial P \tag{3-10}$$

對式（3-10）兩端積分得

$$\varphi = \varphi_0 \exp\left(\frac{1-2\nu}{E}P\right) \tag{3-11}$$

式中，φ_0 為零載荷下炭黑填料的體積分數。

壓力 P 作用下炭黑填料的電阻變化可忽略，即 $\partial\rho_h/\partial P \approx 0$。將式(3-11)代入式(3-2) 可得

$$\rho_m = \rho_h (1-\varphi_c)^t \left[\varphi_0 \exp\left(\frac{1-2\nu}{E}P\right) - \varphi_c\right]^{-t} \tag{3-12}$$

將式(3-7) 和式(3-12) 代入電阻計算公式，得出電阻值隨壓力變化的關係為

$$\frac{R}{R_0} = (\varphi_0 - \varphi_c)^t \left[\varphi_0 \exp\left(\frac{1-2\nu}{E}P\right) - \varphi_c\right]^{-t} \exp\left(-\frac{1+2\nu}{E}P\right) \tag{3-13}$$

式中，$R_0 = \rho_h (1-\varphi_c)^t (\varphi_0 - \varphi_c)^{-t} K_0$，為零載荷下導電橡膠材料的電阻值。式(3-13) 中冪函數項描述了電阻率跟隨壓力的變化，指數項描述了電阻幾何係數跟隨壓力的變化。

文獻［4］中，作者分別對填充了三種不同型號炭黑顆粒的導電橡膠進行實驗測定，炭黑顆粒徑尺寸依次為 SL-10、SL-20、SL-36。在零載荷下，對三種型號炭黑在硅橡膠基體中的體積分數與導電橡膠電阻率之間的關係進行實驗，實驗結果如圖 3-8 所示。以 SL-10、SL-20、SL-36 為填充材料，分別按炭黑體積分數為 32％、26％和 21％制備導電橡膠樣品。對三種實驗樣品施加靜態壓力，每次加載保持 3min 穩定時間，將各參數分別代入計算模型得到相應的計算壓阻曲線，計算曲線與實驗結果如圖 3-9 所示。

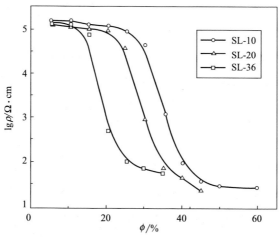

圖 3-8　炭黑在硅橡膠基體中的體積分數-電阻率關係（零載荷）

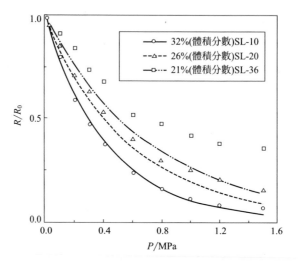

圖 3-9　理論計算曲線與實驗結果的對比

從圖 3-9 中可以看出，對於 SL-10 和 SL-20 兩種炭黑填充型導電橡膠材料，其計算曲線與實驗結果吻合較好，而填充了 SL-36 型炭黑的導電橡膠計算曲線與實驗結果之間出現較大的偏差。這是因為若炭黑粒徑過小，易相互團聚形成大塊聚集體，很難在基體硅橡膠中分散均勻，無法構成完整規則的導電網路，從而導致在壓力作用下電阻變化規律與計算結果不一致。因此，選擇合適大小的炭黑是制備炭黑填充型壓敏導電橡膠材料的一個重要因素。

（2）基於隧道效應理論的壓（拉）力-電阻計算模型

通過 3.2.2 中的介紹可知，基於 Sheng.P 等人的量子隧道效應導電理論，假設橡膠導電粒子間隙的統計平均值為 ω，表現出的宏觀電流密度 $J(\varepsilon)$ 和 ω 的關係為

$$J(\omega) = J_0 \exp\left[-\frac{\pi\chi\omega}{2}\left(\frac{\varepsilon}{\varepsilon_0}-1\right)^2\right], |\varepsilon| < \varepsilon_0 \tag{3-14}$$

若導電橡膠體初始長度為 l_0，理想條件下橡膠滿足胡克定律，k_1 為彈性係數。當橡膠受外力 F（F 為壓力或拉力）時的長度為 l，在彈性形變範圍內有

$$F = k_1(l - l_0) = k_1 \Delta l \tag{3-15}$$

其次，假設 ω 正比於 l，比例係數為 k_2，即

$$\omega = k_2 l \tag{3-16}$$

間隙間場強 ε 在其他條件不變時與 ω_0 成反比：

$$\varepsilon/\varepsilon_0 = \omega/\omega_0 = l/l_0 \tag{3-17}$$

對於橫截面積恆定的導電橡膠，其電阻 R 用式(3-18) 描述：

$$R = \rho l/S \tag{3-18}$$

式中，l 為橡膠的長度；S 為橫截面積；ρ 為電阻率。

將式(3-14)～式(3-17) 代入式(3-18) 中，可得導電橡膠的 R-F 關係：

$$
\begin{aligned}
R(F) &= \frac{l}{S\sigma} \\
&= \frac{Jl}{ES} \\
&= \frac{(l_0 k_1 + F)}{\sigma_0 S k_1} \exp \frac{k_2 F^2 \pi \chi}{2k_1(k_1 l_0 + F)} \\
&\approx \frac{(l_0 k_1 + F)}{\sigma_0 S k_1} \left[1 + \frac{k_2 F^2 \pi \chi}{2k_1(k_1 l_0 + F)} + \cdots \right] \\
&= R_0 + \frac{R_0}{k_1 l_0} F + \frac{k_2 R_0 \pi \chi}{2k_1^2 l_0} F^2 + \frac{\pi^2 \chi^2 k_2^2 R_0}{8k_1^3 l_0 (k_1 l_0 - F)} F^4 + \cdots \tag{3-19}
\end{aligned}
$$

一般精確到二次項，因此有

$$R(F) = R_0 + AF + BF^2 \tag{3-20}$$

式中，$A = \dfrac{R_0}{k_1 l_0}$，$B = \dfrac{k_2 R_0 \pi \chi}{2k_1^2 l_0}$，並且，當外力為壓力時，$F$ 為負值，反之，F 取正值時表示施加的外力為拉力。

考慮 R-Δl 的關係，將式(3-15) 代入式(3-20) 中，有

$$R(\Delta l) = R_0 + C\Delta l + D\Delta l^2 \tag{3-21}$$

式中，$C = Ak_1$，$D = Bk_1^2$。

目前，已有研究者對於式(3-20) 所描述的橡膠力敏特性進行了實驗驗證。文獻 [5] 用表 3-1 中三種不同配比的導電橡膠樣品測試了導電橡膠的電阻值隨壓力的變化規律，結果見圖 3-10。大連理工大學的劉順華等人對導電橡膠的電阻-拉力關係進行了實驗測試，如圖 3-11，實驗結果表明，橡膠的電阻值與其所受外力之間滿足二次項關係。因此，在理想條件下，式(3-20) 成立。

表 3-1　三種不同配比的導電橡膠樣品參數

參數	$A/(\text{k}\Omega/\text{N})$	$B/(\text{k}\Omega/\text{N}^2)$	$R_0/\text{k}\Omega$
樣本 S3	6.56	0.563	24.59
樣本 S4	0.671	0.047	3.79
樣本 S5	0.344	0.025	1.51

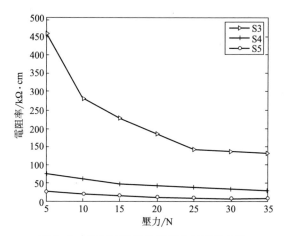

圖 3-10　橡膠的電阻值隨壓力的變化規律

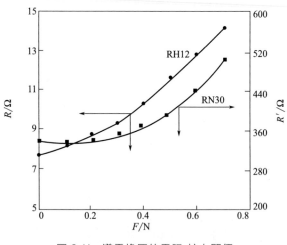

圖 3-11　導電橡膠的電阻-拉力關係

3.4　力敏導電橡膠的應用

3.4.1　力敏導電橡膠的特色應用

目前，力敏導電橡膠的應用非常廣泛，本節簡要介紹這種複合材料

在某些領域的特色應用，這些應用主要是基於導電橡膠的壓敏特性。

① 電子琴鍵盤　壓敏導電橡膠能較好地感受到演奏者的觸鍵壓力，壓力轉化為電訊號送發聲系統。

② 高速公路汽車流量檢測儀　將壓敏導電橡膠置於汽車必經的路段，可實時檢測路況，方便地統計出公路上的車流量。

③ 實驗動物感應器　在醫學和動物學領域，研究者需要長時間連續地監視飼養箱內動物的活動情況。如果在箱內安裝基於壓敏導電橡膠的壓力開關，便可以實時地記錄動物踩觸各開關的情況，極大地方便了研究過程。

④ 運輸管道安全報警裝置　將導電橡膠安裝在管道表面的特定位置，如果管道有膨脹或破裂的前兆，訊號會提前被送到報警裝置發出警報。

3.4.2　力敏導電橡膠在觸覺傳感器中的應用

力敏導電橡膠作為一種新型的力敏材料，除了具備良好的力學性能之外，還具有柔性好、易成型以及成本低等優點，可用作柔性觸覺傳感器的敏感材料。目前基於力敏導電橡膠研製的觸覺傳感器多數是利用了橡膠材料的柔性、導電性和壓阻特性，已有的研究成果多數僅具有柔性和正壓力檢測功能，對於水平切向力的檢測鮮見報導。

西安交通大學的田疆等人[6] 利用導電橡膠的壓阻特性，設計並製作了一種觸覺傳感器陣列。傳感器的核心是各向異性的導電橡膠，該材料在水平方向是絕緣的，而在垂直方向具有壓阻效應，導電橡膠結構如圖 3-12(a) 所示，傳感器系統的結構如圖 3-12(b) 所示。

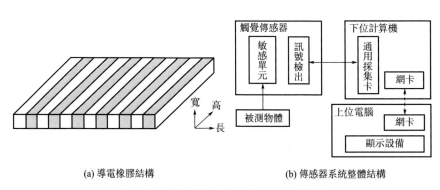

(a) 導電橡膠結構　　　　　(b) 傳感器系統整體結構

圖 3-12　導電橡膠結構及傳感器系統結構

杭州電子工業學院的羅志增等人研製了一種基於導電橡膠的高解析度陣列觸覺傳感器[7,8]。該傳感器的設計中最關鍵的是蜂窩狀、微單元

間隔離的導電橡膠敏感材料的製作，該材料水準方向絕緣，而垂直方向具有壓阻特性，製作的敏感材料結構如圖 3-13(b) 所示。圖中白色為絕緣橡膠，黑色為導電橡膠。該傳感器具有較好的實時性，通過對觸覺圖像的處理可獲知被操作物體的滑移等資訊。

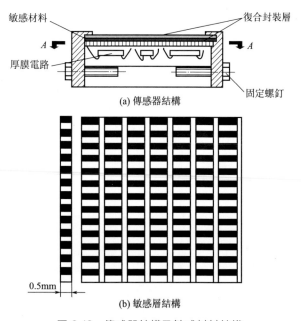

圖 3-13　傳感器結構及敏感材料結構

東京大學 Shimojo. M 等人於 2002 年用壓敏導電橡膠研製了一種可以穿戴於機器人手指上的觸覺手指套[9]，如圖 3-14。該觸覺傳感器的結構設計非常獨特，以類似「穿針引線縫制式」的引線方式將導線穿插於導電橡膠上下表面，行列導線彼此垂直交叉卻互不相交，行列導線交點處形成了待檢測的壓敏電阻。

以上介紹的觸覺傳感器均是基於導電橡膠的體壓阻效應，這也是目前主流的研究方向。除此之外，也有研究者基於力敏導電橡膠的界面壓阻效應設計觸覺傳感器。如合肥工業大學的黃英等人設計了一種能測量三維力的新型機器人柔性觸覺傳感器[10]。傳感器敏感單元結構如圖 3-15 (a) 所示，在柔性印刷電路板（PCB）上製作三個扇形的導電區域 a、b、c 和一個圓形導電區域 d。壓敏導電橡膠用導電銀膠緊密黏接在柔性電路板上。中間的圓面 d 作為公共電極，扇面 a、b、c 和圓面 d 之間的電阻分別是 R_1、R_2、R_3。為了檢測三維力，敏感單元上方設置一半球形傳

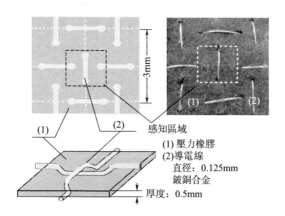

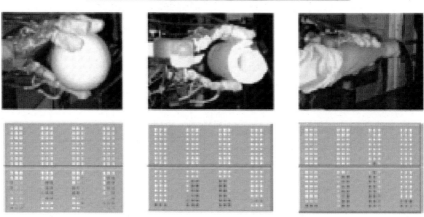

圖 3-14 基於壓敏導電橡膠的「縫制式」觸覺傳感器

感頭,如圖 3-15(b) 所示,傳感頭用質地較硬的聚乙烯材料製成,主要

用於力的傳遞，忽略其自身的變形。當傳感頭受力後，壓敏導電橡膠發生與受力成正比的形變，界面電阻 R_1、R_2、R_3 隨之發生相應的變化，通過數學的分析方法，可根據這三個電阻的變化求解出三維力資訊。該傳感器具有設計簡單，造價低廉，柔順性好等優點，可用於醫療、體育、機器人等領域中三維力的檢測[11]。

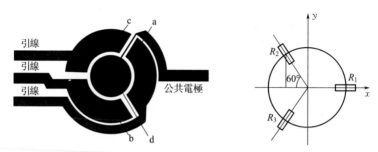

(a) 基于界面壓阻效應的傳感器單元

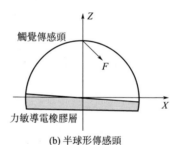

(b) 半球形傳感頭

圖 3-15　傳感器敏感單元結構及半圓形傳感頭

參考文獻

[1] Mc Lachlan C S, Blasziewiczm Newnham R E. Electrical Resistively of Composites[J]. Journal of American Ceramic Society, 1990, 73（8）: 217-220.

[2] 王鵬, 丁天懷, 徐峰, 等. 炭黑／硅橡膠複合材料的壓阻特性研究與改進[J].傳感技術學報, 2004（1）: 15-18.

[3] Thomas V Papakostas, Julian Lima, Mark Lowe. A Large Area Force Sensor for Smart Skin Applications［J］. Sen-

sors, 2002, Proceedings of IEEE, 2002, 2: 1620-1624.

[4] 王鵬, 丁天懷, 徐峰, 等. 炭黑填充型導電複合材料的壓阻計算模型及實驗驗證[J]. 複合材料學報, 2004, 21（6）: 34-38.

[5] Ying Huang, Bei Xiang, Xiao Huiming, Xiu Lanfu, Yun Jiange. Conductive Mechanism Research Based on Pressure-Sensitive Conductive Composite Material for Flexible Tactile Sensing[C]// IEEE International Conference on Information and Automation. New York: IEEE, 2008: 1614-1619.

[6] 田疆, 田潔, 蒲軍, 等. 基於導電橡膠的柔性動態觸覺傳感器系統及其圖像恢復的研究[J]. 機器人, 2004, 26（1）: 54-57.

[7] 羅志增, 蔣靜坪. 一種高解析度柔性陣列觸覺傳感器[J]. 浙江大學學報（工學版）, 1999, 33（6）: 569-573.

[8] 羅志增, 席旭剛, 葉明. 用厚膜電路實現陣列觸覺訊號的採樣[J]. 傳感技術學報, 2006, 19（1）: 121-124.

[9] Shimojo M, Namiki A, Ishikawa M, et al. A Tactile Sensor Sheet Using Pressure Conductive Rubber with Electrical-Wires Stitched Method [J]. Sensors Journal, IEEE, 2004, 4（5）: 589-596.

[10] 黃英, 明小慧, 向蓓, 等. 一種新型機器人三維力柔性觸覺傳感器的設計[J]. 傳感技術學報, 2008, 21（10）: 1695-1699.

[11] 徐菲. 用於檢測三維力的柔性觸覺傳感器結構及觸耦方法研究[D]. 合肥: 中國科學技術大學, 2011.

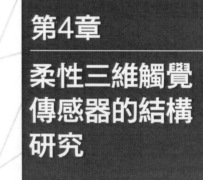

第4章

柔性三維觸覺
傳感器的結構
研究

4.1 概述

通過第 3 章的分析可以看出，目前觸覺傳感器的研究主要集中於實現傳感器的柔性化和多維力的檢測。在柔性化研究方面，部分研究者採用柔性敏感材料來實現觸覺傳感器的「類皮膚」，並通過敏感單元結構的創新性設計來增強傳感器本身的柔性。

儘管研究者利用柔軟的敏感材料以及整體性的結構實現了觸覺傳感器的柔性，但該傳感器僅局限於單維壓力的檢測，無法獲取水平切向力資訊，因此不能滿足智慧機器人特別是仿生機器人對於多維力檢測的需求。此外，作者僅僅介紹了橡膠阻值隨壓力大小的變化趨勢，並沒有對其壓阻數學模型作深入研究，因此對傳感器的測力原理分析不足，傳感器的精度基本依賴於後期的標定，這無疑提高了對傳感器標定實驗的要求。

中科院智慧機械研究所的沈春山曾提出一種基於壓敏導電橡膠的網狀結構三維陣列觸覺傳感器設計思想[1]，如圖 4-1 所示。$+V_{ref1}$、$+V_{ref2}$ 和 $+V_{ref3}$ 引線位於上表面，其他引線位於下表面，其中下表面的引線是 5 行 4 列，行列位於不同層，上下表面之間布滿導電橡膠。為了分析方便，作者限定了幾個假設前提：

① 只考慮圖中顯示出的導線間的電阻值；

② 在不受外力時，上述電阻值為 R_0；

③ 力的加載只在上表面的電極處，例如 o 點，並且力加載所引起變化的電阻只是與該點相鄰的四個，即 R_{oa}，R_{ob}，R_{oc} 和 R_{od}；

④ 兩點間的電阻值完全取決於兩點之間的距離；

⑤ o 點與 a 點之間的長度為 l；

⑥ 計算電阻時，忽略 a 點與 a1 點之間的距離，點 a 和 a1 分別位於下層的行和列上。

通過簡單的數學建模，作者給出了傳感器的輸出電壓訊號與輸入力資訊之間的關係式如下：

$$M3_{out} = -\frac{R_f V_{ref}}{\left[\sqrt{\left(kf_x+\frac{1}{2}l\right)^2+\left(kf_y+\frac{1}{2}l\right)^2+\left(kf_z+\frac{\sqrt{2}}{2}l\right)^2}\times R_0/l\right] // \left[\sqrt{\left(kf_x-\frac{1}{2}l\right)^2+\left(kf_y+\frac{1}{2}l\right)^2+\left(kf_z+\frac{\sqrt{2}}{2}l\right)^2}\times R_0/l\right] // \frac{1}{2}R_0}$$

$$M2_{out} = -\frac{R_f V_{ref}}{\left[\sqrt{\left(kf_x+\frac{1}{2}l\right)^2+\left(kf_y-\frac{1}{2}l\right)^2+\left(kf_z+\frac{\sqrt{2}}{2}l\right)^2}\times R_0/l\right] // \left[\sqrt{\left(kf_x-\frac{1}{2}l\right)^2+\left(kf_y-\frac{1}{2}l\right)^2+\left(kf_z+\frac{\sqrt{2}}{2}l\right)^2}\times R_0/l\right] // \frac{1}{2}R_0}$$

$$N2_{out} = -\frac{R_f V_{ref}}{\left[\sqrt{\left(kf_x+\frac{1}{2}l\right)^2+\left(kf_y-\frac{1}{2}l\right)^2+\left(kf_z+\frac{\sqrt{2}}{2}l\right)^2}\times R_0/l\right]//\left[\sqrt{\left(kf_x+\frac{1}{2}l\right)^2+\left(kf_y+\frac{1}{2}l\right)^2+\left(kf_z+\frac{\sqrt{2}}{2}l\right)^2}\times R_0/l\right]//\frac{1}{6}R_0}$$

$$N3_{out} = -\frac{R_f V_{ref}}{\left[\sqrt{\left(kf_x-\frac{1}{2}l\right)^2+\left(kf_y+\frac{1}{2}l\right)^2+\left(kf_z+\frac{\sqrt{2}}{2}l\right)^2}\times R_0/l\right]//\left[\sqrt{\left(kf_x-\frac{1}{2}l\right)^2+\left(kf_y-\frac{1}{2}l\right)^2+\left(kf_z+\frac{\sqrt{2}}{2}l\right)^2}\times R_0/l\right]//\frac{1}{6}R_0}$$

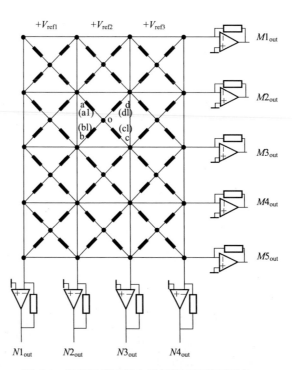

圖 4-1　網狀結構三維力觸覺傳感器陣列設計

　　實際使用中可以通過標定來確定輸入力資訊與輸出的電壓資訊之間的關係，可簡單表示為

$$f_x = f_x(M2_{out}, M3_{out}, N2_{out}, N3_{out})$$

$$f_y = f_y(M2_{out}, M3_{out}, N2_{out}, N3_{out})$$

$$f_z = f_z(M2_{out}, M3_{out}, N2_{out}, N3_{out})$$

作者並沒有對具有該結構的傳感器檢測原理等內容作深入分析，且傳感器設計中存在多處不夠完善的前提假設以及許多待解決的關鍵性問題，因而不能實際應用於測量三維力。但是，作者提出的這種柔性多維力傳感器的設計思想為觸覺傳感器的設計提供了一種新思路，受此啟發，本文基於柔性力敏導電橡膠設計了一種具有整體多層結構的觸覺傳感器，並對結構進行不斷改進與完善，使得研究的觸覺傳感器能夠在具有「類皮膚」柔性的同時實現三維力檢測功能。

關於導電橡膠的導電機理及其力敏特性在第3章作了詳細介紹，研究現狀表明導電橡膠是一種有滯環、非線性的導電材料，且不具有理想的穩定性和可重複性，因此基於導電橡膠實際性能的傳感器受力求解面臨很多的困難，甚至無法進行測量。基於這樣的考慮，本文提出的傳感器設計思路是基於理想導電橡膠的力學特性，對材料的部分性能作出有依據的假設。

4.2 整體三層式結構

4.2.1 陣列結構及力學模型

傳感器敏感單元的結構如圖 4-2 所示，採用整體三層式的網狀陣列結構，導線及電極在導電橡膠內部布置成相互平行且等間距的三層，第一層導線和第二層導線為行列交叉排列，第三層導線與第一層導線平行排列，相鄰層間置有導電橡膠。同一層的電極為等間距分布，第一層電極的投影位於相對應的四只第二層電極構成的方形的中心，且同時位於四只第三層電極構成的方形的中心。導線均為其外表面裹覆有絕緣層的絕緣導線，只在與電極的焊接處除掉絕緣層。由於最外層的橡膠厚度非常薄，因此分析傳感器受力時，可假定外力是直接加載於最上層，且外力作用時最下層節點固定不發生位移。

將第一層的電極視為受力點，並假設各個受力點之間是相互獨立的。儘管後期的研究發現具有該結構的傳感器在實際的測力過程中會有一定的局限性，但其整體性的結構設計為後續的傳感器結構設計及原理分析奠定了理論基礎。

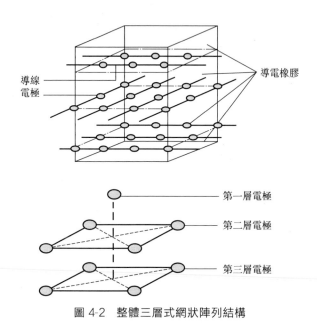

導線
電極

導電橡膠

第一層電極

第二層電極

第三層電極

圖 4-2　整體三層式網狀陣列結構

選取陣列中的一個單元進行受力分析，陣列單元的等效物理模型如圖 4-3 所示。

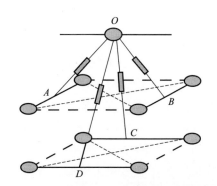

圖 4-3　三層結構陣列單元的等效物理模型

設 O 點為受力點，以 R_{OA} 和 R_{OB} 表示受力點 O 與其對應的第二層兩列之間的等效電阻，同理以 R_{OC} 和 R_{OD} 表示點 O 與其對應的第三層兩行之間的等效電阻，假設 O 點到第二、三層行列的距離與其對應的等效

電阻成正比例關係，即

$$R_{Oi} = g\,|Oi|\,(i = A, B, C, D) \tag{4-1}$$

當三維力 $\boldsymbol{F} = [F_x, F_y, F_z]^T$ 作用於傳感器單元時，電阻 R_{OA}，R_{OB}，R_{OC} 和 R_{OD} 將發生相應的變化。

① 對單元施加 Z 向正壓力（力的方向垂直向下），點 O 在壓力作用下向下移動至 O'。此時，$|OA|$、$|OB|$、$|OC|$ 和 $|OD|$ 均受到壓縮，距離變短，因此與之相關的電阻值隨之減小，並且 R_{OA} 和 R_{OB} 減小相同的阻值，而 R_{OC} 和 R_{OD} 減小相同的阻值。如圖 4-4 所示。

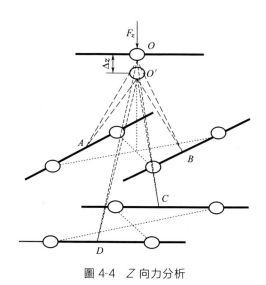

圖 4-4　Z 向力分析

② 施加 X 正向剪切力，點 O 向右移至 O'，$|OA|$ 受到拉伸，距離變長，因此 R_{OA} 的值增大，而 $|OB|$ 受到壓縮，距離變短，R_{OB} 減小；反之，當施加 X 負向剪切力時，R_{OA} 減小而 R_{OB} 增大。因此，通過檢測第一層行與第二層列之間的電阻值即可求解 F_z 與 F_x。如圖 4-5 所示。

③ 施加 Y 正向剪切力，類似於 X 方向的剪切力情況，$|OD|$ 受到拉伸，距離變長，R_{OD} 增大，而 $|OC|$ 受到壓縮，距離變短，R_{OC} 減小；反之，當施加 Y 負向剪切力時，R_{OD} 減小而 R_{OC} 增大。因此，通過檢測第一層行與第三層行之間的電阻值即可求解 F_y。如圖 4-6 所示。

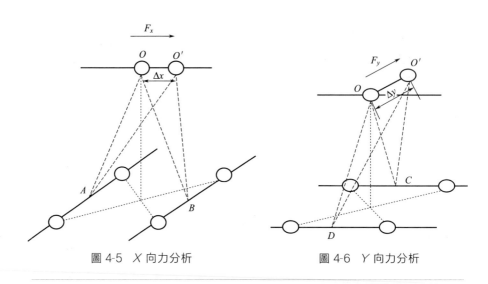

圖 4-5　X 向力分析　　　　圖 4-6　Y 向力分析

綜上所述，傳感器陣列單元的電阻 R_{OA}、R_{OB}、R_{OC} 和 R_{OD} 在不同的三維力作用下具有不同的變化量，且均包含了三維形變的資訊。可以根據電阻值的變化求解出三維形變數。假定壓敏導電橡膠為各向同性材料，在彈性範圍內，三維力作用下橡膠的形變與引起形變的外力成正比，可設 k 為彈性係數，則有

$$\begin{bmatrix} F_x \\ F_y \\ F_z \end{bmatrix} = k \begin{bmatrix} \Delta x \\ \Delta y \\ \Delta z \end{bmatrix} \tag{4-2}$$

4.2.2　局限性分析

該傳感器的設計思路具有一定的創新性，理論上來說，既能檢測出三維力的大小，又具有柔韌性好的特點，可提升觸覺傳感器的性能並拓展其應用的範圍。但是，傳感器的設計還存在很多需要解決的問題，說明如下。

① 傳感器的受力分析是在假設各單元各節點之間相互獨立的前提下進行的，即假定傳感器受外力時，只有受力點發生形變，而表面其他點的形變均忽略不計，這種假設與實際情況相差較大，由於橡膠材料本身固有的彈性影響，各單元以及各節點間的耦合是不可忽略的。

② 傳感器的受力點被限定為上層節點（電極），即傳感器僅可以求解節點處受單點三維力的情況，無法測量任意的非節點力或者面力資訊，

因此與傳統的組合陣列式觸覺傳感器類似，無法實現連續力的檢測，限制了傳感器的解析度。

③ 對陣列單元建立物理模型時，行列電阻值的等效精度無法驗證，實際上，若要使行列阻值滿足圖 4-3 所示的等效假設，傳感器的結構尺寸等需滿足部分前提條件，但在上述的傳感器設計思路中沒有作詳細考慮，僅根據相關理論作出近似假設，缺乏基礎理論的支持。

④ 由於在柔性導電橡膠內部置入了電極和導線，而電極與導線本身具有高於橡膠的硬度，因此三層式的結構代表電極和導線的數量較多，從而限制了傳感器的柔性化，此外，外部硬體電路的設計難度也相應提高。

可見，圖 4-2 所示的三層式結構能解決的問題有限，具有很大的改進空間，但是其創新性的設計思路為以後的研究奠定了基礎，具有一定的研究意義。

4.3　整體兩層式結構

4.3.1　陣列結構及力學模型

針對 4.2 節所介紹的整體三層式結構的不足，將傳感器敏感單元改進為圖 4-7 所示的整體兩層結構，與三層結構類似，第一層與第二層的電極陣列不變，取消第三層結構，並且在同一層均布置行列導線，以增加傳感器輸出的行列阻值，滿足對三維力解耦的資訊需求。

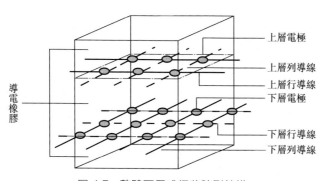

圖 4-7　整體兩層式網狀陣列結構

在分析傳感器的測力原理時，對橡膠材料的理想性質作如下假設：

① 導電橡膠是各向同性材料且具有理想的線性；

② 上層節點（電極）視為受力點，且節點之間是相互獨立的；

③ 上層行列與下層行列間的電阻值等效為上層節點到下層行及列最短距離間的導電橡膠具有的阻值；

④ 導電橡膠電阻值與其長度成正比例關係。

具有該結構的傳感器工作原理與上一節所述的三層結構類似，同樣選取一個陣列單元來說明受力點的確定和受力大小的求解過程。陣列單元的等效物理模型如圖 4-8 所示。

傳感器的內部結構尺寸如圖 4-9 所示：上層列（行）與下層列（行）間的距離為 s；下層相鄰四個節點間的距離為 s，即下層行行間及列列間的距離均為 s。由幾何知識可得：$OH = \dfrac{\sqrt{3}}{2}s$，$\angle HOP = 30°$。

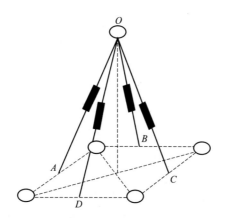

圖 4-8　兩層結構陣列單元的等效物理模型

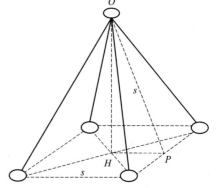

圖 4-9　整體兩層結構的尺寸

(1) 單維力分析

① 如圖 4-10 所示，對節點 O 施加 F_z，則 R_{OA}、R_{OB}、R_{OC}、R_{OD} 同時減小相同的變化量，根據幾何知識，可推導得到

$$\Delta z = (\sqrt{3}s - \sqrt{3s^2 - 8s \cdot \Delta s + 4\Delta s^2})/2 = \phi(\Delta s) \tag{4-3}$$

式中，$\Delta s = s - s'$。

導電橡膠的理想特性滿足如下兩式：

$$F_z = k \times \Delta z \tag{4-4}$$

$$\Delta s = g \times \Delta R \tag{4-5}$$

其中，k、g 為與導電橡膠性質相關的常數。

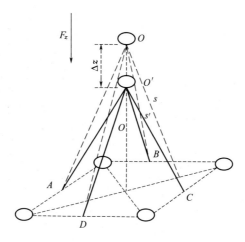

圖 4-10　Z 向力分析

由式(4-3)～式(4-5) 得

$$F_z = k \times \phi(g \times \Delta R) \tag{4-6}$$

此時的 ΔR 即為在 F_z 作用下，R_{OA}、R_{OB}、R_{OC}、R_{OD} 發生的變化量。

② 對節點 O 施加 X 正向剪切力，點 O 向右移動，則 R_{OA} 增大，R_{OC} 減小，此時 R_{OB} 和 R_{OD} 不會發生變化；同理，對節點施加反向 F_x，則 R_{OA} 減小，R_{OC} 增大，此時 R_{OB} 和 R_{OD} 不會發生變化。類似 F_z 的分析可得

$$F_x = k \times \phi_1(g \times \Delta R_1) = k \times \phi_2(g \times \Delta R_2) \tag{4-7}$$

此時的 ΔR_1 為 F_x 作用下 R_{OA} 發生的變化量，ΔR_2 為 F_x 作用下 R_{OC} 發生的變化量。

③ 對節點 O 施加正向 F_y，則 R_{OD} 增大，R_{OB} 減小，此時 R_{OA} 和 R_{OC} 不會發生變化；同理，對節點施加反向 F_y，則 R_{OD} 減小，R_{OB} 增大，此時 R_{OA} 和 R_{OC} 保持不變。受力分析與節點受力 F_x 的情況類似。

④ 傳感器的輸出資訊為行行（列列）間的電阻值，可以將傳感器的輸出表示為阻值矩陣：

$$R = \begin{bmatrix} R_{行} & 0 \\ 0 & r_{列} \end{bmatrix} = \begin{bmatrix} R_{11} & R_{12} & R_{13} & & & & 0 \\ R_{21} & R_{22} & R_{23} & & & & \\ & & & r_{11} & r_{12} & r_{13} & r_{14} \\ & 0 & & r_{21} & r_{22} & r_{23} & r_{24} \\ & & & r_{31} & r_{32} & r_{33} & r_{34} \end{bmatrix}$$

由以上力分析可知：當施加 F_z 時，$R_{行}$ 與 $r_{列}$ 同時發生相同的變化；施加 F_x 時，只有 $r_{列}$ 發生變化，$R_{行}$ 沒有變化；施加 F_y 時，只有 $R_{行}$ 發生變化，$r_{列}$ 沒有變化。根據輸出阻值矩陣資訊即可計算獲得單維力的大小及方向。

（2）多維力分析

由上述分析可清楚地看出，當有多維力同時作用於傳感器上時，F_x 與 F_y 之間不存在耦合現象，但 F_z 與 F_x、F_z 與 F_y 之間存在耦合，這種耦合現象反映在傳感器的輸出資訊上就是輸出阻值矩陣的變化不再清楚明朗。

以節點 O 同時受到 F_z 和 F_x 為例進行分析，如圖 4-11 所示，假設導電橡膠材料為各向同性，則節點 O 在 F_z 和 F_x 的合力作用下的位移即為 Δz 和 Δx 的合成。

由勾股定理：

$$\begin{aligned}
\Delta s_1 &= s - s_1 \\
&= s - \sqrt{\left(\frac{\sqrt{3}}{2}s - \Delta z\right)^2 + \left(\frac{s}{2} - \Delta x\right)^2} \\
&= \mu(s, \Delta z, \Delta x)
\end{aligned} \tag{4-8}$$

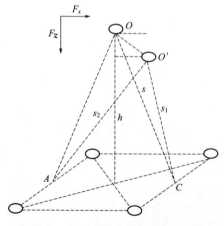

圖 4-11　Z 向力與 X 向力耦合的分析

根據導電橡膠的特性有

$$\Delta R_{OC} = g \times \Delta s_1 = g \times \mu(s, \Delta z, \Delta x) \tag{4-9}$$

同理得

$$\Delta R_{OA} = g \times \Delta s_2 = g \times \nu(s, \Delta z, \Delta x) \tag{4-10}$$

綜合傳感器的輸出阻值矩陣及式(4-9)、式(4-10) 即可得 Δx 與 Δz。

$$\Delta x = \alpha \left(\frac{1}{g} - \frac{\beta}{2sg^2} \right)$$

$$\Delta z = \frac{3s^2}{4} + \frac{\beta^2 - 4sg\beta}{4g^2} - \frac{\alpha^2(\beta^2 + 4sg\beta + 3s^2 g^2)}{4s^2 g^4} \tag{4-11}$$

式中，$\alpha = \Delta R_{OC} - \Delta R_{OA}$，$\beta = \Delta R_{OC} + \Delta R_{OA}$。

可得

$$F_z = k \times \Delta z$$

$$F_x = k \times \Delta x \tag{4-12}$$

同理，當同時施加 F_z 和 F_y 時，亦可通過傳感器的輸出阻值矩陣獲得 F_z 和 F_y 的大小。

(3) 受力值的求解

通過以上的分析可知，傳感器無論是受到單維力還是三維力，均可以通過分析輸出阻值矩陣求解力的大小及方向，測力步驟如下。

① 測出零載荷下傳感器的輸出阻值矩陣 $\boldsymbol{R}_0$。

② 測出力加載時傳感器的輸出阻值矩陣 $\boldsymbol{R}$。

③ 比較 $\boldsymbol{R}$ 和 $\boldsymbol{R}_0$：

a. 若只有 $r_{列}$ 變化，則受切向力 F_x，且力的大小由式(4-7) 求得；若只有 $R_{行}$ 發生變化，則受力 F_y，力值的求解同 F_x。

b. 若 $R_{行}$ 與 $r_{列}$ 變化相同，則可能存在以下幾種情況：受正壓力 F_z；同時受切向力 F_x 和 F_y；同時受三維力 F_z、F_x 和 F_y。

c. 若 $R_{行}$ 與 $r_{列}$ 變化不同，則可能存在以下幾種情況：同時受切向力 F_x 和 F_y；同時受三維力 F_z、F_x 和 F_y。

根據上述 (2) 多維力分析，對於 b，c 可能出現的情況，可通過分析 $r_{列}$ 求得 F_x 與 F_z，同理分析 $R_{行}$ 可獲知 F_y。

(4) 受力點的確定

由於假設了各受力點之間的獨立性，因此每一個節點受力時僅有其對應的四個行列阻值發生變化。例如，受力點 $O(i,j)$ 表示 O 點位於上層的第 i 行第 j 列，則其對應的四個行列阻值為

(i, j)——R_{ii}, $R_{i,i+1}$, r_{jj}, $r_{j,j+1}$ （R 表示行行電阻值，r 表示列列電阻值）

　　根據以上理論，分別掃描零載荷及受力情況下的傳感器輸出電阻值
矩陣，比較矩陣數據的變化即可確定受力點的位置。

4.3.2　局限性分析

　　兩層式整體結構相對於三層式結構而言，減少了置入電極和導線的
數量，因此傳感器的柔性度有所提高，同時也降低了外部電路的複雜度。
但是，與三層式結構類似的，該結構的傳感器仍然存在以下待解決的
問題。

　　① 類似於三層結構，仍假設各陣列單元之間是相互獨立的，忽略了
節點及各單元之間的耦合現象，與橡膠材料的實際性質相差較大，無法
用於實際的大範圍面力檢測。

　　② 行列電阻值的等效假設仍然缺乏基礎理論的支持，可能造成傳感
器的受力模型存在較大誤差。

　　③ 由於同一層存在多個相通的電極節點，因此行列電路檢測過程中
會存在大量的串擾噪聲，對傳感器的檢測精度造成很大影響。

　　④ 從檢測電路的設計考慮，當需要對某行施加電壓，其他行則接
地。如果行行間節點是有連線相通的，則實際上沒有電流會通過上下層
之間的導電橡膠。故對於這樣的結構，只能提供行行間或者行列間阻值
的檢測，無法同時獲知行行（行列）以及列列（列行）電阻值。因此，
分析受力資訊所必需的資訊量可能無法獲得。對於這個問題，可以通過
在下層的行列節點間設置開關二極管來解決，由於開關二極管的單向導
電性，因此可以防止下層的行列發生導通現象。但是由於開關二極管本
身也存在一定的電阻，會對傳感器檢測的行列電阻造成誤差。同時，由
於加入了硬質的開關二極管，傳感器整體的柔性也遭到破壞。此外，這
種解決方式也提高了敏感單元的製作難度，使得傳感器的實現工藝變得
較為複雜。

4.4　改進型兩層式結構

4.4.1　陣列結構及力學模型

　　4.2 節與 4.3 節中介紹的兩種結構具有一個共同的缺陷就是將各單元
之間假設為相互獨立，在建模的過程中，對橡膠的性質進行了簡化處理，

忽略了橡膠彈性造成的節點間複雜的耦合現象。本節對 4.3 節中的兩層式結構進行改進，並完善了受力模型。

　　基於 4.3 節中的兩層式結構，作如下考慮：由於傳感器的整體性結構，各單元以及三維力之間必然存在耦合現象，為了消除這種耦合，分別求解出 X、Y、Z 方向的力資訊，需要具備足夠的行列阻值資訊量。而 4.3 節所介紹的在同層同時布置行列導線的方法從理論上來說可以滿足該條件，但實際的實現過程中存在很大的問題，甚至可能無法同時獲得同層的行列電阻值，從而很難解決傳感器複雜的耦合問題。本節中，通過增加下層列導線數量的方式來增大傳感器輸出行列阻值矩陣的規模，從而為解耦三維力資訊提供足夠的數據。

　　改進後的結構如圖 4-12 所示：電極及導線在導電橡膠內部仍然呈上下兩層分布，上層電極通過導線連接橫向排列，下層電極通過導線連接縱向排列。

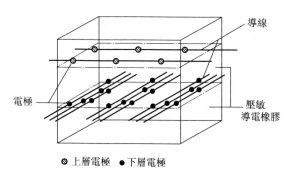

● 上層電極　● 下層電極

圖 4-12　改進型兩層式結構（增加下層列數量）

　　圖 4-13 為敏感單元的平面俯視圖。為了方便敘述，以下將電極稱為「節點」，將上層的導線稱為「行」，下層導線稱為「列」，上下層行列導線間的電阻值稱為行列阻值。在以下的受力分析中，仍將上層節點認為是受力點，通過掃描所有的行列阻值來對導電橡膠的形變進行分析，從而獲得傳感器的受力資訊。

　　以一個上層電極陣列為 3×3 的模型為例來對敏感單元的各項參數進行說明，詳見圖 4-14。

　　由於橡膠材料的導電性，不同層的電極之間存在電阻值，如圖 4-15 所示。將上層電極 A 與下層電極 B1 間的橡膠所具有的電阻值稱為節點電阻 r_{AB1}。

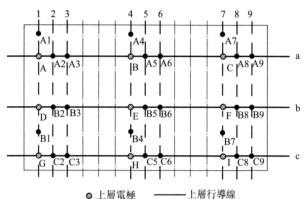

圖 4-13 傳感器敏感單元的平面俯視圖

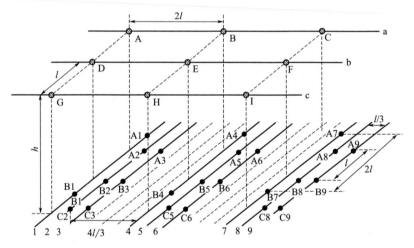

圖 4-14 敏感單元的尺寸參數

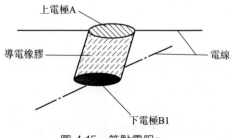

圖 4-15 節點電阻r_{AB1}

　　分析敏感單元的結構可看出，可以將行列阻值看作是多個節點電阻的並聯值，例如圖 4-16 中：

$$r_{b5} = r_{DA5} \parallel r_{DB5} \parallel r_{DC5} \parallel r_{EA5} \parallel r_{EB5} \parallel r_{EC5} \parallel r_{FA5} \parallel r_{FB5} \parallel r_{FC5}$$

$$(4\text{-}13)$$

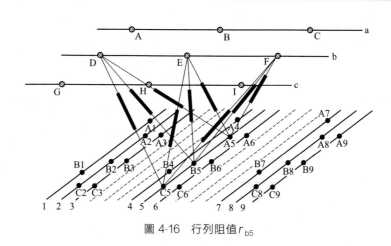

圖 4-16　行列阻值 r_{b5}

　　根據並聯電阻值總小於任意一個分電阻值，並且其變化值與其中最小的分電阻關係較大的理論，考慮到導電橡膠的單位阻值較大，於是，行列阻值可近似為最小的節點阻值，又由於橡膠材料的壓阻線性，則有：

$$r_{b5} = Q \times \min(|DA5|, |DB5|, |DC5|, |EA5|, |EB5|, |EC5|, |FA5|, |FB5|, |FC5|)$$

$$(4\text{-}14)$$

這裡，Q 為與導電橡膠相關的比例係數。

　　通過對橡膠彈性的控制，可以滿足受力點在受切向力不超出量程的情況下 X 方向位移 $\leqslant l/3$，Y 方向位移 $\leqslant l/2$，在此前提下，通過簡單的幾何證明有：

$$\min(|DA5|, |DB5|, |DC5|, |EA5|, |EB5|, |EC5|, |FA5|, |FB5|, |FC5|) = |EB5|$$

$$(4\text{-}15)$$

　　結合式(4-14) 有

$$r_{b5} = Q \times |EB5| \qquad (4\text{-}16)$$

　　通過以上的分析不難看出，上述假設條件的設定實際上將傳感器的整體性結構作了單元分割。在此前提下，上層行上的節點（受力點）受力資訊僅和與之相距最近的下層三列上的節點阻值相關，並且行列阻值可以進一步等效為最小的節點阻值，基於較大近似的假設將其他節點阻值對行列阻值的影響忽略不計，在傳感器節點規模較小且節點

形變較大時，這種假設可大大降低節點間的耦合度，有利於後期的建模分析。

下面以節點 E 為例來分析傳感器是如何完成對三維力資訊的檢測。要分析 E 點的受力情況，需要通過電路掃描獲得 E 點所在上層行 b 與下層列 4、5、6 的行列阻值，將這三個阻值分別記為 r_{b4}、r_{b5}、r_{b6}。通過以上分析，r_{b4} 和 r_{b6} 可表示為

$$r_{b4} = Q \times |EB4| \qquad (4\text{-}17)$$

$$r_{b6} = Q \times |EB6| \qquad (4\text{-}18)$$

在節點 E 施加一個三維力 $\boldsymbol{F} = [F_x, F_y, F_z]^T$，節點 E 在力作用下移動到 E′，由於橡膠本身具有很好的彈性，節點 E 周邊的節點隨之發生形變，如圖 4-17 所示。

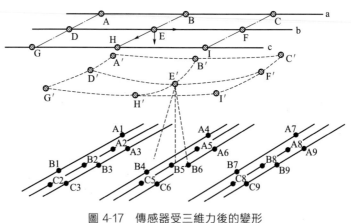

圖 4-17　傳感器受三維力後的變形

設節點 E 在力 $\boldsymbol{F}$ 作用下的三個方向位移分別為 x_E、y_E、z_E，則有

$$|E'B4| = \sqrt{(h - z_E)^2 + \left(\frac{l}{2} + y_E\right)^2 + x_E^2}$$

$$|E'B5| = \sqrt{(h - z_E)^2 + y_E^2 + \left(\frac{l}{3} - x_E\right)^2} \qquad (4\text{-}19)$$

$$|E'B_6| = \sqrt{(h - z_E)^2 + y_E^2 + \left(\frac{2l}{3} - x_E\right)^2}$$

根據式(4-16)～式(4-19)，得到 E 點受力情況下的行列阻值 r'_{b4}，r'_{b5}，r'_{b6} 的數學表達式：

$$r'_{b4} = Q \times |E'B4| = Q \times \sqrt{(h-z_E)^2 + \left(\frac{l}{2} + y_E\right)^2 + x_E^2}$$

$$r'_{b5} = Q \times |E'B5| = Q \times \sqrt{(h-z_E)^2 + y_E^2 + \left(\frac{l}{3} - x_E\right)^2} \qquad (4\text{-}20)$$

$$r'_{b6} = Q \times |E'B6| = Q \times \sqrt{(h-z_E)^2 + y_E^2 + \left(\frac{2l}{3} - x_E\right)^2}$$

根據以上的推導可以得到節點 E 的三個方向形變 x_E、y_E、z_E，類似的，上層其他節點的形變也可通過上述分析獲得。例如，圖 4-18 中，節點 B 的形變 x_B、y_B、z_B 可以通過分析行列阻值 r_{a4}、r_{a5}、r_{a6} 得到。在此，假設橡膠的彈性符合以下規律：

$$F_{\Delta 1} = \frac{F_{\Delta 2}}{|\Delta_1 \Delta_2|} \qquad (4\text{-}21)$$

其中，Δ_1、Δ_2 表示節點，$|\Delta_1 \Delta_2|$ 為兩個節點間的距離。

實際應用中，對於節點 E 受力的情況，傳感器檢測受力資訊的程序如圖 4-18 所示。

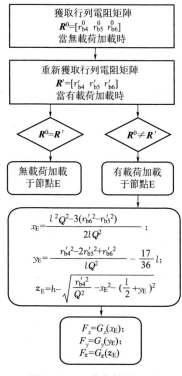

圖 4-18　三維力檢測程序

步驟 1：傳感器未受力時，通過行列掃描電路掃描獲得上層行 b 與下層列 4，5，6 的行列阻值，得到 $\boldsymbol{R}^0 = [\, r_{b4}^0 \quad r_{b5}^0 \quad r_{b6}^0 \,]$。

步驟 2：傳感器受力時，再次掃描行列阻值，得到 $\boldsymbol{R}' = [\, r_{b4}' \quad r_{b5}' \quad r_{b6}' \,]$。比較 $\boldsymbol{R}^0$ 與 $\boldsymbol{R}'$，如果 $\boldsymbol{R}^0 = \boldsymbol{R}'$，則 E 點沒有受力；如果 $\boldsymbol{R}^0 \neq \boldsymbol{R}'$，則 E 點受力，繼續步驟 3 分析受力資訊。

步驟 3：將 $\boldsymbol{R}' = [\, r_{b4}' \quad r_{b5}' \quad r_{b6}' \,]$ 代入式(4-20)，通過解包含三個變數的三個方程得到 E 點的位移 x_E、y_E、z_E。

步驟 4：根據橡膠材料的物理特性，橡膠的形變與受力之間滿足函數關係 $G(\cdot)$，於是 E 點的各個方向受力為

$$F_\Delta = G_\Delta(\Delta_E) \tag{4-22}$$

其中，Δ_E 為節點 E 的形變，而 G_Δ 則由橡膠的實際性質決定，$\Delta = x$，y，z。

類似的，其他節點的受力均可以通過掃描與之相關的行列阻值分析獲知。

4.4.2　仿真實驗

本節對上述的傳感器測力原理進行了初步的仿真實驗：在節點 A 和節點 E 分別施加不同幅值的靜態力，表 4-1 給出了力的大小及施力點，根據式(4-21)，節點 A、E 周邊的節點同樣有力的作用，在此給出節點 D 和節點 F 的受力資訊。仿真結果見表 4-2。

表 4-1　實際施加的力

F_x/N	-3.0000	0.0000	1.5000	3.5000	-1.2000	-4.5000
F_y/N	1.5000	0.0000	-4.0000	2.0000	-4.5000	-4.5000
F_z/N	4.0000	0.0000	16.0000	12.0000	5.4000	18.0000
節點	A	A	A	E	E	E
F_x/N	-1.0000	0.0000	0.5000	0.5833	-0.2000	-0.7500
F_y/N	0.5000	0.0000	-1.3333	0.3333	-0.7500	-0.7500
F_z/N	1.3333	0.0000	5.3333	2.0000	0.9000	3.0000
節點	D	D	D	F	F	F

表 4-2　仿真數據

F_x/N	-3.0001	0.1418×10^{-3}	1.5000	3.4999	-1.2000	-4.5000
F_y/N	1.4999	0.0128×10^{-3}	-4.0000	2.0000	-4.5001	-4.5000
F_z/N	4.0001	-0.0308×10^{-3}	16.0000	12.0001	5.4000	18.0001
節點	A	A	A	E	E	E
F_x/N	-1.0001	-0.0422×10^{-3}	0.5000	0.5834	-0.2000	-0.7500
F_y/N	0.4999	0.0208×10^{-3}	-1.3333	0.3333	-0.7501	-0.7499
F_z/N	1.3334	0.1135×10^{-3}	5.3332	2.0000	0.9000	3.0000
節點	D	D	D	F	F	F

此外，圖 4-19 給出了傳感器的輸出曲線，以節點 E 受力，輸出 r_{b4}、r_{b5}、r_{b6} 為例。從仿真結果可以看出，所設計的傳感器結構及其原理分析具有一定的可行性。

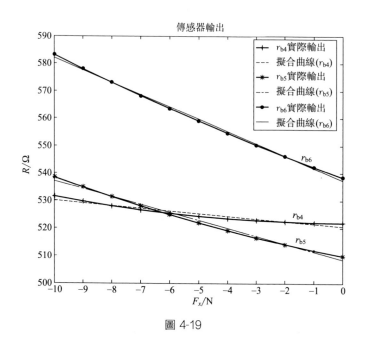

圖 4-19

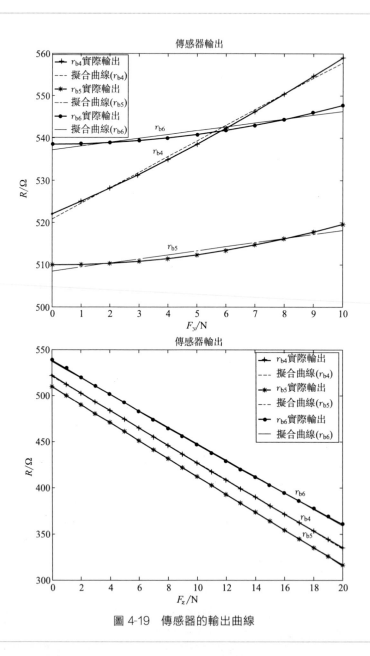

圖 4-19　傳感器的輸出曲線

4.4.3　局限性分析

　　相比於 4.2 節與 4.3 節所介紹的傳感器結構，改進型的兩層式結構

在傳感器解耦等方面具有較為明顯的優勢。

① 初步考慮了橡膠材料的高彈性所造成的傳感器上層節點（受力點）之間的耦合現象，不再簡單地將各單元間假設為相互獨立，並對節點間相互的受力影響建立了數學關係。

② 通過增加下層列導線的方式增加了傳感器的輸出資訊量，提供了足夠的行列阻值來解決三維力之間的耦合問題。

同時，該結構的傳感器設計中仍然存在許多待解決的關鍵問題，說明如下。

① 受力模型的建立是基於較大近似的假設條件，將行列阻值等效為節點間電阻的最小值，由於忽略了大部分的節點電阻資訊，假設的行列阻值模型與實際情況有一定差距，特別是當傳感器節點規模較大或者節點形變不是很大的情況下，上述的假設誤差相對較大，不能滿足傳感器的實際應用需求。

② 為了簡化建模的複雜度，實際上將傳感器作了單元性分割，這種分割是通過下層電極導線不連續的排布方式來實現的，而這樣的行列構造卻增大了傳感器的尺寸，降低了解析度，同時也使得傳感器的框架搭建實現起來更為複雜[2]。

參考文獻

[1]　沈春山. 基於感壓導電橡膠的機器人觸覺傳感器設計與相關實驗研究[D]. 北京: 中國科學院研究生院, 2005.

[2]　徐菲. 用於檢測三維力的柔性觸覺傳感器結構及觸耦方法研究[D]. 合肥: 中國科學技術大學, 2011.

第5章

整體兩層
網狀式結構的
柔性三維觸覺
傳感器研究

5.1　概述

第 4 章中，我們對三種不同的觸覺傳感器結構進行了探討研究，在對這三種結構的傳感器建立受力模型的過程中，對傳感器輸出的行列阻值資訊進行了簡化等效，並且假設各陣列單元之間是相互獨立的，這種假設前提與實際情況有較大差距，無法實現傳感器對任意點受力資訊的檢測，不能應用於實際的三維力測量。本章在第 4 章分析的基礎之上對傳感器結構進行了改進，同時初步考慮了導電橡膠的實際性質，為三維柔性觸覺傳感器的設計提供了一種新思路。

這裡所採用的導電橡膠具備一般意義上的壓敏特性，即：在不受壓力的情況下，導電橡膠的電阻值是固定不變的，當導電橡膠受到壓力作用時，它的電阻值會發生顯著變化。特別地，在理想條件下，對導電橡膠的某些性質作了如下理想化假設：

① 橡膠材料是連續的；

② 橡膠材料是均勻的，即各部分具有相同的彈性，彈性常數不隨位置座標而變；

③ 橡膠材料各向同性；

④ 橡膠為理想的完全彈性體，形變與所受外力之間滿足圖 5-1 所示的關係：

$$F_x = K_x \times \Delta x$$
$$F_y = K_y \times \Delta y$$
$$F_z = K_z \times \Delta z \qquad (5\text{-}1)$$

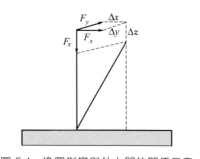

圖 5-1　橡膠形變與外力間的關係示意

⑤ 在橫截面積一定的前提下，橡膠的電阻值與其自身的長度有關，且兩者之間滿足正比例關係：$R = Q \times L$，實際情況下 $Q \approx 100\Omega/\mathrm{mm}$。

5.2　整體兩層對稱式網狀結構的傳感器研究

5.2.1　陣列結構

圖 5-2 為敏感單元的結構示意圖，圖 5-3 為其俯視圖。敏感單元為整

體兩層式結構，上層電極通過導線連接橫向排列，下層電極通過導線連接縱向排列。與 4.4 節介紹的結構相比較，對下層列導線和電極的排布方式進行了優化，力求以最少數量的導線電極提供足夠多的解決維間耦合的資訊。類似的，仍然將電極稱為「節點」，上層導線稱為「行」，下層導線稱為「列」，而行導線與列導線間的電阻稱為「行列電阻」。在對傳感器進行受力分析時，僅考慮上層節點的形變，而忽略下層節點的位移，即將傳感器的下層電極導線假設為固定不動的。

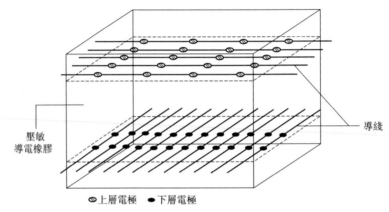

圖 5-2　整體兩層對稱式網狀結構的敏感單元

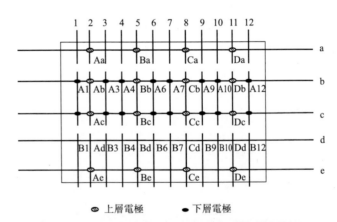

圖 5-3　整體兩層對稱式網狀結構的敏感單元俯視圖

如圖 5-4 所示，敏感單元的各部分尺寸參數如下：上下層間距為 h，上層行間距為 d，下層列間距為 s，上層同行相鄰節點間距為 $3s$，下層同列相鄰節點間距為 $2d$。

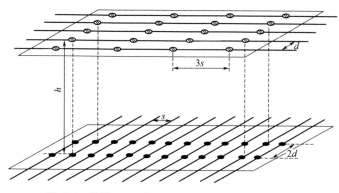

圖 5-4　整體兩層對稱式網狀結構的敏感單元尺寸

5.2.2　行列掃描電路

由於傳感器採用了行列式的陣列結構，將單獨的電極通過行列導線連接在一起，因此可以減少外接引線的數量，但同時也增加了觸覺檢測點之間的相互耦合，這種耦合使得在測量行列阻值時會有交叉噪聲生成（見圖 5-5）。

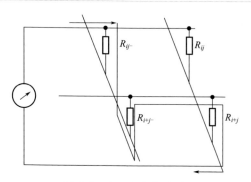

圖 5-5　交叉噪聲的產生

解決交叉噪聲的方法有多種。最簡單的辦法是在每個觸覺檢測點獨立引線，或者利用硅工藝對觸覺單元預處理[1]；另一種方法是在觸覺單元的製作過程中，給每個陣列電阻串入一個二極管，阻斷干擾電流的回路；第三種消除交叉噪聲的方法也就是目前用得較多的稱之為「電壓鏡」法[2,3]。圖 5-6 為該方法的原理圖：在被選行接入參考電壓，被選列串聯一參考電阻後接地，並且參考電阻電位經緩衝器反饋到其餘各行列，於

是，除被選定的行列之外，其餘行列形成等勢區，因此不會有干擾電流的產生。由於這一掃描電路在設計中需要多路模擬開關和雙向模擬開關，因此不可避免地存在大小不等的導通電阻，會影響掃描精度。杭州電子工業學院的羅志增等人設計了一種補償電路，用運算電路對流經模擬開關形成的電壓損失給予補償，較好地解決了掃描精度的問題[4]，但這種方法的外圍電路設計相對複雜。

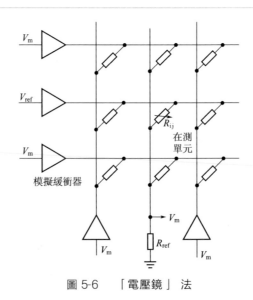

圖 5-6　「電壓鏡」法

第四種方法與第三種方法類似，只是將輸出電壓反饋改為接地，即除正在掃描的行列外，其餘行列均接地。該方法一般是在行和列上施加掃描電壓，同時在列和行上讀出輸出電壓，行列交叉點處的電阻值通過運算後得到。與第三種方法相比，該方法的單幀圖像採樣時間幾乎要多一倍。

羅志增等在分析總結已有方法的基礎上，設計出一種新的掃描電路──行掃描採樣法[5]，較好地解決了交叉噪聲干擾的問題，同時極大地提高了單幀觸覺圖像的採樣速度，為觸覺系統的實時性打下了硬體基礎。本文採用了該掃描法來採集傳感器訊號，圖 5-7 為該方法的原理圖：以掃描行 c 為例，該行通過行選擇電路接電壓 V_{ref}，其餘各行接地。傳感器的各列輸出直接接入高頻寬帶運算放大器的「－」極，「＋」極接地，這樣各列電極電位均「虛地」，網路中唯有行 c 具有 V_{ref} 電位，其餘各行列均為零電位。

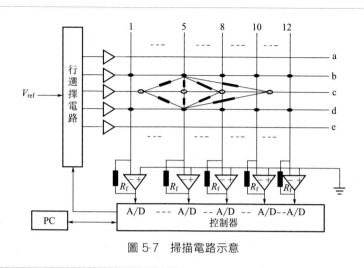

圖 5-7 掃描電路示意

　　對電路的分析可知，該電路為典型的反向加法運算電路，以行列阻值 r_{c5} 為例（見圖 5-8），則

$$V_{out} = -\frac{R_f}{r_{c5}}V_{ref} \tag{5-2}$$

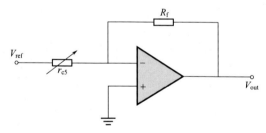

圖 5-8 行列阻值 r_{c5} 的電回路

5.2.3 傳感器的解耦

　　本文所研究的傳感器具有整體性結構，無法明確地分隔成彼此獨立的陣列單元，並且由於橡膠材料的高彈性，任何一點的受力均會影響到其他所有節點，即受力點之間存在複雜的耦合現象，這一點有別於一般的多維力觸覺傳感器。除此之外，傳感器需要檢測的是三維力資訊，而各維力之間也並非是相互獨立的，傳感器的輸出行列阻值資訊是三維力共同作用的結果，求解三維力的過程也即一個解除各維力之間耦合的過

程。因此，對於本書提出的具有整體性結構的觸覺傳感器而言，解耦過程包括兩個關鍵問題——解除受力點之間的耦合和三維力之間的耦合。

針對傳感器特殊的結構及功能，本節主要從以下幾方面來解決傳感器複雜的耦合現象：首先，在建立受力模型的過程中，將三維力變數分離開，建立並行獲取多維力資訊的數學模型；其次，對於傳感器受力點之間的耦合，通過對其相互間的影響作理想化假設，以明確的數學關係來表示這種影響；最後，利用數值算法提取受力模型中的多維力資訊，解決傳感器陣列的複雜耦合問題。

5.2.3.1 受力模型分析

當傳感器受力時，通過檢測輸出行列阻值資訊來對傳感器的受力情況進行分析。本節介紹的受力模型是將傳感器的上層節點設定為受力點，即受力模型包含的三維力變數為上層各個節點的受力資訊，傳感器表面其他點的受力值可根據各節點的受力推算獲得，本節對上述關係作了理想化假設。

類似於上一章對於節點電阻值的分析，圖 5-9 中，上層節點 Cd 與下層節點 B5 之間的電阻表示為節點電阻 r_{CdB5}，根據本章引言中假設的橡膠理想特性，可以認為節點電阻值與節點間的距離是成正比例關係的，設定比例係數為 Q，實際情況下 $Q \approx 100\Omega/mm$，據此：

$$r_{CdB5} = Q \times |CdB5| \tag{5-3}$$

其中，$|CdB5|$ 表示節點 Cd 與節點 B5 的距離。

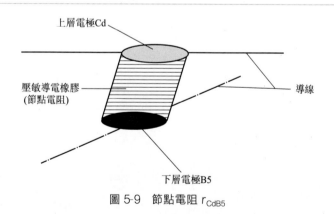

上層電極Cd

壓敏導電橡膠
(節點電阻)

導線

下層電極B5

圖 5-9　節點電阻 r_{CdB5}

本節中，將行列掃描電路獲得的行列電阻值看作是多個節點電阻的並聯值，基於此建立的傳感器受力模型更加接近於實際情況。圖 5-10 中，行列阻值 r_{d5} 可表示為

$$r_{d5} = r_{AdA5}//r_{AdB5}//r_{BdA5}//r_{BdB5}//r_{CdA5}//r_{CdB5}//r_{DdA5}//r_{DdB5} \qquad (5\text{-}4)$$

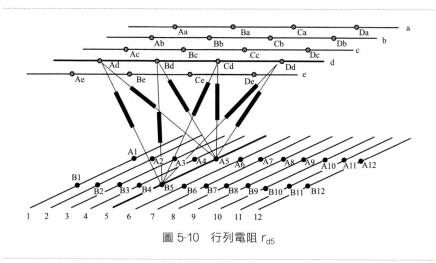

圖 5-10 行列電阻 r_{d5}

以節點 Cd 受力為例來說明傳感器如何檢測三維力。在節點 Cd 施加三維力 $\boldsymbol{F} = [F_x, F_y, F_z]^T$，上層所有的節點在力作用下均發生位移，如圖 5-11 所示。在此，對於節點間相互的影響作出簡單假設，用數學關係表示如下：

$$F_{\Delta 1} = \frac{F_{\Delta 2}}{|\Delta_1 \Delta_2|} \qquad (5\text{-}5)$$

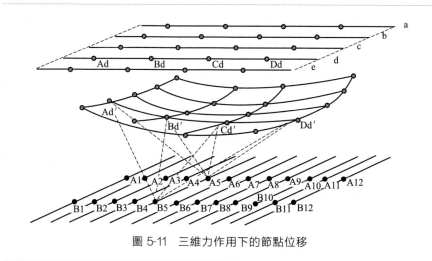

圖 5-11 三維力作用下的節點位移

其中，Δ_1、Δ_2 表示節點，$|\Delta_1 \Delta_2|$ 為兩個節點間的距離。

定義節點 Cd 的三個方向位移為 x_{Cd}、y_{Cd}、z_{Cd}，行 d 上其餘三個節

點的位移同理定義為 x_Δ、y_Δ、z_Δ（$\Delta=$Ad，Bd，Dd）。圖 5-11 中，節點 Cd 受力後移動到 Cd$'$，相應地，節點阻值 r_{CdB5} 變化為 $r_{Cd'B5}$，有

$$|Cd'B5|=\sqrt{(h-z_{Cd})^2+(3s+x_{Cd})^2+y_{Cd}^2} \qquad (5\text{-}6)$$

結合式(5-3)，有

$$r_{Cd'B5}=Q\times|Cd'B5|=Q\times\sqrt{(h-z_{Cd})^2+(3s+x_{Cd})^2+y_{Cd}^2} \quad (5\text{-}7)$$

同理，其餘的行列阻值 $r_{Cd'A5}$、$r_{Ad'A5}$、$r_{Ad'B5}$，$r_{Bd'A5}$，$r_{Bd'B5}$，$r_{Dd'A5}$，$r_{Dd'B5}$ 均可以表示為 x_Δ，y_Δ，z_Δ（$\Delta=$Ad，Bd，Cd，Dd）的函數：

$$\begin{cases} r_{Ad'A5}=Q\times|Ad'A5|=t_1(x_{Ad},y_{Ad},z_{Ad}) \\ r_{Ad'B5}=Q\times|Ad'B5|=t_2(x_{Ad},y_{Ad},z_{Ad}) \\ \qquad\cdots\cdots \\ r_{Dd'A5}=Q\times|Dd'A5|=t_7(x_{Dd},y_{Dd},z_{Dd}) \\ r_{Dd'B5}=Q\times|Dd'B5|=t_8(x_{Dd},y_{Dd},z_{Dd}) \end{cases} \qquad (5\text{-}8)$$

根據式(5-4)，三維力 F 作用後，行列阻值 r'_{d5} 可表示為 $x_\Delta,y_\Delta,z_\Delta$（$\Delta=$Ad,Bd,Cd,Dd）的函數，如下式：

$$\frac{1}{r'_{d5}}=\frac{1}{r_{Ad'A5}}+\frac{1}{r_{Ad'B5}}+\frac{1}{r_{Bd'A5}}+\frac{1}{r_{Bd'B5}}+\frac{1}{r_{Cd'A5}}+\frac{1}{r_{Cd'B5}}+\frac{1}{r_{Dd'A5}}+\frac{1}{r_{Dd'B5}}$$

$$(5\text{-}9)$$

簡記為

$$r'_{d5}=f_5(x_{Ad},y_{Ad},z_{Ad},x_{Bd},y_{Bd},z_{Bd},x_{Cd},y_{Cd},z_{Cd},x_{Dd},y_{Dd},z_{Dd})$$

$$(5\text{-}10)$$

同理，上層行 d 與下層其他列的行列阻值均可以表示如下：

$$r'_{di}=f_i(x_{Ad},y_{Ad},z_{Ad},x_{Bd},y_{Bd},z_{Bd},x_{Cd},y_{Cd},z_{Cd},x_{Dd},y_{Dd},z_{Dd})$$
$$(i=1,2,\cdots,11,12)$$

$$(5\text{-}11)$$

在實際應用中，可以通過行列掃描電路獲得行列阻值 r'_{di}，然後解方程組 (5-11)，行 d 上四個節點 Ad、Bd、Cd、Dd 的各個方向位移便可以獲得。同理，其他節點的位移資訊均可以通過對其所在行與下層各列的行列阻值分析得到。

在理想條件下，橡膠的受力與其形變間滿足下式：

$$\begin{aligned} F_{x_\Delta}&=K_x\times x_\Delta \\ F_{y_\Delta}&=K_y\times y_\Delta \\ F_{z_\Delta}&=K_z\times z_\Delta \end{aligned} \qquad (5\text{-}12)$$

於是，各個節點的受力資訊可得。

綜上，可以將傳感器的檢測原理歸納如圖 5-12 所示。

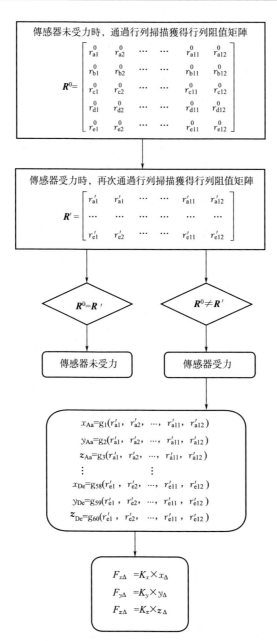

圖 5-12　三維力檢測程序

　　可見，在以上的建模過程中，將同行的節點三維力資訊視為一組變數，只需以「行」為單位來求解各行節點的形變數，即可獲知傳感器的表面受力資訊，大大減少了相互關聯的未知變數規模，消除了不同行節點之間的耦合，降低了傳感器解耦的難度。此外，方程組（5-11）中，四個節點的各維形變均作為獨立的未知變數，求解方程組（5-11）即可解決傳感器的維間耦合問題。

5.2.3.2　解耦實驗

　　為消除三維力之間的耦合，需要求解方程組（5-11），分別獲得各個節點的三維形變數，本節利用 MATLAB 中的 fsolve（）函數來實現方程組（5-11）的求解。fsolve 函數採用的解法是將方程組轉化為最小二乘問題，其默認的算法是 trust-region dogleg algorithm，相對於 newton 法來講，該算法在搜索方向上有所改進，此外，其他可選的算法有 trust-region-reflective algorithm（採用的是 preconditioned conjugate gradients 的 newton method），Levenberg-Marquardt method 和 Gauss-Newton method。fsolve 命令最一般的調用方式是：

$$[x, fv, ef, out, jac] = fsolve(@F, x0, opt, P1, P2, \cdots)$$

$$\underbrace{\qquad\qquad}_{\text{輸出參數}} \qquad\qquad \underbrace{\qquad\qquad\qquad}_{\text{輸入參數（控制項）}}$$

其中，各輸出參數的含義如下。

x：方程組的解。

fv：解所對應的向量函數值。

ef：程序停止時的狀態（1：收斂；-1：不收斂；0：達到了迭代或函數調用的最大次數）。

out：包含以下數據的一個結構變數。

Iterations——迭代次數；

funcCount——函數被調用的次數；

algorithm——實際使用的算法；

firstorderopt——結果處梯度向量的 1-範數。

jac：x 點所對應的雅可比矩陣。

各輸入參數的含義如下。

f：函數名（必須輸入的參數）。

x0：迭代初值（必須輸入的參數）。

opt：控制參數的結構變數，設定（或顯示）控制參數的命令為 Optimset，對 fsolve 命令可選擇的常用參數有：

Diagnostics——是否顯示診斷資訊（'on'或'off'）；

Display——顯示資訊的級別（$'off'$,$'iter'$,$'final'$,$'notify'$）；

LargeScale——是否採用大規模算法（$'on'$或$'off'$），缺省值為 off；

MaxIter——最大迭代次數；

TolFun——函數計算的誤差限；

TolX——決策變數的誤差限；

Jacobian——目標函數是否採用分析 Jacobi 矩陣（$'on'$,$'off'$）；

MaxFunEvals——目標函數最大調用次數。

P1，P2：傳給 F 函數的參數（如果需要的話）。

在利用 fsolve 命令求解方程組（5-11）時，採用了 fsolve 命令參數的默認值，並且將初始值設定為 x0＝0。以下設計了兩方面的仿真實驗來驗證傳感器設計的可行性。

實驗一：首先選取單個節點 Bc 為例對三維力檢測進行仿真實驗。分別以 2N 的間隔力對節點 Bc 施加全量程的 F_x、F_y、F_z（$F_x \in [-10N, 10N]$，$F_y \in [-10N, 10N]$，$F_z \in [0, 20N]$，實際輸出的三維力資訊與理想輸出的數據對比見表 5-1。

表 5-1　各維力實際數據與理想數據對比　　　　　單位：N

F_x 實際數據輸出

數據 1	數據 2	數據 3	數據 4	數據 5	數據 6	數據 7	數據 8
−10.039	−8.038	−6.082	−3.988	3.952	5.909	8.009	9.902
0.098	−0.025	−0.081	−0.099	0.089	0.072	0.008	0.025
−0.044	0.024	−0.017	0.063	0.053	−0.098	0.079	0.026

F_x 理想數據輸出

數據 1	數據 2	數據 3	數據 4	數據 5	數據 6	數據 7	數據 8
−10	−8	−6	−4	4	6	8	10
0	0	0	0	0	0	0	0
0	0	0	0	0	0	0	0

F_y 實際數據輸出

數據 1	數據 2	數據 3	數據 4	數據 5	數據 6	數據 7	數據 8
−0.089	−0.053	−0.062	0.045	0.099	−0.026	0.098	0.043
−9.918	−8.037	−6.001	−4.04	4.066	5.904	8.047	10.018
0.026	−0.099	0.063	−0.072	−0.063	0.008	0.053	0.098

F_y 理想數據輸出

數據 1	數據 2	數據 3	數據 4	數據 5	數據 6	數據 7	數據 8
0	0	0	0	0	0	0	0

續表

F_y 理想數據輸出							
數據 1	數據 2	數據 3	數據 4	數據 5	數據 6	數據 7	數據 8
-10	-8	-6	-4	4	6	8	10
0	0	0	0	0	0	0	0

F_z 實際數據輸出					
數據 1	數據 2	數據 3	數據 4	數據 5	數據 6
0.062	0.008	-0.098	0.052	-0.016	0.065
-0.008	0.034	0.062	0.006	-0.042	-0.098
0.058	3.9456	7.9592	12.095	16.078	20.086

F_z 理想數據輸出					
數據 1	數據 2	數據 3	數據 4	數據 5	數據 6
0	0	0	0	0	0
0	0	0	0	0	0
0	4	8	12	16	20

　　實驗二：設計仿真實驗驗證傳感器獲取多節點三維力資訊的能力。考慮到傳感器各行之間的獨立性，可單獨選取「一行」來進行仿真驗證。分別對行 d 上的單個節點加力、兩個節點加力和四個節點同時加力的情況進行仿真，結果見表 5-2～表 5-4。

表 5-2　單點加力（Cd 點）

(a1)實際施加的力及施力節點

節點	Cd	Cd	Cd	Cd	Cd	Cd	Cd	Cd	Cd
F_x/N	0.0000	-10.0000	-7.0000	-5.0000	-3.0000	2.0000	4.0000	6.0000	10.0000
F_y/N	0.0000	-10.0000	8.0000	-5.0000	1.0000	-8.0000	4.0000	10.0000	-2.0000
F_z/N	0.0000	15.0000	12.0000	3.0000	7.0000	1.0000	5.0000	9.0000	13.0000

(b1)仿真結果

節點	Cd	Cd	Cd	Cd	Cd	Cd	Cd	Cd	Cd
F_x/N	0.0000	-10.0000	-7.0004	-5.0000	-3.0000	2.0000	4.0000	6.0000	10.0000
F_y/N	0.0000	-10.0001	8.0001	-5.0000	0.9982	-8.0168	4.0000	10.0006	-2.0089
F_z/N	0.0000	15.0001	12.0000	3.0000	6.9998	1.0035	5.0000	9.0001	13.0008

表 5-3　兩點同時加力（Cd 點，Dd 點）

(a2)實際施加的力及施力節點

節點	Cd	Cd	Cd	Cd	Cd	Cd	Cd	Cd	Cd
F_x/N	2.0000	0.0000	-3.0000	-7.0000	3.0000	6.0000	8.0000	-9.0000	10.0000

續表

節點	Cd	Cd	Cd	Cd	Cd	Cd	Cd	Cd	Cd
F_y/N	5.0000	0.0000	6.0000	-2.0000	7.0000	-4.0000	-8.0000	1.0000	3.0000
F_z/N	6.0000	0.0000	10.0000	8.0000	2.0000	4.0000	12.0000	1.0000	10.0000
節點	Dd	Dd	Dd	Dd	Dd	Dd	Dd	Dd	Dd
F_x/N	-1.0000	0.0000	4.0000	6.0000	-7.0000	-3.0000	2.0000	10.0000	-5.0000
F_y/N	-5.0000	0.0000	-8.0000	3.0000	9.0000	7.0000	-1.0000	-3.0000	1.0000
F_z/N	8.0000	0.0000	1.0000	3.0000	5.0000	2.0000	12.0000	10.0000	10.0000

(b2)仿真結果

節點	Cd	Cd	Cd	Cd	Cd	Cd	Cd	Cd	Cd
F_x/N	2.0000	0.0000	-3.0003	-6.9999	3.0002	6.0002	8.0001	-8.9997	10.0000
F_y/N	5.0000	0.0000	6.0027	-2.0001	6.9938	-4.0004	-8.0003	0.9979	3.0002
F_z/N	6.0000	0.0000	9.9998	8.0000	2.0002	4.0002	12.0000	1.0003	9.9999
節點	Dd	Dd	Dd	Dd	Dd	Dd	Dd	Dd	Dd
F_x/N	-1.0000	0.0000	4.0000	6.0000	-7.0000	-3.0000	1.9999	10.0000	-5.0000
F_y/N	-4.9999	0.0000	-8.0005	3.0001	8.9993	6.9988	-0.9998	-2.9997	1.0004
F_z/N	7.9998	0.0000	1.0001	3.0000	4.9999	1.9999	12.0000	9.9999	10.0000

表 5-4　四點同時加力（Ad 點，Bd 點，Cd 點，Dd 點）

(a3)實際施加的力及施力節點

節點	Ad	Ad	Ad	Ad	Ad	Ad	Ad	Ad	Ad
F_x/N	0.0000	1.0000	4.0000	7.0000	-3.0000	-6.0000	-1.0000	0.0000	0.0000
F_y/N	0.0000	1.0000	-5.0000	3.0000	5.0000	8.0000	-2.0000	0.0000	0.0000
F_z/N	0.0000	1.0000	7.0000	3.0000	6.0000	9.0000	4.0000	0.0000	0.0000
節點	Bd	Bd	Bd	Bd	Bd	Bd	Bd	Bd	Bd
F_x/N	0.0000	-1.0000	2.0000	-4.0000	-7.0000	3.0000	5.0000	0.0000	0.0000
F_y/N	0.0000	-1.0000	6.0000	-6.0000	-3.0000	2.0000	4.0000	0.0000	0.0000
F_z/N	0.0000	3.0000	1.0000	5.0000	8.0000	6.0000	9.0000	0.0000	0.0000
節點	Cd	Cd	Cd	Cd	Cd	Cd	Cd	Cd	Cd
F_x/N	0.0000	2.0000	-6.0000	-2.0000	3.0000	5.0000	7.0000	-2.0000	3.0000
F_y/N	0.0000	-2.0000	-3.0000	5.0000	-7.0000	1.0000	2.0000	3.0000	-3.0000
F_z/N	0.0000	2.0000	5.0000	6.0000	8.0000	10.0000	3.0000	5.0000	6.0000
節點	Dd	Dd	Dd	Dd	Dd	Dd	Dd	Dd	Dd
F_x/N	0.0000	3.0000	-3.0000	-5.0000	4.0000	-1.0000	-7.0000	0.0000	2.0000
F_y/N	0.0000	2.0000	7.0000	-2.0000	-4.0000	-5.0000	4.0000	0.0000	1.0000

續表

節點	Dd	Dd	Dd	Dd	Dd	Dd	Dd	Dd	Dd
F_z/N	0.0000	5.0000	2.0000	7.0000	1.0000	8.0000	4.0000	0.0000	3.0000

(b3)仿真結果

節點	Ad	Ad	Ad	Ad	Ad	Ad	Ad	Ad	Ad
F_x/N	0.0000	1.0001	4.0001	7.0001	−2.9996	−5.9998	−0.9992	0.0004	0.0001
F_y/N	0.0000	1.0002	−4.9956	3.0002	5.0000	8.0000	−1.9990	0.0022	0.0016
F_z/N	0.0000	1.0000	7.0001	3.0002	6.0002	9.0001	4.0006	0.0001	0.0001
節點	Bd	Bd	Bd	Bd	Bd	Bd	Bd	Bd	Bd
F_x/N	0.0000	−1.0000	1.9999	−4.0000	−7.0000	3.0000	5.0000	0.0001	0.0001
F_y/N	0.0000	−1.0009	6.0000	−5.9997	−3.0004	1.9999	4.0000	0.0003	0.0004
F_z/N	0.0000	3.0000	0.9998	5.0000	7.9999	5.9999	8.9997	0.0001	0.0001
節點	Cd	Cd	Cd	Cd	Cd	Cd	Cd	Cd	Cd
F_x/N	0.0000	1.9999	−5.9996	−2.0003	2.9995	4.9998	6.9992	−1.9994	3.0000
F_y/N	0.0000	−2.0004	−3.0034	5.0005	−6.9992	1.0007	2.0025	2.9962	−2.9990
F_z/N	0.0000	2.0000	5.0000	5.9999	7.9997	10.000	2.9993	5.0003	6.0001
節點	Dd	Dd	Dd	Dd	Dd	Dd	Dd	Dd	Dd
F_x/N	0.0000	2.9999	−3.0000	−4.9999	4.0000	−1.0000	−7.0000	0.0000	2.0001
F_y/N	0.0000	2.0012	6.9990	−2.0001	−3.9995	−5.0004	3.9988	0.0002	0.9999
F_z/N	0.0000	4.9999	2.0000	7.0000	1.0000	8.0001	4.0003	0.0002	2.9999

可見，在以上的兩個仿真實驗中，傳感器均能夠對三維力資訊作出精確的檢測，各維力的測量誤差非常小，幾乎可以忽略。同時，該結構大大地降低了傳感器解耦的複雜度，且加工工藝更為簡單，利於傳感器的產品化。

但是，上述仿真結果主要是針對行 d 上的節點受力情況，而要驗證傳感器的可行性和實用性，需要獲知所有節點的測力誤差，特別地，對於本文設計的傳感器來說，由於其特殊的整體性結構，節點間的相互影響相當複雜，任意的「一行」可能並不具有代表性，換言之，僅對單獨一行的仿真結果並不能驗證整個傳感器的三維力檢測能力。鑒於此，為了進一步驗證傳感器的可行性，對行 a 上的節點受力情況進行了仿真分析，在行 a 的四個節點上隨意施加不同幅值的三維力，仿真數據見表 5-5。

表 5-5　四點同時加力（Aa 點，Ba 點，Ca 點，Da 點）

節點	Aa	Ba	Ca	Da
理想數據 1	0	0	0	0
	0	0	0	0
	0	0	0	0

續表

節點	Aa	Ba	Ca	Da
實際數據 1	0 0 0	0 0 0	0 0 0	0 0 0
理想數據 2	1 2 3	0 0 0	0 0 0	0 0 0
實際數據 2	1 1.9993 2.9993	0 0.0019 0.0019	0 −0.0014 −0.0014	0 0.0004 0.0004
理想數據 3	1 2 3	−4 −6 3	0 0 0	0 0 0
實際數據 3	1.0002 1.9927 2.9914	−4.0001 −5.9821 3.0175	−0.0001 −0.0211 −0.0241	0.0001 0.0089 0.0087
理想數據 4	0 0 0	7 8 9	−5 −3 7	4 **−6** **10**
實際數據 4	0.0000 −0.0029 −0.0034	7.0000 8.0068 9.0099	−5.0000 −3.0034 6.9957	4.0000 **4.0003** **3.9998**
理想數據 5	1 4 7	5 −10 7	3 **5** **8**	2 **−5** **4**
實際數據 5	1.0000 4.0000 7.0000	5.0000 −10.0001 6.9998	3.0000 **−4.9986** **10.0024**	2.0000 **1.9989** **1.9999**
理想數據 6	0 0 0	0 0 0	0 0 0	1 1 1
實際數據 6	0.0000 0.0015 0.0020	0.0000 0.0037 0.0061	0.0000 0.0019 0.0015	1.0000 0.9997 1.0005

　　對行 a 所有節點受力的仿真結果表明，傳感器在三維力檢測精度上存在誤差。在任意選取的三維力測試樣本中，具有對稱式結構的傳感器能夠對多數樣本作出精確檢測，但同時傳感器也存在誤測的可能，即式（5-11）可能存在多解或無解的情況，也就是說，在傳感器表面的不同位置施加不同量值的三維力可能導致傳感器的輸出行列阻值是相同的（或者誤差極小，可忽略）。因此，該結構無法準確檢測任意節點的受力情況，不能滿足實際的測力需求。簡單分析即知，這種對稱式

的行列結構是造成傳感器誤測的主要原因，因此，為了提高傳感器檢測的準確度，需要進一步改進傳感器的敏感單元結構，打破下層電極陣列的對稱性。

此外，在對該結構的傳感器建立受力模型時，將受力點限定為上層節點，即傳感器僅可以測量節點所受的三維力資訊，而當傳感器受到非節點外力或者面力作用時，通過以上的受力分析無法獲知受力值大小以及受力點位置座標，不能滿足觸覺傳感器的實際應用需求。因此，為了提高傳感器三維力檢測的精度及解析度，除改進傳感器的結構之外，還需對三維力模型作進一步分析研究，實現傳感器對任意單點、多點以及面力資訊的精確檢測。

5.3　整體兩層非對稱式網狀結構的傳感器研究

由於 4.3 節設計的整體兩層對稱式的傳感器結構可能會造成對受力資訊的誤測，因此本節對傳感器結構進行改進，打破節點的對稱式分布，以確保傳感器輸出行列阻值與三維力資訊之間的唯一相關性。此外，針對該結構的傳感器建立的三維力模型可實現對任意單點、多點以及任意面力資訊的檢測，增強了傳感器的實用性。

5.3.1　陣列結構

傳感器的敏感單元仍然採用整體兩層的結構，與對稱式結構相比，上層電極導線的排列方式基本不變，陣列為 4×5，下層電極陣列變化為如圖 5-13 所示（俯視圖見圖 5-14）。

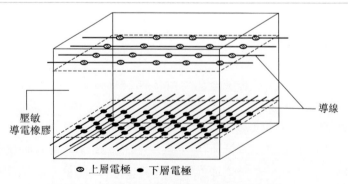

壓敏
導電橡膠

導線

◓ 上層電極　● 下層電極

圖 5-13　整體兩層非對稱式網狀結構的敏感單元

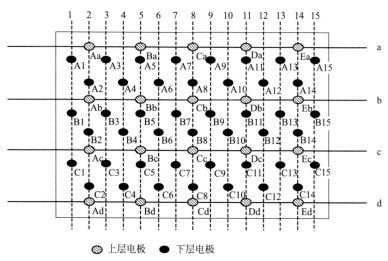

圖 5-14 整體兩層非對稱式網狀結構的敏感單元俯視圖

5.3.2 單點受力模型

與 5.2.3.1 節的分析類似，傳感器輸出的行列阻值依舊認為是若干節點電阻的並聯值，並且根據理想條件下的橡膠性質，認為節點電阻值與節點間的距離是成正比例關係的。受力之後，輸出的行列阻值可以表示為上層節點形變的函數：

$$r_{\Delta i} = f_i(x_{A_\Delta}, y_{A_\Delta}, z_{A_\Delta}, x_{B_\Delta}, y_{B_\Delta}, z_{B_\Delta}, x_{C_\Delta}, y_{C_\Delta}, z_{C_\Delta}, x_{D_\Delta}, y_{D_\Delta}, z_{D_\Delta}, x_{E_\Delta}, y_{E_\Delta}, z_{E_\Delta})$$

$$(\Delta = a, b, c, d; i = 1, 2, \cdots, 14, 15) \tag{5-13}$$

按圖 5-15 所示為敏感單元建立座標系，設座標為 (x, y) 的任意點 O 受力 $\boldsymbol{F} = [F_x, F_y, F_z]^T$，三維形變 $\boldsymbol{\lambda} = [x_O, y_O, z_O]^T$。由於所採用的導電橡膠本身具有良好的柔性，屬於高彈性材料，因此傳感器表面的所有節點均受到力 F 的影響而產生形變。在 5.2 節中，我們對節點間的這種相互影響關係作了簡單假設，本節中，對這種關係作了進一步研究，主要根據以下幾方面的考慮給出理想性假設結論。

① 節點的受力幅值與該點距離施力點的距離有關，且從一般意義上認為，節點距離施力點越遠其所受力值越小，相應的形變就越小，該理論適用於傳感器測量任意三維力的情況。

② 對於傳感器受力面上的所有點來說，施力點處的各維形變絕對值是最大的，其餘各點的各維形變絕對值均小於施力點處的形變值。

③ 由於橡膠是高彈性材料，所有的受力點之間不是孤立的，每一點的受力均會受到來自其他點的影響，而相鄰受力點之間的影響是最主要的，考慮本課題傳感器的電極成行列式排布的特點，可以將圖 5-16 所示的四個節點構成的矩形陣列認定為一個整體單元，各單元的四個節點視為「相鄰」，並且任一節點處的力值大小主要受「相鄰」的其他三個節點力值的影響。

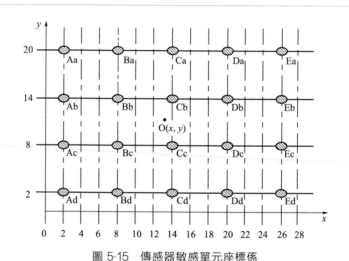

圖 5-15　傳感器敏感單元座標係

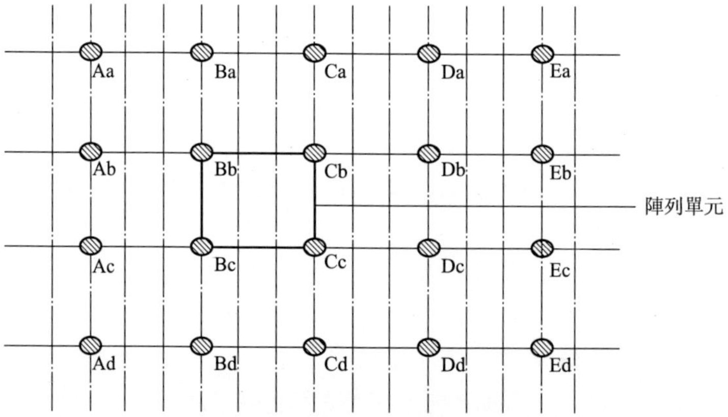

圖 5-16　相鄰節點構成的陣列單元

綜合以上的前提條件，設定傳感器上表面各節點的形變值與施力點 O 的形變 $\boldsymbol{\lambda} = [x_0, y_0, z_0]^T$ 之間的關係為（以節點 Aa、Bb、Cc、Dd 為例）

$$\lambda_{Aa} = \frac{|\overrightarrow{AaBa}| + |\overrightarrow{AaBb}| + |\overrightarrow{AaAb}|}{|\overrightarrow{OAa}| + |\overrightarrow{AaBa}| + |\overrightarrow{AaBb}| + |\overrightarrow{AaAb}|}\lambda \qquad (5\text{-}14)$$

$$\lambda_{Bb} = \frac{|\overrightarrow{BbAa}| + |\overrightarrow{BbBa}| + |\overrightarrow{BbAb}|}{|\overrightarrow{OBb}| + |\overrightarrow{BbAa}| + |\overrightarrow{BbBa}| + |\overrightarrow{BbAb}|}\lambda \qquad (5\text{-}15)$$

$$\lambda_{Cc} = \frac{|\overrightarrow{CcBb}| + |\overrightarrow{CcCb}| + |\overrightarrow{CcBc}|}{|\overrightarrow{OCc}| + |\overrightarrow{CcBb}| + |\overrightarrow{CcCb}| + |\overrightarrow{CcBc}|}\lambda \qquad (5\text{-}16)$$

$$\lambda_{Dd} = \frac{|\overrightarrow{DdCc}| + |\overrightarrow{DdDc}| + |\overrightarrow{DdCd}|}{|\overrightarrow{ODd}| + |\overrightarrow{DdCc}| + |\overrightarrow{DdDc}| + |\overrightarrow{DdCd}|}\lambda \qquad (5\text{-}17)$$

以上的結論雖然是一種理想性的假設，但同時考慮了橡膠作為高彈性材料所具有的部分力學性質，可以認為是對橡膠性質的簡化設定，具有一定的理論基礎支持，可以在此基礎上建立傳感器的三維力檢測模型。

以式(5-14) 為例，$|\overrightarrow{AaBa}|$、$|\overrightarrow{AaBb}|$、$|\overrightarrow{AaAb}|$均為常數，而節點 Aa(2,20) 與施力點 O(x,y) 之間的距離可表示為

$$|\overrightarrow{OAa}| = \sqrt{(x-2)^2 + (y-20)^2} \qquad (5\text{-}18)$$

將式(5-18) 代入式(5-14)，有

$$\lambda_{Aa} = \frac{|\overrightarrow{AaBa}| + |\overrightarrow{AaBb}| + |\overrightarrow{AaAb}|}{|\overrightarrow{OAa}| + |\overrightarrow{AaBa}| + |\overrightarrow{AaBb}| + |\overrightarrow{AaAb}|}\lambda$$
$$= \frac{d_{Aa}}{\sqrt{(x-2)^2 + (y-20)^2} + d_{Aa}}\lambda \qquad (5\text{-}19)$$

同理分析可得其他節點的形變與 λ 之間的關係式：

$$[x_\Delta, y_\Delta, z_\Delta] = \frac{d_\Delta}{\sqrt{(x-\Delta_x)^2 + (y-\Delta_y)^2} + d_\Delta}[x_O, y_O, z_O] \qquad (5\text{-}20)$$
$$(\Delta = Aa, Ba, \cdots, Dd, Ed)$$

將式(5-20) 代入式(5-13)，得到

$$r_{\Delta i} = f_i(x, y, x_O, y_O, z_O) \quad (\Delta = a, b, c, d; i = 1, 2, \cdots, 14, 15) \qquad (5\text{-}21)$$

可見，以上方程組的未知量包含了施力點 O 的座標值及其三維形變 $\lambda = [x_O, y_O, z_O]^T$，因此，只需通過行列掃描電路獲取傳感器的輸出行列阻值矩陣即可求解上式，從而施力點的位置座標以及三維形變均可獲知。根據式(5-1) 所定義的理想條件下橡膠受力與其形變之間的關係，三維力 $F = [F_x, F_y, F_z]^T$ 亦可求得。

5.3.3 多點受力模型

在上一節中，我們對傳感器表面任意單點受力的情況建立了數學模

型，該模型適用於傳感器檢測單點三維力的情況，而在實際應用中，觸覺傳感器大多是用來檢測目標物體表面的受力，即需要獲知多點的三維力資訊。本節首先分析傳感器檢測多點力的數學模型，而後在此基礎上討論了面力的檢測方法。

由於橡膠材料的高彈性，傳感器表面任何一點的受力都會對其他點產生程度不一的影響，這一影響表現在力學方面就是橡膠表面所有點均會受到幅值大小不同的外力，因此所有點均會產生形變。在上一節中，我們對單點施力對其他各點的影響關係用數學模型表示為式(5-14)～式(5-17)，類似分析可知，對於多點受力的情況，可以採用矢量疊加的方法來求解所有點的最終形變資訊。例如，同時在傳感器表面的 n 個點施加 n 個外力，施力點的座標及三維形變大小為 $N_i(x_i,y_i,\lambda_i)(i=1,2,\cdots,n)$，則受力面上任一節點（電極）$\Delta$ 的三維形變為

$$\lambda_\Delta = W \times \sum_{i=1}^{n} \frac{D_\Delta}{D_\Delta + d_\Delta^i} \lambda_i \qquad (5\text{-}22)$$

其中，D_Δ 為節點 Δ 與「相鄰」三個節點的距離和（關於「相鄰」的定義可參考上節的圖 5-16）；d_Δ^i 為節點 Δ 與施力點 N_i 之間的距離；W 為加權係數，一般定義其取值範圍為 $0 < W < 1$，具體數值可根據橡膠材料的實際性質確定。

在定義了式(5-22) 的前提下，傳感器多點受力的模型可用類似於任意單點受力的情況分析獲得，詳細推導過程在此不再詳述，最終傳感器的輸出行列阻值可表示為施力點座標及形變數的函數：

$$r_{\delta j} = f_j(x_1,\cdots,x_n,y_1,\cdots,y_n,x_{N1},y_{N1},z_{N1},\cdots,x_{Nn},y_{Nn},z_{Nn})$$
$$(\delta = a,b,c,d; j=1,2,\cdots,14,15)$$

$$(5\text{-}23)$$

式(5-23) 共包含 60 個方程式，因此從理論上而言最多能求解 60 個未知變數，換言之，上層陣列為 4×5 的傳感器（圖 5-13 所示）依據以上的建模過程最多可檢測受力面上 12 個任意點的三維力資訊，這顯然遠遠無法滿足觸覺傳感器檢測大面積三維力資訊的實際應用需求。為了解決這個問題，可以通過增大傳感器的陣列規模來實現更多任意點的三維力測量，但是，隨著行列數量的增加，該整體結構的傳感器本身固有的耦合現象將會變得更為複雜，這無疑增加瞭解耦的難度。此外，陣列規模的增大也意味著傳感器外部硬體電路的設計將更為複雜，不利於整個傳感器系統的產品化發展。

而從實際情況分析來看，通常意義上所謂的「面」應該是無窮多個點的集合，因此，若要想完全求解所有「面」上「點」的受力資訊，必

然要求傳感器的行列數量是「無窮大」，這一目標顯然無法實現，在此意義上，嚴格來說無法精確地建立傳感器檢測面力的數學模型。為此，可以從滿足傳感器解析度的要求出發，參考傳統「組合單元式」觸覺傳感器的測力原理，通過檢測所有的節點力資訊來近似反映傳感器表面的受力情況。在實際的應用場合，可以通過調節傳感器的陣列尺寸，減小節點間的距離來提高傳感器自身的解析度，以滿足不同情況下對三維力檢測的實際需求。

5.3.4 解耦實驗

在三維力檢測模型的建立過程中，考慮了傳感器表面所有受力點之間的相互影響，對彼此之間的耦合關係用數學關係式來明確，從而為解決受力點之間的耦合問題奠定了基礎。同時，在建模時將 X、Y、Z 三個方向的受力資訊分離開，分別將各維力作為模型中三個獨立的未知變數，可並行獲取三維力資訊。在此基礎上，只要成功求解受力模型即可消除傳感器各節點之間以及三維力之間的耦合現象。

綜合以上兩節的建模分析，理論上而言，具有整體兩層非對稱式網狀結構的觸覺傳感器具有檢測任意單點、多點以及任意面三維力的功能。為了驗證傳感器結構以及受力模型的合理性，本節設計了三方面的實驗來全面仿真傳感器的測力過程，具體實施步驟及實驗結果如下。

仿真實驗一：在傳感器表面的任意一點施加三維力

本著遍歷的原則，將傳感器的受力表面劃分為 16 個區域，見圖 5-17。

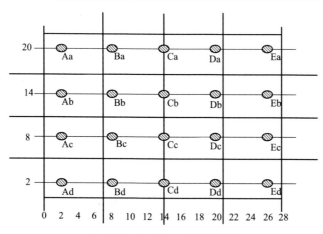

圖 5-17 敏感單元的區域劃分

每個區域任意取一點施加兩個不同幅值的三維力，傳感器的實際輸出與理想輸出數據之間的比較見表 5-6。此外，在傳感器表面任意施加一個單點三維力，仿真所得的施力點座標以及三維力大小如圖 5-18 所示。在解耦的過程中，再次利用了 MATLAB 中的 fsolve 命令。

表 5-6　三維力實際數據與理想數據對比（單點施力）

項目	座標		三維力		
	橫座標 x	縱座標 y	F_x	F_y	F_z
理想數據 1	2	2	2	3	5
實際數據 1	2.0000	2.0000	1.9999	3.0000	4.9999
理想數據 2	2	2	6.5	5.5	10.5
實際數據 2	2.0010	2.0008	6.4997	5.4999	10.4996
理想數據 3	4	7	−4	8	7
實際數據 3	4.0000	7.0000	−4.0000	8.0000	7.0000
理想數據 4	4	7	5	−8	9
實際數據 4	3.9854	7.0021	5.0004	−8.0036	9.0018
理想數據 5	5	12	−7.5	−7.5	6.5
實際數據 5	4.9994	11.9999	−7.5000	−7.5002	6.5000
理想數據 6	5	12	1	1	1
實際數據 6	4.9971	12.0007	1.0001	1.0001	1.0000
理想數據 7	6.5	15.5	3	−10	3
實際數據 7	6.4981	15.5008	3.0001	−10.0005	3.0001
理想數據 8	6.5	15.5	−6	2	12
實際數據 8	6.5003	15.4999	−6.0001	2.0000	11.9999
理想數據 9	9	3.5	9	10	8
實際數據 9	8.9993	3.4985	9.0001	10.0008	8.0000
理想數據 10	9	3.5	−2	−2	8
實際數據 10	9.0001	3.5001	−2.0000	−2.0000	8.0000
理想數據 11	8	8	−8	4	4.5
實際數據 11	8.0002	8.0001	−8.0001	3.9998	4.4999
理想數據 12	8	8	4	−4	2.5
實際數據 12	7.9969	7.9995	4.0001	−4.0000	2.4999
理想數據 13	11.5	14	7.5	6.5	10
實際數據 13	11.4990	13.9994	7.4994	6.5074	9.9965
理想數據 14	11.5	14	−1.5	−1.5	6
實際數據 14	11.4966	13.9970	−1.4997	−1.5004	5.9993
理想數據 15	13	17	−10	9	10
實際數據 15	13.0001	16.9999	−10.0000	9.0000	10.0000

續表

項目	座標		三維力		
	橫座標 x	縱座標 y	F_x	F_y	F_z
理想數據 16	13	17	10	-9	10
實際數據 16	13.0009	17.0021	10.0006	-9.0002	10.0004
理想數據 17	14.5	5	8.5	7.5	12.5
實際數據 17	14.4996	5.0000	8.4994	7.5002	12.4999
理想數據 18	14.5	5	-3	-3	2
實際數據 18	14.5002	4.9980	-3.0001	-3.0000	2.0000
理想數據 19	17	7.5	-5.5	7	14
實際數據 19	17.0004	7.4994	-5.4992	7.0001	14.0000
理想數據 20	17	7.5	2	-1.5	10
實際數據 20	16.9985	7.4994	1.9997	-1.5002	9.9995
理想數據 21	19	12.5	5	10.5	13
實際數據 21	18.9517	12.4935	4.9948	10.4433	12.9658
理想數據 22	19	12.5	8.5	-4.5	3
實際數據 22	18.9999	12.4996	8.4999	-4.5000	2.9999
理想數據 23	21	20	-1	-1	12
實際數據 23	21.0000	20.0001	-1.0000	-1.0000	12.0000
理想數據 24	21	20	2	2	2
實際數據 24	20.9982	19.9980	1.9998	1.9999	1.9999
理想數據 25	23	1	4.5	0	0
實際數據 25	23.0004	0.9954	4.5005	-0.0000	-0.0002
理想數據 26	23	1	0	-6	0
實際數據 26	22.9668	1.0448	0.0002	-5.9931	-0.0002
理想數據 27	24.5	6.5	0	0	7
實際數據 27	24.4990	6.4991	-0.0001	0.0001	6.9997
理想數據 28	24.5	6.5	-10	0	0
實際數據 28	24.5003	6.5009	-9.9995	-0.0001	-0.0002
理想數據 29	26	14	0	5	0
實際數據 29	26.0000	14.0000	0.0001	5.0001	-0.0002
理想數據 30	26	14	0	0	10
實際數據 30	26.0000	14.0000	-0.0267	-0.0275	9.9070
理想數據 31	27	17.5	8	8	10
實際數據 31	27.0053	17.4945	8.0004	8.0025	10.0010
理想數據 32	27	17.5	-8	-8	8
實際數據 32	27.0006	17.4992	-8.0000	-8.0002	8.0000

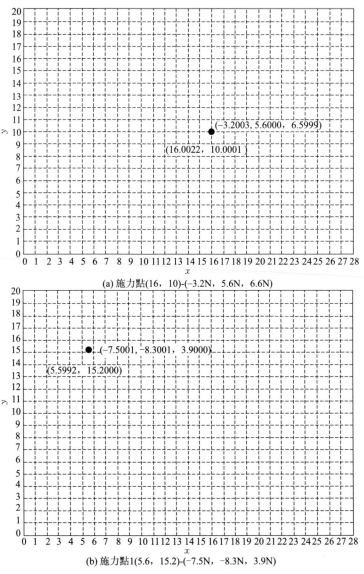

(a) 施力點(16，10)-(-3.2N，5.6N，6.6N)

(b) 施力點1(5.6，15.2)-(-7.5N，-8.3N，3.9N)

圖 5-18　仿真所得的施力點座標及三維力大小

　　為了更好地表現傳感器的測力過程，本節以傳感器受 Z 向力為例，以圖像的形式表示了傳感器受力面在軸向力作用下的形變。圖 5-19(a)中，在 (10,10) 點施加 Z 向力 $F_z = 6N$，圖 5-19(b)、(c) 為仿真後的傳感器受力面形變示意圖。

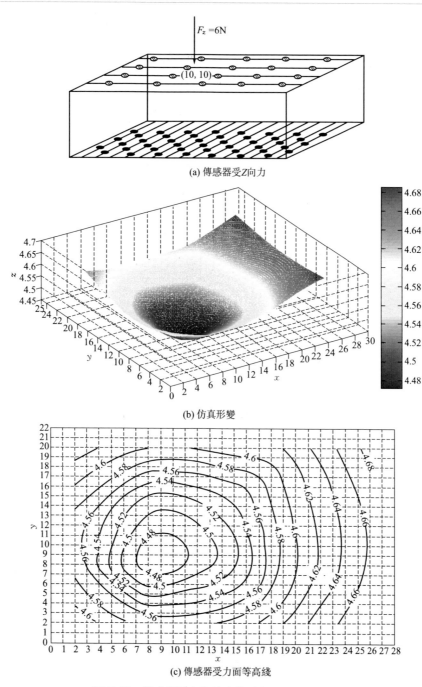

(a) 傳感器受Z向力

(b) 仿真形變

(c) 傳感器受力面等高線

圖 5-19　傳感器受力及仿真後受力面形變示意圖

仿真實驗二：在傳感器表面的任意兩點施加不同幅值的三維力

在傳感器的表面任意兩點同時施加不同幅值的三維力，仿真可得施力點的座標及三維力值，如圖 5-20 及表 5-7 所示。

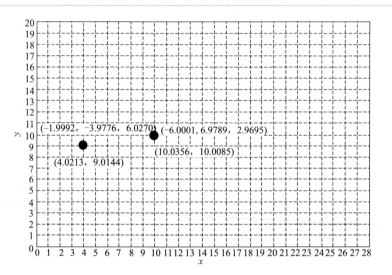

(a) 施力點1(4，9)-(-2N，-4N，6N)；施力點2(10，10)-(-6N，7N，3N)

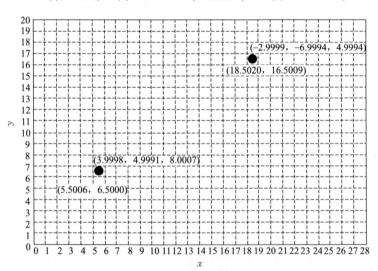

(b) 施力點1(5.5，6.5)-(4N，5N，8N)；施力點2(18.5，16.5)-(-3N，-7N，5N)

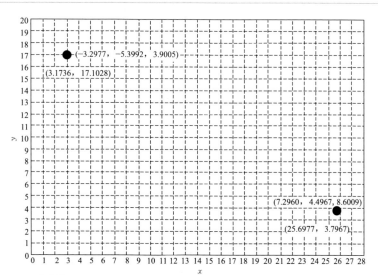

(c) 施力點1(3.2，17.1)-(-3.3N，-5.4N，3.9N)；施力點2(25.7，3.8)-(7.3N，4.5N，8.6N)

圖 5-20　仿真所得施力點座標及三維力值

表 5-7　各維力實際數據與理想數據對比（兩點施力）

測試點	測試點 1					測試點 2				
	F_x	F_y	F_z	x	y	F_x	F_y	F_z	x	y
理想數據	-2	-4	6	4	9	-6	7	3	10	10
實際數據	-1.9992	-3.9776	6.0270	4.0213	9.0144	-6.0001	6.9789	2.9695	10.0356	10.0085
理想數據	4	5	8	5.5	6.5	-3	-7	5	18.5	16.5
實際數據	3.9998	4.9991	8.0007	5.5006	6.5000	-2.9999	-6.9994	4.9994	18.5020	16.5009
理想數據	1	2	3	2	2	-1	-2	3	20	14
實際數據	1.0001	1.9995	3.0003	2.0000	2.0000	-1.0001	-1.9996	2.9998	20.0003	14.0001
理想數據	-5	5	5	9.5	12.5	6	6	6	10.5	14.5
實際數據	-5.0447	4.9629	4.9776	9.5052	12.5031	6.0445	6.0368	6.0218	10.4957	14.4871
理想數據	7	-2	8	4	10	-4	-7.5	5.5	16	15
實際數據	7.0002	-2.0022	8.0010	4.0006	10.0007	-4.0002	-7.4981	5.4990	16.0006	15.0003

續表

測試點	測試點 1					測試點 2				
	F_x	F_y	F_z	x	y	F_x	F_y	F_z	x	y
理想數據	−6.5	−1	3.5	12	2	−2.5	8	7	6	18.5
實際數據	−6.5025	−0.9950	3.5024	11.9971	1.9997	−2.4977	7.9944	6.9974	6.0075	18.5090
理想數據	3	−4	3	6.5	15.5	2	4.5	2	3	6
實際數據	3.0012	−3.9984	3.0019	6.4948	15.4991	1.9996	4.4993	1.9984	2.9890	5.9942
理想數據	4.5	2.5	7.5	10.5	4	−5.5	−6	8	5.5	13
實際數據	4.4584	2.4618	7.5940	10.4800	4.0319	−5.4644	−5.9689	7.9086	5.4495	13.0825
理想數據	0	0	7	8	3.5	0	0	2.5	19	8
實際數據	−0.0007	−0.0010	7.0025	8.0035	3.5012	0.0006	0.0007	2.4971	19.0038	8.0061
理想數據	3	−6.5	3	5	10	−7.5	−3.5	4	22	18.5
實際數據	2.9989	−6.5023	3.0031	5.0032	10.0009	−7.5009	−3.4979	3.9974	22.0098	18.5049
理想數據	0	0	9.4	2.5	18.1	−8.6	0	0	20.2	10.9
實際數據	0.0097	−0.0010	9.3959	2.4890	18.0986	−8.6098	0.0010	0.0037	20.1994	10.9029
理想數據	0	−7.3	0	7.2	15	5.5	0	0	17.7	6.7
實際數據	0.0001	−7.2982	−0.0001	7.1962	14.9994	5.4998	−0.0020	−0.0001	17.6981	6.7014
理想數據	0	0	3.2	3.8	11.1000	0	4.3	0	5	12.8
實際數據	0.0026	0.0211	3.1928	3.7975	11.0956	−0.0028	4.2798	0.0069	4.9914	12.8091

仿真實驗三：在傳感器表面施加面力

在傳感器表面放置一三角形質量塊，如圖 5-21(a) 所示，其質量 $m＝$ 0.5kg，則該質量塊所受重力 $G＝4.9$N。將質量塊放置傳感器表面後，該質量塊對傳感器的作用力為其自身重力所致，即施加在傳感器各節點的三維力數據見表 5-8。圖 5-21(b) 為仿真所得的傳感器表面施力圖，各個節點的具體施力數值見表 5-8。進一步地，在傳感器表面同時放置一三角形質量塊和一方形質量塊，其重力分別為 4.9N、2.45N。圖 5-22(b) 為仿真所得的

傳感器表面施力圖，此時各個節點的具體施力數值見表 5-9。

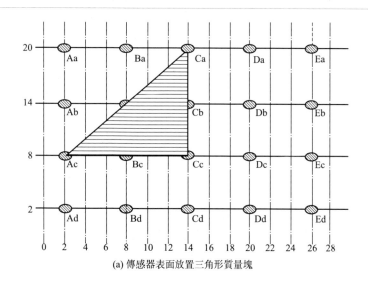

(a) 傳感器表面放置三角形質量塊

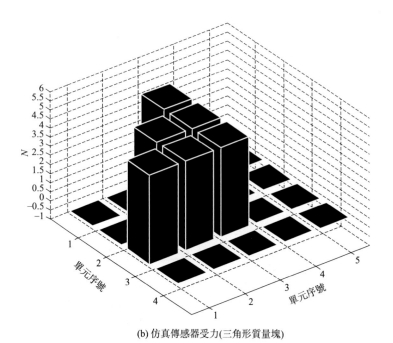

(b) 仿真傳感器受力(三角形質量塊)

圖 5-21　傳感器表面放置三角形質量塊及仿真傳感器受力

表 5-8　實際施加力與仿真所得力數據對比（三角形質量塊）

節點	實際施加三維力(F_x, F_y, F_z)/N			仿真三維力(F_x, F_y, F_z)/N		
Aa	0	0	0	0.0073	-0.0025	-0.0104
Ba	0	0	0	-0.0088	-0.0033	-0.0012
Ca	0	0	4.9	-0.0003	0.0058	4.9090
Da	0	0	0	0.0053	-0.0027	-0.0022
Ea	0	0	0	-0.0051	-0.0025	-0.0044
Ab	0	0	0	-0.0018	0.0026	0.0055
Bb	0	0	4.9	0.0018	0.0007	4.9011
Cb	0	0	4.9	0.0007	-0.0016	4.8983
Db	0	0	0	-0.0006	0.0006	0.0004
Eb	0	0	0	0.0016	0.0028	0.0026
Ac	0	0	4.9	-0.0007	-0.0022	4.9014
Bc	0	0	4.9	-0.0003	0.0008	4.8995
Cc	0	0	4.9	-0.0001	0.0017	4.8997
Dc	0	0	0	0.0001	0.0005	-0.0003
Ec	0	0	0	0.0005	-0.0025	0.0008
Ad	0	0	0	0.0007	0.0019	-0.0022
Bd	0	0	0	0.0004	-0.0004	0.0012
Cd	0	0	0	0.0001	-0.0017	-0.0001
Dd	0	0	0	-0.0005	-0.0005	0.0007
Ed	0	0	0	-0.0006	0.0020	-0.0011

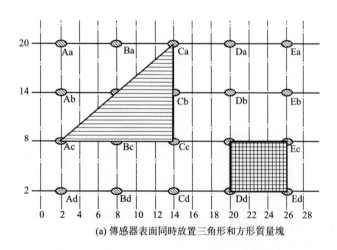

(a) 傳感器表面同時放置三角形和方形質量塊

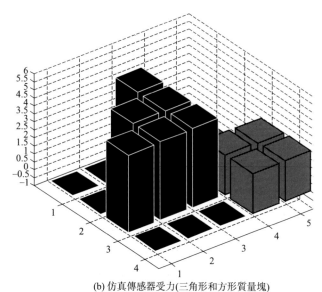

(b) 仿真傳感器受力(三角形和方形質量塊)

圖 5-22　傳感器表面同時放置三角形和方形質量塊及仿真傳感器受力

表 5-9　實際施加力與仿真所得力數據對比（三角形和方形質量塊）

節點	實際施加三維力 $(F_x, F_y, F_z)/N$			仿真三維力 $(F_x, F_y, F_z)/N$		
Aa	0	0	0	-0.0031	0.0416	0.0021
Ba	0	0	0	-0.0050	-0.0014	0.0021
Ca	0	0	4.9	-0.0000	-0.0413	4.9014
Da	0	0	0	0.0051	-0.0032	0.0018
Ea	0	0	0	0.0030	0.0426	0.0020
Ab	0	0	0	0.0031	-0.1020	-0.0046
Bb	0	0	4.9	0.0168	-0.0151	4.8951
Cb	0	0	4.9	0.0000	0.1520	4.8986
Db	0	0	0	-0.0169	-0.0023	-0.0033
Eb	0	0	0	-0.0030	-0.1100	-0.0050
Ac	0	0	4.9	-0.0035	0.0282	4.9032
Bc	0	0	4.9	-0.0056	-0.0017	4.9024
Cc	0	0	4.9	-0.0000	-0.0308	4.9004
Dc	0	0	2.45	0.0053	-0.0015	2.4518
Ec	0	0	2.45	0.0036	0.0287	2.4534

續表

節點	實際施加三維力(F_x, F_y, F_z)/N			仿真三維力(F_x, F_y, F_z)/N		
Ad	0	0	0	0.0004	0.0062	-0.0005
Bd	0	0	0	0.0005	-0.0002	-0.0003
Cd	0	0	0	0.0000	-0.0013	0.0001
Dd	0	0	2.45	-0.0005	-0.0009	2.4498
Ed	0	0	2.45	-0.0004	0.0063	2.4495

　　仿真實驗的結果驗證了傳感器的可行性，即該整體兩層非對稱式網狀結構的傳感器可實現對任意單點三維力、多點三維力以及任意面力資訊的精確檢測，突破了組合陣列式觸覺傳感器無法實現連續力檢測的局限性，拓展了觸覺傳感器的應用領域。同時，這種可「整體液體成型」的新型觸覺傳感器，具有類似於人類皮膚的柔順性，有望應用於智慧機器人領域實現真正的「類皮膚」。該傳感器的另一大優勢在於可以先固定傳感器的結構框架，而後再以液體橡膠填充定型，有利於多維柔性觸覺傳感器的產品化。該項研究不僅可望推動仿生機器人和服務機器人的發展，而且在航空航天、先進製造、體育訓練、康復醫療等諸多領域中，也具有廣泛的應用前景。

　　但是，該傳感器的結構設計以及建模過程均是基於導電橡膠的理想特性，在研究過程中，對橡膠材料的部分力學特性作了理想化假設，雖然這些假設條件有所依據，但由於實際的導電橡膠材料具有相當複雜的性質，可能與所假設的理想特性相差甚遠，因此，需要根據橡膠材料的實際性質對傳感器的結構及受力模型等作出改進與完善，可以引入先進的人工智慧算法，以消除由導電橡膠非線性、滯環等特性帶來的誤差。

5.4 基於隧道效應模型的傳感器研究

　　在前面的章節中，研究了基於力敏導電橡膠理想特性的觸覺傳感器的結構以及解耦方法，而所假設的部分理想特性與橡膠材料的實際性質差距較大，本節從導電橡膠的隧道效應模型出發，初步探討基於力敏導電橡膠隧道效應計算模型的觸覺傳感器的若干問題。

　　在 3.3.2 節中，我們討論了基於力敏導電橡膠隧道效應的電阻-力（壓力/拉力）模型，可以表示為式(5-24)：

$$R(F) = l/S\sigma$$

$$= Jl/ES$$

$$= \frac{l_0 k_1 + F}{\sigma_0 S k_1} \exp \frac{k_2 F^2 \pi \chi}{2 k_1 (k_1 l_0 + F)}$$

$$\approx \frac{l_0 k_1 + F}{\sigma_0 S k_1} \left[1 + \frac{k_2 F^2 \pi \chi}{2 k_1 (k_1 l_0 + F)} + \cdots \right]$$

$$= R_0 + \frac{R_0}{k_1 l_0} F + \frac{k_2 R_0 \pi \chi}{2 k_1^2 l_0} F^2 + \frac{\pi^2 \chi^2 k_2^2 R_0}{8 k_1^3 l_0 (k_1 l_0 - F)} F^4 + \cdots$$

$$(5\text{-}24)$$

一般精確到二次項，因此有

$$R(F) = R_0 + AF + BF^2 \tag{5-25}$$

式中，$A = \dfrac{R_0}{k_1 l_0}$，$B = \dfrac{k_2 R_0 \pi \chi}{2 k_1^2 l_0}$，並且，當外力為壓力時，$F$ 為負值，反之，F 取正值時表示施加的外力為拉力。

假設理想條件下橡膠滿足胡克定律，k_1 為彈性係數，在彈性形變範圍內，當橡膠受外力 F（F 為壓力或拉力）時有

$$F = k_1 (l - l_0) = k_1 \Delta l \tag{5-26}$$

式中，Δl 為橡膠的形變。

考慮 $R\text{-}\Delta l$ 的關係，將式(5-26) 代入式(5-25) 中，有

$$R(\Delta l) = R_0 + C \Delta l + D \Delta l^2 \tag{5-27}$$

式中，$C = A k_1$，$D = B k_1^2$。

在分析傳感器的工作原理之前，仍需要對導電橡膠的某些性質作出如下假設：

① 橡膠材料為各向同性；

② 橡膠為理想彈性體，形變與所受外力之間滿足胡克定律；

③ 橡膠受三維力的情況下，僅考慮橡膠的壓縮和拉伸，即無論施加正壓力或者水平切向力，均忽略掉橡膠形變的中間過程，僅研究形變前後橡膠長度的變化；

④ 橡膠的電阻值僅隨其壓縮或拉伸而改變，換言之，在橫截面積一定的前提下，橡膠的電阻值與其自身的長度有關，並且兩者之間的關係滿足式(5-27)。

傳感器的測力原理主要是基於導電橡膠的以上特性，並且可以進一步研究橡膠材料的性質來修正改進傳感器的結構及原理從而改善其性能。

5.4.1　敏感單元的製作流程

　　傳感器的敏感單元仍然採用整體兩層非對稱式網狀結構，如圖 5-13 所示。實際應用中，可以根據傳感器的實際尺寸來調整電極和導線的數量。圖 5-23 表示敏感單元的各項尺寸參數。

　　下面對傳感器敏感單元的制備過程作簡單介紹，見圖 5-24。

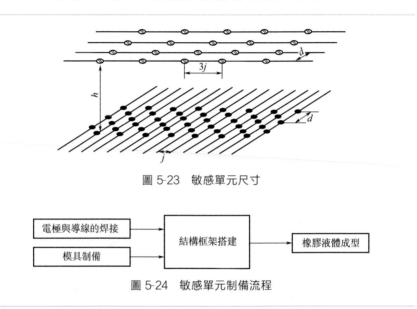

圖 5-23　敏感單元尺寸

```
┌──────────────┐
│ 電極與導線的焊接 │──┐
└──────────────┘  │   ┌──────────┐       ┌──────────────┐
                  ├──▶│ 結構框架搭建 │──────▶│  橡膠液體成型  │
┌──────────────┐  │   └──────────┘       └──────────────┘
│   模具制備    │──┘
└──────────────┘
```

圖 5-24　敏感單元制備流程

　　敏感單元各器件的選取及製作過程如下。

　　(1) 電極與導線的選取及焊接

　　點焊電極是保證點焊質量的重要零件，根據設計的傳感器性能，要求製造電極的材料有足夠的電導率和強度，以及充分冷卻的條件。此外，電極及導線與橡膠材料間的接觸電阻應足夠低。採用的電極片材料選擇鍍銀銅箔，導線採用一般的絕緣導線，在需要焊接電極片的位置將導線上的絕緣層去掉，用普通的電烙鐵完成電極片的焊接。

　　(2) 模具的製作

　　由於所採用的敏感材料是液體導電橡膠，因此需要利用模具使其成型。考慮到導電橡膠本身屬於高分子材料，因此採用硬質塑料板作為模具製作材料，經過多層壓制而成。模具尺寸依據傳感器大小而定，模具的側面鑽孔插針便於纏繞導線，將已經焊有電極片的絕緣導線按設計結

構穿繞在模具中，如圖 5-25，即可搭建完成敏感單元的結構框架。為了防止在灌注橡膠材料的過程中電極片位置發生移動，導線需要緊繞，避免發生松動。

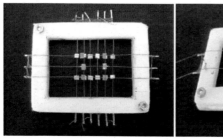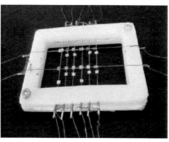

圖 5-25　敏感單元模具結構框架

（3）敏感單元的成型

結構框架搭建完成之後，即可將液體橡膠材料灌注在模具中冷卻成型。液體橡膠的制備工藝流程涉及材料學的相關知識，在此不詳述。成型後的敏感單元如圖 5-26 所示，可看出，該結構為整體設計，其制備過程簡單易行，利於觸覺傳感器的批量生產。

圖 5-26　敏感單元樣品

如果要製作符合實際應用要求的高精度傳感器樣機，還需要將製作方法進一步嚴格化，其中包括幾個關鍵性問題。

① 電極及導線的選擇。電極和導線的導電性是首要考慮的要素，兩者均需要具備較強的導電性，此外，為了確保傳感器整體的柔性，需要盡量選擇具有一定柔性及延展性的導線，並且電極大小需控制為一定的小尺寸。

② 模具的製作。需要根據傳感器的大小精確模具的各部分尺寸，以減少加工誤差，並且模具的材質選擇也是影響傳感器精度的重要因素。

③ 電極的焊接。需要保證規範化、統一化。

④ 液體橡膠的制備及灌注。

5.4.2　受力分析

傳感器的訊號採集電路同樣採用 5.2.2 節介紹的行列掃描方法，如圖 5-27 所示，行列阻值 r_{b3} 可表示為多個節點電阻值的並聯：

$$r_{b3}=r_{AbA3}//r_{AbB3}//r_{AbC3}//r_{AbD3}//\cdots//r_{HbA3}//r_{HbB3}//r_{HbC3}//r_{HbD3}$$

$$(5\text{-}28)$$

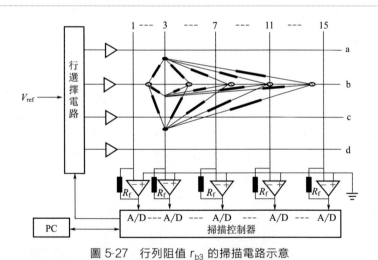

圖 5-27　行列阻值 r_{b3} 的掃描電路示意

當傳感器受外力時，通過檢測行列阻值來對傳感器的受力情況進行分析，以節點 Bb 受力為例來說明傳感器的檢測原理。

傳感器未受力時，節點電阻 r_{BbB3} 表示為

$$r_{BbB3}^{0}=\rho l^{0}/S=Hl^{0} \tag{5-29}$$

式中，l^0 為節點未受力時節點間橡膠的長度；$H = \rho/S$，S 為電極的面積，ρ 為橡膠的密度。

假設橡膠在理想條件下是各向同性的，當三維力 $\boldsymbol{F} = [F_x, F_y, F_z]^T$ 作用於節點 Bb 時，其在 x、y、z 三個方向上的位移分別為 Δx、Δy、Δz，如圖 5-28 所示，剪切形變 γ_x、γ_y 與 Δx、Δy 之間的關係可表示為

$$\cos\gamma_x = \frac{2h^2 + 2 \times (d/3)^2 + (2j)^2 + (2j + \Delta x)^2 - \Delta x^2}{2\sqrt{h^2 + (d/3)^2 + (2j)^2}\sqrt{h^2 + (d/3)^2 + (2j + \Delta x)^2}} \qquad (5\text{-}30)$$

$$\cos\gamma_y = \frac{2h^2 + 2 \times (2j)^2 + (d/3)^2 + (d/3 + \Delta y)^2 - \Delta y^2}{2\sqrt{h^2 + (d/3)^2 + (2j)^2}\sqrt{h^2 + (d/3 + \Delta y)^2 + (2j)^2}} \qquad (5\text{-}31)$$

因此，Δx、Δy 可以表示為 γ_x、γ_y 的函數：

$$\begin{aligned} \Delta x &= m(\gamma_x) \\ \Delta y &= n(\gamma_y) \end{aligned} \qquad (5\text{-}32)$$

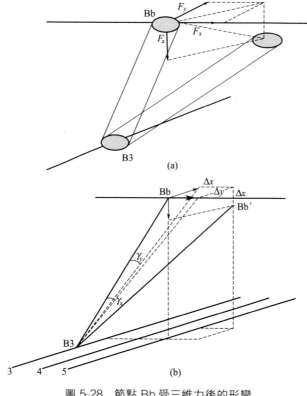

圖 5-28　節點 Bb 受三維力後的形變

根據立體幾何的相關知識，傳感器未受力時，$|BbB3|$ 的長度為

$$l^0 = \sqrt{h^2 + (2j)^2 + \left(\frac{d}{3}\right)^2} \tag{5-33}$$

在三維力 $\boldsymbol{F} = [F_x, F_y, F_z]^T$ 作用下，$|\mathrm{BbB3}|$ 的長度變化為

$$l' = \sqrt{(h - \Delta z)^2 + (2j + \Delta x)^2 + \left(\frac{d}{3} + \Delta y\right)^2} \tag{5-34}$$

於是有

$$\Delta_{\mathrm{BbB3}} = l' - l^0 = \sqrt{(h - \Delta z)^2 + (2j + \Delta x)^2 + \left(\frac{d}{3} + \Delta y\right)^2}$$
$$- \sqrt{h^2 + (2j)^2 + \left(\frac{d}{3}\right)^2} = q(\Delta x, \Delta y, \Delta z) \tag{5-35}$$

根據式(5-32)和式(5-35)，得到

$$\Delta_{\mathrm{BbB3}} = q(\Delta x, \Delta y, \Delta z)$$
$$= p(\Delta z, \gamma_x, \gamma_y) \tag{5-36}$$

因此，三維力 $\boldsymbol{F}$ 作用後，節點電阻 r_{BbB3} 的值為

$$r_{\mathrm{BbB3}} = r^0_{\mathrm{BbB3}} + C\Delta_{\mathrm{BbB3}} + D\Delta^2_{\mathrm{BbB3}}$$
$$= t_{22}(\Delta z_{\mathrm{Bb}}, \gamma_{x_{\mathrm{Bb}}}, \gamma_{y_{\mathrm{Bb}}}) \tag{5-37}$$

同理分析 Bb 與下層列 3 上其他節點間的電阻值，有

$$\begin{cases} r_{\mathrm{BbA3}} = r^0_{\mathrm{BbA3}} + C\Delta_{\mathrm{BbA3}} + D\Delta^2_{\mathrm{BbA3}} = t_{21}(\Delta z_{\mathrm{Bb}}, \gamma_{x_{\mathrm{Bb}}}, \gamma_{y_{\mathrm{Bb}}}) \\ r_{\mathrm{BbC3}} = r^0_{\mathrm{BbC3}} + C\Delta_{\mathrm{BbC3}} + D\Delta^2_{\mathrm{BbC3}} = t_{23}(\Delta z_{\mathrm{Bb}}, \gamma_{x_{\mathrm{Bb}}}, \gamma_{y_{\mathrm{Bb}}}) \end{cases}$$
$$\tag{5-38}$$

因為橡膠材料的彈性，節點 Bb 周邊的其他節點同樣會產生位移，將行 b 上其餘節點的位移定義為 Δz_∇、γ_{x_∇}、γ_{y_∇}（$\nabla = \mathrm{Ab}$, Cb, Db, Eb），其餘的節點電阻可以表示如下：

$$\begin{cases} r_{\mathrm{AbA3}} = t_{11}(\Delta z_{\mathrm{Ab}}, \gamma_{x_{\mathrm{Ab}}}, \gamma_{y_{\mathrm{Ab}}}) \\ r_{\mathrm{AbB3}} = t_{12}(\Delta z_{\mathrm{Ab}}, \gamma_{x_{\mathrm{Ab}}}, \gamma_{y_{\mathrm{Ab}}}) \\ \qquad \cdots\cdots \\ r_{\mathrm{EbB3}} = t_{52}(\Delta z_{\mathrm{Eb}}, \gamma_{x_{\mathrm{Eb}}}, \gamma_{y_{\mathrm{Eb}}}) \\ r_{\mathrm{EbC3}} = t_{53}(\Delta z_{\mathrm{Eb}}, \gamma_{x_{\mathrm{Eb}}}, \gamma_{y_{\mathrm{Eb}}}) \end{cases} \tag{5-39}$$

依據電阻的並聯理論，三維力 $\boldsymbol{F}$ 作用後，結合式(5-28)，行列阻值 r_{b3} 可以表示如下：

$$r_{\mathrm{b3}} = 1 \Big/ \left(\sum_{\alpha = \mathrm{Ab}}^{\mathrm{Eb}} \sum_{\beta = \mathrm{A3}}^{\mathrm{C3}} \frac{1}{r_{\alpha\beta}} \right) \tag{5-40}$$

將式(5-39)代入式(5-40)，行列阻值 r_{b3} 可表示為 Δz_∇, γ_{x_∇}, γ_{y_∇}（$\nabla = \mathrm{Ab}$, Bb, Cb, Db, Eb）的函數：

$$r_{\mathrm{b}3}=f_3(\Delta z_{\mathrm{Ab}},\gamma_{x_{\mathrm{Ab}}},\gamma_{y_{\mathrm{Ab}}},\cdots,\Delta z_{\mathrm{Eb}},\gamma_{x_{\mathrm{Eb}}},\gamma_{y_{\mathrm{Eb}}}) \qquad (5\text{-}41)$$

同理，上層行 b 與下層其他列的行列阻值均可以表示如下：

$$r_{\mathrm{b}i}=f_i(\Delta z_{\mathrm{Ab}},\gamma_{x_{\mathrm{Ab}}},\gamma_{y_{\mathrm{Ab}}},\cdots,\Delta z_{\mathrm{Eb}},\gamma_{x_{\mathrm{Eb}}},\gamma_{y_{\mathrm{Eb}}})(i=1,2,\cdots,14,15)$$

$$(5\text{-}42)$$

在實際應用中，可以通過行列掃描電路獲得行列阻值 $r_{\mathrm{b}i}$，然後解方程組（5-42），行 b 上 8 個節點 Ab～Eb 的各個方向位移便可以獲得。類似的，上層其他節點的位移資訊均可以通過對其所在行與下層各列的行列阻值分析而得到。

在理想條件下，橡膠的受力與其形變之間滿足胡克定律，於是有

$$F_z=k\,\Delta z$$
$$F_x=g_x\gamma_x$$
$$F_y=g_y\gamma_y \qquad (4\text{-}43)$$

式中，k、g_x、g_y 分別為三個方向形變的胡克常數。

綜上，可以將傳感器的檢測原理歸納如圖 5-29 所示。

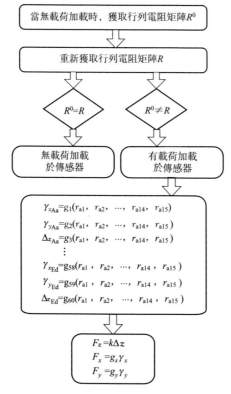

圖 5-29　傳感器測力程序

5.4.3　解耦方法探討

　　要獲知傳感器的受力資訊需要求解式(5-42) 給出的方程組，由於該方程組的規模龐大，含有 24 個複雜的非線性方程，因此採用一般的數學求解方法無法直接得出方程解，例如 MATLAB 給出的函數 fsolve ()、solve () 等均不能快速且有效地求解該方程組。對於類似大規模非線性方程組的求解方法，文獻 [6] 進行了詳細探討，分別採用遺傳算法、進化算法等嘗試解決該類問題，結果表明一般的人工智慧優化算法在求解大規模非線性方程組方面也存在局限性。本節中，我們嘗試採用 BP 神經網路方法對上層 2×2 陣列的傳感器受力資訊進行求解，圖 5-30 為網路訓練 1475 次的結果，三維力的實際輸出與理想數據對比見表 5-10。

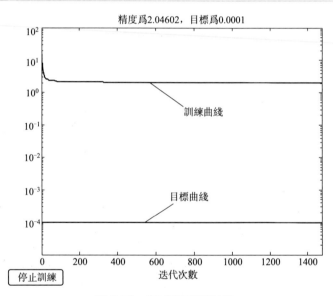

圖 5-30　BP 網路訓練結果

表 5-10　**BP 網路求解三維力資訊結果**　　　　單位：N

三維力	F_{Ax}	F_{Ay}	F_{Az}	F_{Bx}	F_{By}	F_{Bz}
理想數據 1	0	0	0	0	0	0
實際數據 1	0.0225	-1.2745	-0.1377	0.0095	-1.0112	-0.0523
理想數據 2	1	1	1	1	1	1
實際數據 2	2.1160	-0.7530	-0.0212	0.0297	-0.6917	1.3164

續表

三維力	F_{Ax}	F_{Ay}	F_{Az}	F_{Bx}	F_{By}	F_{Bz}
理想數據 3	-1	-1	1	-1	-1	1
實際數據 3	-1.2940	-1.9574	1.0934	-0.0740	-1.4917	-0.8936
理想數據 4	-2	1	1	-1	2	2
實際數據 4	-1.4477	-1.8524	1.5609	-0.1096	-1.4034	-1.6441
理想數據 5	2	-2	3	1	-1	2
實際數據 5	2.2930	-1.0372	0.9426	0.0022	-0.9155	4.5639

　　通過上表可以看出，採用神經網路的方法求解誤差非常大，無法滿足傳感器基本的精度要求。文獻［6］針對該問題提出了一種同倫算法，該算法引入時間參數來求解三維力資訊，將傳感器的靜態解耦轉化為動態過程，可實現高維、多參數傳感器輸入訊號的實時、精確求解。但是，該算法在求解傳感器三維力資訊的過程中仍然存在許多問題需要完善[7]。

參考文獻

［1］　Edward S. Multiplexed Piezoelectric Polymer Tactile Sensor［J］. Robotic Systems, 1992, 9（1）: 37-63.

［2］　Bert Tise. A Compact High Resolution Piezoresistive Digital Tactile Sensor［C］// IEEE Int Conf on Robotics and Automation.Phidadetphia, USA: Computer Society Press, 1988.

［3］　Pubrick J. A Force Transducer Employing Conductive Silicone Rubber[J]. Int Conf on Robot Vision and Sensory Controls, 1991: 73-80.

［4］　羅志增. 消除陣列觸元間相互干擾的一種方法[J]. 機器人, 1994, 16（2）: 114-118.

［5］　羅志增, 蔣靜坪. 一種機器人壓阻陣列觸覺數據採集的新方法[J]. 儀器儀表學報, 1999, 20（1）: 31-33, 48.

［6］　丁俊香. 一種基於理想可流動成型導電橡膠的三維柔性觸覺陣列傳感器若干問題的研究[D]. 合肥: 中國科學技術大學, 2011.

［7］　徐菲. 用於檢測三維力的柔性觸覺傳感器結構及解耦方法研究［D］. 合肥: 中國科學技術大學, 2011.

第6章

柔性三維觸覺
傳感器的
標定研究

6.1 概述

對於整體多層網狀陣列結構的柔性三維觸覺傳感器而言，不僅三維力之間存在耦合現象，而且同層受力點之間的耦合度也非常高，因此要確保傳感器對三維力資訊檢測的準確性，解決複雜多樣的耦合問題顯得尤為重要。第 5 章從理論計算的角度對傳感器的解耦進行了研究，而實際的橡膠材料本身具有相當複雜的非線性物理性能，與假設的部分理想性質有一定差距，因此還需要對傳感器進行實際的標定解耦，通過標定實驗發現理論與實際的誤差，並分析原因，進而對傳感器結構及模型進行修正完善。

傳感器的標定可分為靜態標定和動態標定。靜態標定可以確定傳感器的靜態性能指標，包括線性度、靈敏度、滯後性和重複性等；動態標定用來確定傳感器的動態性能指標，包括頻率響應、時間常數、固有頻率和阻尼比等。考慮到敏感材料導電橡膠的複雜性質，這裡僅對傳感器的靜態標定進行研究。

一般而言，多維力傳感器的靜態標定是基於傳感器為線性系統而進行的：

$$F = C \times R \tag{6-1}$$

式中　F——作用在多維傳感器上的力；

　　　R——多維傳感器的輸出；

　　　C——標定矩陣。

所謂的傳感器標定即根據 F 和 R 的值求解標定矩陣 C 的過程，一般靜態標定的步驟如下。

(1) 確定標定點

一般是將傳感器各維的滿量程均分為 N 個標定點，其中必須包括正負滿量程值和零點值。

(2) 分別對傳感器的各維進行力加載

每個標定點多次取樣，分別對各維分量進行正向標定和負向標定。

(3) 數據處理

對採集的標定數據進行必要的處理，如可對每個標定點的多次取樣數據求取平均值。

（4）求解標定矩陣

透過以上幾步的標定過程，可獲得 F 和 R 的數值，根據式(6-1)，則 $C = F \times R^{-1}$，標定矩陣可得。

對於本課題研究的多維觸覺傳感器而言，由於存在複雜的耦合作用，因此可以十分肯定的是標定矩陣中的所有元素均不為零，並且由於橡膠材料的非線性影響，傳感器很難近似認為是一個線性系統，因此標定矩陣無法用計算方法直接獲得。本章針對該傳感器的特殊性設計了新型的標定裝置，並基於 BP 神經網路實現了對傳感器的標定及誤差修正。

6.2 標定平台的設計

目前國內外對力傳感器的標定方法一般採用砝碼加載式，一般來說，只要用於加載的砝碼精度足夠高並且加載過程不會產生大的誤差，則該方法基本能夠對多維力傳感器作出精確標定。中科院合肥智慧所機器人傳感器實驗室設計了一種砝碼加載式的六維力傳感器標定系統，如圖 6-1 所示。

圖 6-1　砝碼重錘式標定臺

本文在上述六維力傳感器標定平台的基礎上，通過加裝一套機械裝置，來滿足所設計的柔性三維觸覺陣列傳感器的標定需求，如圖 6-2 所示。標定平台主要由以下幾部分組成：1——Z 向力加載平台；2——傳感器固定平台；3——Y 向力加載單元；4——X 向力加載單元。其中，

可以通過推動水準方向的滑軌將接觸頭定位在柔性觸覺傳感器的不同標定點上。X、Y方向力的加載是通過圖 6-1 所示平台上的滑輪組來實現的。見圖 6-3。

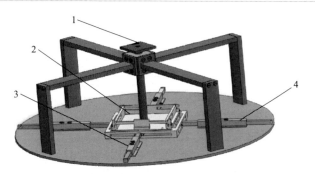

圖 6-2　標定平台設計圖

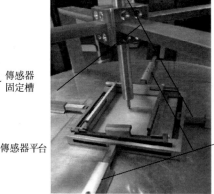

圖 6-3　標定平台

對上述的標定平台作如下說明。

① 標定平台僅能對傳感器受力面的單個點或者面進行力的加載或卸載，無法同時標定多個受力點。

② 標定點設定為傳感器上表面的節點（電極），無法對非節點的受力進行標定。

③ 該平台可實現對傳感器法向力的標定，而對於切向力而言，實際情況下無法在傳感器表面施加理想的剪切力，需在施加恆定法向力的前提下進行切向力的加載。

④ 由於傳感器的整體性結構，單點標定的方法可能無法明確傳感器的輸出-輸入關係，這個問題的解決方案有待後續的研究，這裡僅就一般的標定方法進行說明。

⑤ 標定過程完全依靠人工加載或卸載，操作誤差不可避免。為了提高傳感器標定的精度並實現標定平台的智慧化，在後期的研究工作中，可以對現有平台進行改造以完備其功能，實現在柔性三維觸覺陣列傳感器的表面任意指定位置自動加載和卸載三維力，實現標定系統的自動化、智慧化和模塊化。

6.3　標定實驗

章節 5.4.1 中，介紹了傳感器敏感單元的製作流程，主要說明了結構框架的搭建，而對於觸覺傳感器的性能而言，作為敏感材料的導電橡膠與結構框架有著同樣重要的地位。由於涉及材料學等多方面的專業內容，這裡不對導電橡膠的配製過程等相關問題進行說明，具體內容可參考文獻 [1]。為了詳細說明該傳感器的標定過程，以前述的標定平台及現有的上層節點陣列 3×2 的傳感器樣本為基礎進行初步的標定實驗，如圖 6-4 所示。

簡述標定過程如下。

（1）法向力標定

標定力量程為 [0,10N]，對所有六個節點分別以 2N 為間隔進行力加載，記錄傳感器的輸出數據（行列阻值），表 6-1 列出了節點 Aa 與 Bb 的標定數據。

圖 6-4　標定實驗

表 6-1　節點 Aa 與 Bb 的標定數據

節點	F_z/N	R_1/Ω	R_2/Ω	R_3/Ω	R_4/Ω	R_5/Ω	R_6/Ω
Aa	0	774.005	315.616	363.193	508.703	309.032	220.743
	2	773.550	315.525	363.018	507.207	309.003	219.240
	4	772.226	311.933	362.025	502.251	308.032	221.502
	6	772.421	313.569	365.025	503.283	308.032	218.255
	8	769.839	309.692	361.005	498.323	305.198	217.513
	10	718.212	308.569	359.226	496.370	304.349	217.019

節點	F_z/N	R_1/Ω	R_2/Ω	R_3/Ω	R_4/Ω	R_5/Ω	R_6/Ω
Bb	0	735.710	430.163	393.831	511.266	310.569	217.760
	2	733.710	430.163	388.831	508.812	309.933	217.266
	4	729.923	428.405	382.467	511.812	310.251	217.266
	6	699.698	428.405	381.849	504.227	248.210	215.297
	8	700.460	423.009	380.966	501.204	250.479	215.280
	10	698.729	420.118	369.222	511.207	250.101	215.073

(2) 切向力標定

在加載 2N 法向力的前提下對傳感器進行切向力標定，X/Y 向的標定力量程均為 [−10N,10N]，對所有六個節點分別以 4N 為間隔進行力加載，記錄傳感器的輸出數據，表 6-2 列出了節點 Aa 分別在 X/Y 方向的標定數據。

表 6-2　節點 Aa 切向力的標定數據

維數	F/N	R_1/Ω	R_2/Ω	R_3/Ω	R_4/Ω	R_5/Ω	R_6/Ω
X	−10	778.005	702.044	558.403	293.764	582.553	368.232
	−6	777.320	727.320	555.236	293.245	565.635	349.683
	−2	778.256	708.526	555.201	298.532	565.241	358.332
	2	760.241	714.235	550.236	308.255	576.247	358.044
	6	789.954	749.433	549.353	273.456	555.533	365.348
	10	789.989	753.563	549.378	272.340	555.338	328.564
Y	−10	775.435	590.394	589.553	203.434	577.353	260.432
	−6	775.438	590.256	565.235	203.425	575.005	249.242
	−2	774.783	589.031	565.122	205.322	575.431	249.332
	2	775.134	590.253	599.437	212.135	576.237	250.795
	6	779.534	596.533	560.423	207.526	576.232	250.972
	10	774.994	590.738	590.134	213.019	576.899	255.230

(3) 標定數據分析

理論上而言，根據導電橡膠的壓敏特性，隨著 Z 向力加載值的增大，傳感器的輸出行列阻值應該呈現下降的趨勢，圖 6-5 為實際採集到的數據曲線圖，可見傳感器的輸出基本符合導電橡膠材料的壓敏特性，但下降趨勢的規律性並不明顯。

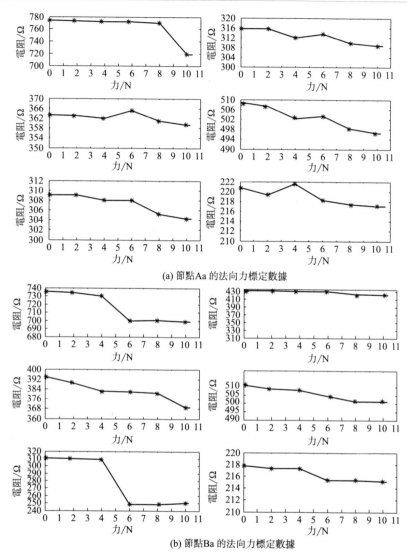

(a) 節點Aa 的法向力標定數據

(b) 節點Ba 的法向力標定數據

圖 6-5　節點 Aa 和 Ba 的法向力標定數據

出現這樣的問題主要有以下幾方面的原因。

① 傳感器結構框架的搭建過程中，各部分的尺寸數據存在誤差，這些誤差可能包括電極尺寸、節點間距、層間距等。

② 本文所採用的導電橡膠材料依然處於研究階段，部分力學性能並沒有明確，可能存在不均勻性、不穩定性、滯後性以及重複性差等缺陷。

③ 敏感單元製作成型的過程中可能出現加工誤差。由於傳感器樣本

的製作過程簡單、工藝粗糙，並受到實驗室儀器精度的限制，樣本的輸出值與理論值之間不可避免地存在誤差。

④ 標定平台的設計存在缺陷，各構件之間的摩擦不可避免，對標定精度產生影響，此外，標定過程中人工操作誤差同樣會影響傳感器的輸出。

⑤ 訊號採集處理電路造成數據採集的誤差，各電路元件的測量精度會對傳感器的輸出值產生影響。

可見，對傳感器簡易樣品的標定數據無法真實反映傳感器的輸入輸出關係，因此以下關於標定方法的分析研究是基於柔性三維觸覺傳感器的原始標定數據已經獲得的基礎上進行的，所採用的標定數據均來自於仿真實驗。

6.4 基於 BP 神經網路的柔性三維觸覺傳感器標定

對於所研究的柔性三維觸覺傳感器而言，無法採用直接求解標定係數矩陣的方法來完成標定解耦，本節採用基於 BP 神經網路的方法來研究此類具有高度非線性的傳感器標定。目前已有不少研究者採用 BP 神經網路技術實現對傳感器的標定和非線性誤差的校正[2,3]，結果證明相對於傳統的求解標定係數矩陣的方法，BP 神經網路具有一定的優越性。

6.4.1 BP 神經網路

人工神經網路（Artificial Neural Network，ANN）是在人類對自身大腦神經網路認識理解的基礎上人工構造的能夠實現某種功能的神經網路[4]，它是人腦神經網路的理論化數學模型，是模仿人類大腦神經網路結構和功能建立起來的一種資訊處理系統。人工神經網路由大量的元件相互連接組成，具有高度的非線性，能夠進行複雜的邏輯操作和非線性關係的模擬。簡而言之，人工神經網路以「黑盒子」的形式表現了網路輸入和輸出之間的某種函數關係，而採用不同的網路結構和激活函數就可以模擬不同的輸入-輸出關係，完成不同的任務。

神經元是人工神經網路的基本結構和資訊處理單元，一般是一個多輸入-單輸出的非線性元件。一個具有 r 個輸入分量的神經元模型如圖 6-6 所

示。神經元模型的輸出矢量可表示為

$$A = f(\boldsymbol{W} * \boldsymbol{P} + \boldsymbol{b}) = f\left(\sum_{j=1}^{r} w_j p_j + \boldsymbol{b}\right)$$

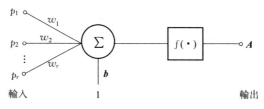

圖 6-6　單個神經元模型

　　將多個神經元並聯起來，使得所有神經元均具有相同的輸入矢量 **P**，便組成了一個神經元層，同層的每一個神經元有各自的輸出。而將兩個以上的神經元層級連起來則組成了一個多層人工神經網路。網路的每一層都有一個權值矩陣 **W**，一個偏差矢量 **b** 和一個輸出矢量 **a**，且每一層的作用均不同，第一層為輸入層，最後一層為網路的輸出層，中間的稱為隱含層。一個三層的神經網路結構示意圖如 6-7 所示。

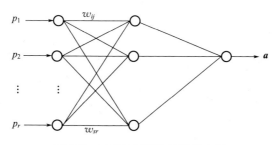

圖 6-7　三層神經網路結構示意圖

　　人工神經網路按照網路拓撲結構可分為前向網路和反饋網路。BP 神經網路（Back-Propagation Network，反向傳播網路）是一種典型的反饋網路[5]，其網路結構簡單且網路容錯性好，目前在人工神經網路的實際應用中，大多數的網路模型都採用了 BP 神經網路或其變形，可以說，BP 神經網路是人工神經網路研究的核心內容，體現了人工神經網路最精華的部分。BP 神經網路主要應用於以下幾方面[6]。

　　① 函數逼近：用輸入樣本和輸出樣本訓練一個網路，逼近某種函數關係。

　　② 模式識別：將特定的輸出矢量與輸入矢量聯繫起來。

③ 分類：將所有輸入矢量按所定義的標準進行分類。

④ 數據壓縮：減少輸出矢量的維數以便於數據傳輸和儲存。

BP 神經網路的核心在於其採用的 BP 算法，該算法是一種監督式學習算法，其主要思想為：已知網路的 q 個輸入訓練樣本 P^1，P^2，…，P^q 以及與其對應的 q 個輸出樣本 T^1，T^2，…，T^q，網路訓練的過程就是用網路的實際輸出 A^1，A^2，…，A^q 與目標輸出 T^1，T^2，…，T^q 之間的誤差來修正網路的各層權值，通過不斷地計算網路權值和偏差使得 $A^n(n=1,2,…,q)$ 與期望的 T^n 盡可能地接近，網路訓練的最終目的是使得輸出層的誤差平方和達到最小值。BP 算法由資訊的正向傳遞和誤差的反向傳播兩部分組成：輸入樣本經隱含層逐層計算後傳向輸出層，每一層神經元的輸出均作用於下一層神經元的輸入。如果網路的輸出與期望值相差較大，則計算此誤差值並通過網路將誤差沿原來的連接通路反傳來修改網路各層的權值，直至達到期望的輸出矢量[6]。

6.4.2 利用 BP 神經網路實現傳感器標定

傳感器的標定從數學角度而言就是明確其測量值空間到理論值空間的映射關係，而已有研究證明，任何一種非線性映射關係都可以用一個三層人工神經網路來實現[7]，因此可以利用人工神經網路的相關理論來完成傳感器的標定。目前基於神經網路的標定方法已經應用於力覺、視覺、加速度、溫度等傳感器的實際標定過程中。

利用神經網路進行傳感器的標定一般包括以下幾部分內容。

① 首先獲取訓練神經網路所需的標定樣本。為了提高神經網路的泛化能力，應該保證標定樣本的質量和數量，同時要盡量做到標定樣本具有空間遍歷性。對於所研究的三維力傳感器而言，要做到整個三維力空間的數據遍歷需要大量的實驗數據，這在實際的實驗中是很難完成的，考慮到三維力空間是由單維力空間組合而成的，因此可以通過對每一維的單向力加載的遍歷來實現對多維力空間樣本數據的遍歷。

② 根據標定訓練樣本確定神經網路的結構，以傳感器的輸出值作為神經網路的輸入，對應的輸入值作為網路的輸出。

③ 對神經網路進行訓練，得到滿足期望誤差目標的網路系統。

④ 利用訓練好的神經網路對未訓練過的標定數據對進行測試，以檢驗網路的泛化能力。

針對所研究的柔性三維觸覺陣列傳感器，構建三層 BP 神經網路，採用梯度下降法和牛頓法相結合的 Levenberg-Marquardt 法來訓練樣本。

網路訓練完成後，利用不同於訓練樣本的標定數據對網路性能進行測試。

（1）BP 網路的設計

BP 網路的設計主要是確定網路的層數、各層的神經元個數、激活函數類型、學習速率以及誤差設定等幾個方面。通過多次實驗驗證，將網路設計為三層結構：輸入層、一個隱含層和輸出層。確定隱含層的神經元個數為 10 個，激活函數採用 Tan-Sigmoid（）函數，輸出層的激活函數採用線性函數 Purelin（），選擇了較小的學習速率 0.01，將期望誤差設為 1e-9，訓練方法採用 Levenberg-Marquardt 法，LM 是一種改進的 BP 算法，是梯度下降法和牛頓法的結合，該方法在開始搜索時下降速度很快，並且能夠在最優值附近產生一個理想的搜索方向，搜索精度較牛頓法高。

網路的輸入為傳感器的輸出行列阻值矩陣：
$$\boldsymbol{R} = \begin{bmatrix} r_a & r_b & r_c \end{bmatrix}^T$$
$$= \begin{bmatrix} r_{a1} & \cdots & r_{a6} & r_{b1} & \cdots & r_{b6} & r_{c1} & \cdots & r_{c6} \end{bmatrix}^T$$
網路的輸出為標定三維力值：
$$\boldsymbol{F} = \begin{bmatrix} F_x & F_y & F_z \end{bmatrix}^T$$
據此確定輸入層的神經元個數為 18 個，輸出層的神經元個數為 3 個。

（2）BP 神經網路的訓練樣本

根據多維力傳感器標定的原則，將切向力的標定力量程定為 [−10N, 10N]，法向力量程為 [0,20N]，標定數據間隔為 2N，則 BP 網路的訓練樣本共有 31 組，表 6-3 列出了部分訓練樣本，以節點 Aa 為例。

表 6-3　BP 網路部分訓練樣本

	輸入/Ω						輸出/N
r_a	207.0005	224.5157	191.2687	223.6959	204.9988	256.1943	
r_b	182.5518	169.0146	165.0969	167.2745	177.8748	200.4143	(−10,0,0)
r_c	239.0506	194.7839	219.7427	192.0975	232.4424	224.2850	
r_a	212.2315	226.3969	190.7554	221.5429	200.5580	249.5692	
r_b	187.2102	170.8819	165.1628	166.0265	174.4417	194.4049	(−4,0,0)
r_c	242.7628	196.5526	220.0340	191.1662	229.7319	219.3804	
r_a	216.3036	228.1084	190.6818	220.3688	197.9522	245.4315	
r_b	190.6818	172.4541	165.3786	165.3786	172.4541	190.6818	(0,0,0)
r_c	245.4315	197.9522	220.3688	190.6818	228.1084	216.3036	

續表

	輸入/Ω						輸出/N
r_a	220.8106	230.2061	190.8702	219.4062	195.6194	241.5266	
r_b	194.4345	174.3064	165.7502	164.8654	170.6970	187.1951	(4,0,0)
r_c	248.2512	199.5367	220.8208	190.2979	226.6290	213.3887	
r_a	228.3112	234.0963	191.7448	218.3750	192.6056	236.1200	
r_b	200.5632	177.6335	166.6422	164.3338	168.4677	182.4224	(10,0,0)
r_c	252.7536	202.2714	221.7293	189.8987	224.6737	209.3322	
r_a	207.9711	215.8072	182.6579	208.9310	190.2454	234.7511	
r_b	191.9259	171.9123	166.5607	164.7824	173.5433	190.0672	(0,−8,0)
r_c	253.9400	204.5307	229.1023	197.0333	236.7931	222.5535	
r_a	214.0642	224.9368	188.5240	217.4093	195.8935	242.6764	
r_b	190.9297	172.2710	165.6146	165.1789	172.6704	190.4771	(0,−2,0)
r_c	247.5208	199.5306	222.5093	192.2043	230.2400	217.8061	
r_a	218.6414	231.3371	192.9365	223.3905	200.0960	248.2403	
r_b	190.4723	172.6723	165.1790	165.6142	172.2718	190.9226	(0,2,0)
r_c	243.3691	196.4197	218.2584	189.2039	226.0047	214.8425	
r_a	223.5959	237.9507	197.7250	229.6096	204.6317	254.0111	
r_b	190.1625	173.2243	164.8825	166.2005	172.0024	191.5191	(0,6,0)
r_c	239.3284	193.4966	214.1320	186.3848	221.8847	212.0472	
r_a	228.8932	244.7498	202.8630	236.0459	209.4837	259.9748	
r_b	189.9892	173.9493	164.7147	166.9527	171.8510	192.2803	(0,10,0)
r_c	235.4067	190.7685	210.1379	183.7512	217.8877	209.4255	
r_a	212.7205	224.9772	187.1747	217.4732	194.6316	242.7995	
r_b	187.7495	169.3987	162.4859	162.5408	169.5363	187.9093	(0,0,2)
r_c	243.4449	195.4547	218.2989	188.3120	226.0487	214.0160	
r_a	201.9947	215.7969	176.7781	209.0909	184.7798	235.1701	
r_b	179.0636	160.3109	153.9889	154.2251	160.8976	179.7238	(0,0,8)
r_c	237.6032	187.9634	212.2256	181.2897	219.9858	207.2015	
r_a	194.8798	209.8906	169.9721	203.7876	178.3027	230.3247	
r_b	173.3795	154.3227	148.4918	148.8624	155.2389	174.3870	(0,0,12)
r_c	233.8160	182.9661	208.3001	176.6873	216.0483	202.7010	
r_a	187.8222	204.2002	163.2966	198.7445	171.8970	225.6917	
r_b	167.7974	148.3968	143.1467	143.6620	149.6658	169.1581	(0,0,16)
r_c	230.1241	177.9624	204.4837	172.1559	212.2027	198.2375	

續表

	輸入/Ω						輸出/N
r_a	180.8674	198.7764	156.7928	193.9931	165.5621	221.2907	
r_b	162.3363	142.5408	137.9724	138.6409	144.1838	164.0498	(0,0,20)
r_c	226.5368	172.9497	200.7863	167.7034	208.4574	193.8154	

（3）MATLAB 環境下 BP 神經網路的訓練

　　MATLAB 神經網路工具箱以人工神經網路理論為基礎，用 MAT-LAB 語言構造出神經網路的激活函數，從而使得對網路輸出的計算變成對激活函數的調用。它的全部運算均採用矩陣形式，使網路的訓練簡單明瞭又快速。網路的設計者可根據自己的需要調用工具箱中有關神經網路的設計與訓練程序，從而能夠從繁瑣的編程中解脫出來，提高了計算效率和解題質量。

　　以 31 組樣本對 BP 網路進行了 50 次的訓練，在訓練的過程中，網路收斂速度很快，在 1000 次迭代次數之內均能夠達到預期的誤差目標，圖 6-8(a)、(b)、(c) 分別是經過 20 次、543 次、853 次迭代達到誤差目標的訓練結果。

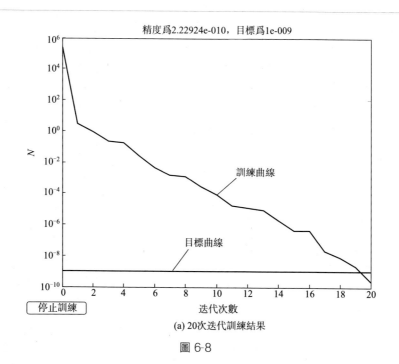

(a) 20次迭代訓練結果

圖 6-8

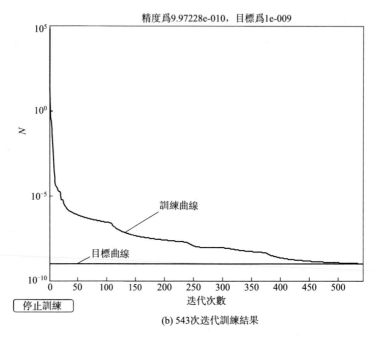

(b) 543次迭代訓練結果

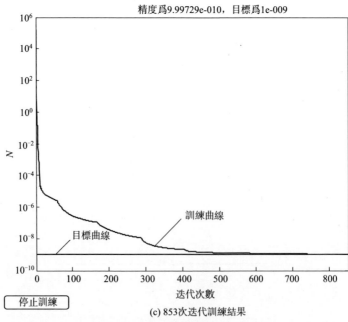

(c) 853次迭代訓練結果

圖 6-8　對 BP 網路進行迭代訓練結果

（4）BP 神經網路的測試

在網路訓練達到預期誤差目標之後，我們在量程範圍內任意選取了 23 組樣本數據來測試標定結果，見表 6-4。

表 6-4　BP 網路測試樣本

	輸入						理想輸出	實際輸出
r_a	217.3908	228.5961	190.7026	220.1081	197.3438	244.4332	1	1.0004
r_b	191.5940	172.8904	165.4562	165.2380	171.9937	189.7876	0	-0.0001
r_c	246.1225	198.3307	220.4707	190.5766	227.7251	215.5594	0	-0.0003
r_a	222.0013	230.7921	190.9636	219.1993	195.0775	240.5876	5	5.0002
r_b	195.4153	174.8147	165.8697	164.7572	170.2925	186.3612	0	0.0001
r_c	248.9791	199.9624	220.9527	190.2169	226.2814	212.6860	0	-0.0001
r_a	227.0037	233.3856	191.5442	218.5112	193.0690	236.9829	9	9.0002
r_b	199.5018	177.0324	166.4632	164.4030	168.8069	183.1792	0	0.0001
r_c	251.9810	201.7854	221.5581	189.9510	224.9780	209.9814	0	-0.0001
r_a	213.2071	226.7894	190.7147	221.2298	199.8804	248.5134	-3	-2.9998
r_b	188.0511	171.2494	165.2031	165.8514	173.9226	193.4524	0	0.0000
r_c	243.4156	196.8855	220.1070	191.0353	229.3124	218.5963	0	-0.0001
r_a	209.4807	225.3569	190.9575	222.5606	202.6975	252.8204	-7	-6.9999
r_b	184.7974	169.8775	165.0934	166.6070	176.0893	197.3474	0	0.0001
r_c	240.8625	195.6201	219.8573	191.5998	231.0456	221.7904	0	-0.0001
r_a	219.8460	232.9716	194.0994	224.9238	201.1993	249.6641	0	-0.0024
r_b	190.3815	172.7954	165.0923	165.7461	172.1929	191.0571	3	2.9946
r_c	242.3482	195.6710	217.2148	188.4819	224.9636	214.1276	0	0.0083
r_a	224.8895	239.6341	198.9778	231.1991	205.8158	255.4845	0	-0.0003
r_b	190.1067	173.3884	164.8288	166.3724	171.9538	191.6934	7	6.9997
r_c	238.3365	192.7961	213.1207	185.7089	220.8736	211.3753	0	0.0005
r_a	215.1713	226.5152	189.5906	218.8811	196.9121	244.0472	0	-0.0013
r_b	190.8008	172.3583	165.4919	165.2743	172.5579	190.5750	-1	-1.0039
r_c	246.4729	198.7357	221.4354	191.4375	229.1708	217.0497	0	0.0058
r_a	210.8975	220.2957	185.4752	213.0926	192.9692	238.6482	0	-0.0003
r_b	191.3785	172.0576	166.0410	164.9438	173.0628	190.2349	-5	-5.0003
r_c	250.7028	201.9820	225.7746	194.5705	233.4877	220.1356	0	0.0006
r_a	207.0505	214.3476	181.7712	207.5799	189.3827	233.4823	0	-0.0007
r_b	192.1316	171.8782	166.7560	164.7444	173.7244	190.0274	-9	-9.0007
r_c	255.0308	205.4012	230.2249	197.8752	237.9073	223.3787	0	0.0009

續表

	輸入						理想輸出	實際輸出
r_a	214.5117	226.5388	188.9259	218.9151	196.2896	244.1102	0	-0.0001
r_b	189.2135	170.9248	163.9287	163.9558	170.9929	189.2929	0	0.0000
r_c	244.4359	196.7033	219.3312	189.4952	227.0762	189.2929	1	1.0000
r_a	203.7790	217.3023	178.4965	210.4541	186.4104	236.4126	0	-0.0001
r_b	180.4987	161.8171	155.3851	155.5893	162.3251	181.0736	0	0.0000
r_c	238.5639	189.2122	213.2229	182.4505	220.9836	208.3321	7	7.0001
r_a	196.6544	211.3487	171.6626	205.0902	179.9152	231.5168	0	-0.0000
r_b	174.7916	155.8142	149.8524	150.1885	156.6458	175.7116	0	-0.0001
r_c	234.7543	184.2159	209.2716	177.8316	217.0243	203.8227	11	11.0000
r_a	189.5791	205.6000	164.9513	199.9792	173.4918	226.8290	0	0.0001
r_b	169.1824	149.8721	144.4678	144.9460	151.0508	170.4546	0	-0.0001
r_c	231.0377	179.2140	205.4271	173.2817	213.1551	199.3497	15	15.0000
r_a	182.5930	200.1041	158.3997	195.1518	167.1392	222.3680	0	-0.0001
r_b	163.6890	143.9977	139.2488	139.8784	145.5454	165.3148	0	0.0000
r_c	227.4232	174.2038	201.6989	168.8087	209.3839	194.9168	19	19.0001
r_a	214.4703	225.4159	187.8340	217.1513	194.6308	241.7090	1	0.9873
r_b	190.2495	171.2676	164.1134	163.7135	170.6336	188.2897	-1	-1.0023
r_c	246.1748	197.8709	220.5050	190.1501	227.7611	215.1623	1	1.0009
r_a	217.3437	229.2743	189.5104	220.0275	195.6048	243.6572	2	2.1198
r_b	189.4120	170.4894	162.4480	162.4994	168.4597	186.3449	2	2.0466
r_c	242.7712	194.6687	216.3717	186.6214	223.1598	211.0369	2	1.9414
r_a	209.6540	225.6273	187.3299	220.1769	196.6243	247.6593	-3	-3.0930
r_b	181.8729	165.4658	159.2246	160.5274	167.8784	188.3505	3	2.9955
r_c	236.2502	189.5556	212.7837	184.0463	222.0053	211.8719	4	4.1950
r_a	205.1235	218.4558	184.1061	214.2157	194.1636	242.8704	-4	-4.0208
r_b	184.5918	167.5954	162.6555	162.9091	171.8439	191.3835	-3	-3.0077
r_c	243.9579	196.4727	221.2175	191.1161	230.9157	219.4054	2	2.0114
r_a	206.7731	213.1754	175.4271	202.8994	180.6289	225.4550	5	4.9854
r_b	189.1094	166.8255	159.3102	157.2899	163.7089	178.9196	-6	-6.0635
r_c	250.5778	198.7752	222.4987	189.1533	227.8229	211.6950	5	5.1281
r_a	192.5263	209.3933	172.6715	206.0888	183.0818	235.6345	-4	-4.1937
r_b	172.5710	155.7682	151.2486	152.0303	160.1036	180.9102	-1	-0.8939
r_c	234.0246	184.9390	211.0686	180.2007	220.7807	209.0080	10	10.1782

續表

	輸入						理想輸出	實際輸出
r_a	225.8682	237.4608	190.9410	223.1246	193.1552	242.1092	8	7.9837
r_b	189.4603	168.2282	157.0506	157.1587	160.0752	176.4711	8	7.7658
r_c	237.2696	187.7404	206.6318	177.2109	210.6104	197.7293	6	5.9685
r_a	168.6257	186.5781	156.9094	188.6278	169.5272	223.2112	−8	−8.6475
r_b	162.4461	147.2461	145.6050	145.8285	155.8657	178.4259	−9	−9.5618
r_c	236.1490	185.0729	215.5478	182.0262	227.2654	213.9137	15	14,5660

　　測試結果表明，基於 BP 網路的訓練方法能夠較為準確地對所研究的三維觸覺傳感器進行標定，訓練的網路具備泛化能力。但是，由於此標定過程是在仿真獲得傳感器原始標定數據的基礎上進行的，即訓練樣本非實際的傳感器輸出資訊，因而在實際的標定中，由於標定平台的設計誤差以及標定過程操作中可能造成的誤差均會對最終獲得的數據造成影響[6]。

參考文獻

[1] 黃英. 基於壓力敏感導電橡膠的柔性多維陣列觸覺傳感器研究[D]. 合肥: 合肥工業大學. 2008.

[2] 張永懷, 劉君華. 採用 BP 神經網路及其改進算法改善傳感器特性[J]. 傳感技術學報, 2002（3）: 185-188.

[3] 李海濱, 段志信, 高理富, 等. 基於神經網路的六維力傳感器靜態標定方法研究[J]. 內蒙古工業大學學報, 2006（2）: 85-89.

[4] Simon Haykin. 神經網路的綜合基礎[M].
北京: 清華大學出版社, 2001.

[5] 叢爽. 面向 MATLAB 工具箱的神經網路理論與應用[M]. 合肥: 中國科學技術大學出版社, 2003.

[6] 徐菲. 用於檢測三維力的柔性觸覺傳感器結構及解耦方法研究[D]. 合肥: 中國科學技術大學. 2011.

[7] Hay kin S. 神經網路原理[M]. 葉世偉, 史忠植譯. 第 2 版. 北京: 機械工業出版社, 2004.

第7章

機器人力覺
資訊獲取的
研究

機器人力覺感知的重要性早在 19 世紀 70 年代就獲得了廣泛的認識。從此，應用於不同場合的多種機器人力/力矩傳感器不斷涌現。經典的應用場合有水下機器人、空間機器人、微小型化機器人、力覺臨場感系統、微小零部件微細操控、噸級稱重傳感器等。力覺感知系統在這些領域的發展及應用中起到舉足輕重的作用，同時也對力覺感知系統提出了更高更嚴格的要求。如圖 7-1 所示，多維力矩感知系統獲取的操控力/力矩資訊作為反饋訊號，形成力位混合閉環控制系統。

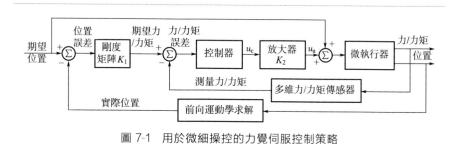

圖 7-1　用於微細操控的力覺伺服控制策略

7.1　電阻式多維力/力矩傳感器檢測原理

智慧機器人廣泛使用的多維力/力矩傳感器都基於電阻式檢測方法，其中又以應變電測和壓阻電測最為常見。如圖 7-2 所示，基於應變電測技術的力/力矩資訊檢測方法一般分以下幾步完成傳感器所受力/力矩到等量力/力矩資訊輸出的過程。

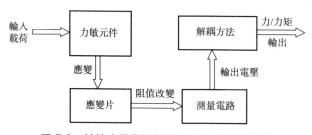

圖 7-2　基於應變電測的力/力矩資訊檢測原理

(1) 載荷——彈性應變

應變式力/力矩資訊檢測系統通過檢測彈性體上某些點的應變獲得力

和力矩資訊。彈性體是經過專門設計的一種具有力覺敏感元件的特殊結構。在載荷作用下，彈性體發生與所受載荷成一定關係的極微小應變。假設傳感器工作在材料的彈性極限內，加載的力和力矩資訊與其產生的相應的應變存在線性的關係，即

$$\varepsilon = f(F)$$

其中，ε 和 F 分別表示彈性體發生的應變和所受載荷。

（2）彈性應變——應變片阻值的變化

彈性體上的應變片組也會發生與黏貼位置相同的變形和應變。由於應變片的電阻值與其發生的應變成線性關係，因此應變片電阻值的變化為

$$\frac{\Delta R}{R} = G_f \varepsilon$$

其中，G_f 為應變片的靈敏係數；ΔR 和 R 分別為應變片的電阻變化值和電阻初始值。因此，應變片發生的電阻值變化為

$$\Delta R = G_f \cdot R \cdot \varepsilon = G_f \cdot R \cdot f(F)$$

實際應用中，綜合考慮傳感器的線性度和靈敏度，並保證傳感器彈性體工作在比例極限下，一般允許的彈性體應變應小於 1000 微應變（10^{-6} mm/mm），這樣計算出來的應變片電阻值變化值會小於 $0.2\% R$（假設應變片的靈敏係數為 2），一般的應變片電阻為 350Ω，因此應變片上發生的最大電阻變化是 0.7Ω，如此小的變化值還需要進一步的資訊處理如放大等處理。

（3）應變片阻值的變化——電壓輸出

通常應變片的電阻值變化是很小的，所以測量電路的輸出訊號（電壓或者電流）也極為微弱。因此要用電子放大電路對所得訊號進行放大，然後再進行下一步資訊處理工作。應變片電測方法一般採用兩種測量電路：一種是電位計式電路；一種是惠斯通電橋（簡稱電橋）電路。前一種只在某些特殊情況下使用，如動態分量（衝擊和振動）的測量，後一種應用最為普通。

① 電位計式檢測電路　一般電位計式檢測電路如圖 7-3 所示，應變片串聯著一個固定電阻。在應變片沒有發生應變時，檢測電路的輸出電壓 U_o 為

圖 7-3　電位計式檢測電路

$$U_{\mathrm{o}} = \frac{R}{R + R_{\mathrm{b}}} U_{\mathrm{E}}$$

式中　R——表示應變片電阻初值；

　　　R_{b}——表示固定電阻的電阻值；

　　　U_{o}——表示電路的電壓輸出；

　　　U_{E}——表示電路的電壓激勵。

當有應變產生時，應變片電阻值會發生相應變化，導致檢測電路的電壓輸出也發生相應變化：

$$U_{\mathrm{o}} + \Delta U_{\mathrm{o}} = \frac{R + \Delta R}{R + \Delta R + R_{\mathrm{b}}} U_{\mathrm{E}}$$

因此可得

$$\Delta U_{\mathrm{o}} = \frac{R_{\mathrm{b}} \Delta R}{(R_{\mathrm{b}} + R)(R_{\mathrm{b}} + R + \Delta R)} U_{\mathrm{E}} = \frac{a}{1 + a + \dfrac{(1+a)^2}{\Delta R / R}} U_{\mathrm{E}}$$

式中，$a = R_{\mathrm{b}} / R$。由上式可以看出，ΔU_{o} 與 $\Delta R / R$ 之間的關係不是線性關係。一般 $a = 1 \sim 3$ 使非線性誤差不至於過大。這種檢測電路比較簡單，電路中的元器件使用時間也較長。在使用半導體應變片時，這種檢測電路有明顯的優勢。

② 橋式檢測電路　傳感器的彈性體上發生的應變一般在 1000 微應變（$10^{-6}\,\mathrm{mm/mm}$）以下，因此，相應的應變片的阻值改變很小，測量電路必須能精確測量這樣小的電阻變化，常用的惠斯通電橋因為可以滿足這個要求而被廣泛採用在力/力矩傳感器中。

如圖 7-4 所示，惠斯通電橋由四個電阻組成，其中任何一個都可以由應變片來代替而構成檢測電路，其由一個對角進行電壓輸入，另一個對角用來測量輸出電壓。當四個電阻達到一定的關係時，電橋輸出為零，即達到了平衡。

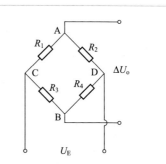

圖 7-4　惠斯通電橋

按電路知識，可以得到輸出電壓的表達式：

$$U_{\mathrm{o}} = U_{\mathrm{BC}} - U_{\mathrm{AC}} = \frac{R_1 R_3 - R_2 R_4}{(R_1 + R_2)(R_3 + R_4)} U_{\mathrm{E}}$$

因此電橋平衡的條件為：$R_1R_3 = R_2R_4$。在滿足電橋平衡條件下，輸出電壓可通過下式獲得：

$$\Delta U_o = \frac{R_1R_2}{(R_1+R_2)^2}\left(\frac{\Delta R_1}{R_1} - \frac{\Delta R_2}{R_2} + \frac{\Delta R_3}{R_3} - \frac{\Delta R_4}{R_4}\right)U_E$$

具體來說有以下幾點。

a. 當電橋左右對稱，即 $R_1 = R_2$，$R_3 = R_4$ 時，通常只有兩個臂接入應變片，此時稱為半橋。

$$\Delta U_o = \frac{U_E}{4}\left(\frac{\Delta R_1}{R_1} - \frac{\Delta R_2}{R_2} + \frac{\Delta R_3}{R_3} - \frac{\Delta R_4}{R_4}\right) \tag{7-1}$$

b. 當電橋左右不對稱，即 $R_1 = R_4$，$R_3 = R_2$ 時，如令 $R_2/R_1 = R_3/R_4 = a$，則

$$\Delta U_o = \frac{aU_E}{(1+a)^2}\left(\frac{\Delta R_1}{R_1} - \frac{\Delta R_2}{R_2} + \frac{\Delta R_3}{R_3} - \frac{\Delta R_4}{R_4}\right)$$

c. 當電橋四個臂的電阻值全部相等時，輸出電壓同式(7-1)。如四個臂都接入應變片（即全橋檢測）時，可得

$$\Delta U_o = \frac{U_E G_f}{4}(\varepsilon_1 - \varepsilon_2 + \varepsilon_3 - \varepsilon_4)$$

採用全橋檢測方式對力/力矩資訊檢測時可以提高傳感器的靈敏度。

(4) 電壓輸出——力/力矩資訊輸出

載荷一般包括三維力和三維力矩，彈性體上一般黏貼有多組應變片組（應變片組數應大於多維力/力矩傳感器的維數），傳感器所受的載荷與應變片各組輸出的關係可以用檢測矩陣來表示：

$$S = TF$$

式中，$S = [S_1, S_2, S_3, \cdots]^T$ 表示傳感器各應變片組的輸出；T 為傳感器的檢測矩陣；$F = [F_1, F_2, F_3, \cdots]^T$ 表示傳感器所受載荷，F_i 表示為第 i 維力/力矩。

傳感器根據所檢測到的各應變片組的輸出，經過特定的解耦方法得到解耦矩陣，就可以得到傳感器所受力/力矩。

$$F = T^{-1}S$$

當應變片組數大於傳感器的維數，且檢測矩陣的維數等於傳感器的維數時，應通過廣義逆矩陣方法來計算：

$$F = (T^T T)^{-1} \cdot T^T S$$

通過上述方法得到了在傳感器座標系下表示的力/力矩資訊，為了控制使用方便，應該把所獲得的力/力矩資訊轉換成機器人手爪座標系下：

$$\begin{bmatrix} \boldsymbol{F}_c \\ \boldsymbol{M}_c \end{bmatrix} = \begin{bmatrix} \boldsymbol{R}_s^c & 0 \\ \boldsymbol{S}(\boldsymbol{r}_{cs}^c)\boldsymbol{R}_s^c & \boldsymbol{R}_s^c \end{bmatrix} \begin{bmatrix} \boldsymbol{F}_s \\ \boldsymbol{M}_s \end{bmatrix}$$

式中　$\boldsymbol{F}_c$——在手爪座標係下的三維力；

$\boldsymbol{M}_c$——在手爪座標係下的三維力矩；

$\boldsymbol{R}_s^c$——方向轉變矩陣；

$\boldsymbol{r}_{cs}^c$——在手爪座標中表示的，起點在傳感器座標係原點，終點在手爪座標係原點的矢量；

$\boldsymbol{F}_s$——在傳感器座標係下的三維力；

$\boldsymbol{M}_s$——在傳感器座標係下的三維力矩；

$\boldsymbol{S}(*)$——斜對稱算子，其定義為

$$\boldsymbol{S}(\boldsymbol{r}) = \begin{bmatrix} 0 & -r_z & r_y \\ r_z & r_y & -r_x \\ -r_y & r_x & 0 \end{bmatrix}$$

7.2 電容式多維力/力矩傳感器檢測原理

　　電阻和電容式檢測是應用最廣泛的多維力/力矩檢測方案，據統計30％以上的現代傳感器中都應用電阻和電容式檢測方案。電容式多維力/力矩檢測方案可以檢測 $m\mathrm{N}$ 至 pN 級的力資訊，在微納操控系統中得到了廣泛應用。圖 7-5 所示為電容式 2 維力覺感知系統原理示意圖，梳狀結構的電容極板使得感知系統具有很高的靈敏度和線性的輸入輸出關係。梳狀結構的電容式感知系統的電容大小為

$$C_{x1} = k\,\frac{\varepsilon_r \varepsilon_0 tl}{d_{x1}} + k\,\frac{\varepsilon_r \varepsilon_0 tl}{d_{x2}} = \left(1 + \frac{1}{n}\right)\frac{k\varepsilon_r \varepsilon_0 tl}{d_{x1}}$$

$$C_{x2} = k\,\frac{\varepsilon_r \varepsilon_0 tl}{d_{x1}} + k\,\frac{\varepsilon_r \varepsilon_0 tl}{d_{x2}} = \left(1 + \frac{1}{n}\right)\frac{k\varepsilon_r \varepsilon_0 tl}{d_{x1}}$$

$$C_{y1} = k\,\frac{\varepsilon_r \varepsilon_0 tl}{d_{y1}} + k\,\frac{\varepsilon_r \varepsilon_0 tl}{d_{y2}} = \left(1 + \frac{1}{n}\right)\frac{k\varepsilon_r \varepsilon_0 tl}{d_{y1}}$$

$$C_{y2} = k\,\frac{\varepsilon_r \varepsilon_0 tl}{d_{y1}} + k\,\frac{\varepsilon_r \varepsilon_0 tl}{d_{y2}} = \left(1 + \frac{1}{n}\right)\frac{k\varepsilon_r \varepsilon_0 tl}{d_{y1}}$$

　　其中，k 為梳齒對數；$t \times l$ 為梳齒的初始相對面積；d_{x1}、d_{x2}、d_{y1}、d_{y2} 為極板之間的距離（其中 $nd_{x1} = d_{x2}$，$nd_{y1} = d_{y2}$）；ε_r 與 ε_0 分別描述了相對和真空介電常數。

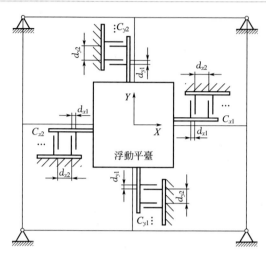

圖 7-5　電容式 2 維力覺感知系統原理示意圖

　　在加載力作用下，位於中心的移動平台將沿座標係 X 軸和 Y 軸產生相應的微小位移量 x 和 y，梳齒（即極板）隨移動平台產生微小移動使得電容 C_{x1}、C_{x2}、C_{y1}、C_{y2} 都發生相應的變化。假設各參數之間存在如下關係：$n \gg 1$，$d_{x1} \gg x$，$d_{y1} \gg y$，可得

$$C'_{x1} = k\frac{\varepsilon_r \varepsilon_0 tl}{d_{x1}-x} = C_{x1}\frac{1}{1-x/d_{x1}} = C_{x1}\left[1+\frac{x}{d_{x1}}+\left(\frac{x}{d_{x1}}\right)^2+\left(\frac{x}{d_{x1}}\right)^3+\cdots\right]$$

$$C'_{x2} = k\frac{\varepsilon_r \varepsilon_0 tl}{d_{x1}+x} = C_{x2}\frac{1}{1+x/d_{x1}} = C_{x2}\left[1-\frac{x}{d_{x1}}+\left(\frac{x}{d_{x1}}\right)^2-\left(\frac{x}{d_{x1}}\right)^3+\cdots\right]$$

$$C'_{y1} = k\frac{\varepsilon_r \varepsilon_0 tl}{d_{y1}-y} = C_{y1}\frac{1}{1-y/d_{y1}} = C_{y1}\left[1+\frac{y}{d_{y1}}+\left(\frac{y}{d_{y1}}\right)^2+\left(\frac{y}{d_{y1}}\right)^3+\cdots\right]$$

$$C'_{y2} = k\frac{\varepsilon_r \varepsilon_0 tl}{d_{y1}+y} = C_{y2}\frac{1}{1+y/d_{y1}} = C_{y2}\left[1-\frac{y}{d_{y1}}+\left(\frac{y}{d_{y1}}\right)^2-\left(\frac{y}{d_{y1}}\right)^3+\cdots\right]$$

　　梳齒之間構成了差分電容檢測方式，保證了系統的輸出和移動平台的微小移動呈線性關係，這種關係可以表述如下：

$$\Delta C_x = C'_{x1} - C'_{x2} = 2C_{x1}\left[\frac{x}{d_{x1}}+\left(\frac{x}{d_{x1}}\right)^3+\left(\frac{x}{d_{x1}}\right)^5+\cdots\right]$$

$$\Delta C_y = C'_{y1} - C'_{y2} = 2C_{y1}\left[\frac{y}{d_{y1}}+\left(\frac{y}{d_{y1}}\right)^3+\left(\frac{y}{d_{y1}}\right)^5+\cdots\right]$$

　　力覺感知系統的靈敏度為

$$\lambda_x = \frac{\Delta C_x}{x} = \frac{C'_{x1}-C'_{x2}}{x} \doteq 2\frac{C_{x1}}{d_{x1}}$$

$$\lambda_y = \frac{\Delta C_y}{y} = \frac{C'_{y1} - C'_{y2}}{y} \doteq 2\frac{C_{y1}}{d_{y1}}$$

相對非線性誤差為

$$\delta_x = \left| \frac{2(x/d_{x1})^3}{2(x/d_{x1})} \right| = (x/d_{x1})^2 \times 100\%$$

$$\delta_y = \left| \frac{2(y/d_{y1})^3}{2(y/d_{y1})} \right| = (y/d_{y1})^2 \times 100\%$$

系統的輸出可以在激勵電壓 U_s 作用下通過差分電容分壓器獲得：

$$U_{ox} = U_s \left(\frac{C_{x1} - C_{x2}}{C_{x1} + C_{x2}} \right)$$

$$U_{oy} = U_s \left(\frac{C_{y1} - C_{y2}}{C_{y1} + C_{y2}} \right)$$

電容式力/力矩檢測系統具有高靈敏度、低功耗、低噪聲、寬量程等優點，在很多場合作為接觸或非接觸式檢測方案獲得廣泛應用。

7.3 壓電式多維力/力矩傳感器檢測原理

壓電式多維力/力矩傳感器利用壓電材料（如石英晶體、壓電陶瓷、壓電半導體等）的正向壓電效應，即在力/力矩等載荷作用下在材料表面產生符號相反的電荷量，這種由極化現象產生的電荷量的大小和極性會隨著載荷的大小和方向改變，通過檢測電荷量的大小和極性就可以獲得加載在傳感器上的載荷大小和方向。採用壓電材料作為力敏元件來獲取力和力矩資訊的傳感器稱為壓電式多維力/力矩傳感器。壓電式多維力/力矩傳感器的固有頻率高達 200kHz，因此被廣泛用於動態力的測量。由於極化電荷會由於表面漏電而很快泄漏、消失，故很少用來測量靜態力和力矩。表 7-1 列出了幾種常見的壓電材料的基本屬性。由於石英的介電常數等壓電特性參數較其他壓電材料更佳，所以常被選用作為多維力/力矩傳感器的力敏材料。

表 7-1 常用壓電材料的基本屬性[1,2]

壓電材料 性能	石英	鈦酸鋇	PZT-4	PZT-5	PZT-6
壓電係數 /(10^{-12} pC/N)	$d_{11} = 2.31$ $d_{14} = 0.73$	$d_{15} = 560$ $d_{31} = -78$ $d_{33} = 190$	$d_{15} = 410$ $d_{31} = -100$ $d_{33} = 230$	$d_{15} = 670$ $d_{31} = -100$ $d_{33} = 600$	$d_{15} = 330$ $d_{31} = -90$ $d_{33} = 200$

續表

壓電材料\\性能	石英	鈦酸鋇	PZT-4	PZT-5	PZT-6
相對介電常數(ε_r)	4.5	1200	1050	2100	1000
最大安全應力/$(10^5\,\mathrm{N/m^2})$	95~100	81	76	76	83
密度/$(10^3\,\mathrm{kg/m^3})$	2.65	5.5	7.45	7.5	7.45
彈性模量/$(10^3\,\mathrm{N/m^2})$	80	110	83.3	117	123
機械品質因數 K	$10^5\sim10^6$	300	≥500	80	≥800
居里點溫度/℃	573	115	310	260	300
體積電阻率/$\Omega\cdot\mathrm{m}$	>1T	10^{10}	>0.01T	0.1T(25℃)	
最高允許溫度/℃	550	80	250	250	

　　單結晶的石英晶體結構如圖 7-6 所示，假設圖中陰影部分的石英晶體切片在 X 軸、Y 軸和 Z 軸方向的尺寸為 a、b 和 c。如果晶體切片幾何尺寸的厚度與 X 軸對齊，而長度和寬度分別與 Y 軸和 Z 軸對齊，稱該類切片為 X 切型晶體切片，利用這類切片的縱向壓電效應可以測量 F_x；如果晶體切片幾何尺寸的厚度與 Y 軸對齊，而長度和寬度分別與 X 軸和 Z 軸對齊，稱該類切片為 Y 切型晶體切片，利用這類切片的橫向壓電效應可以測量 F_z 和 F_x。綜合利用 X 切型和 Y 切型晶體切片的縱向和橫向壓電效應，組成力敏元件組，可以實現空間三維力和三維力矩的檢測。

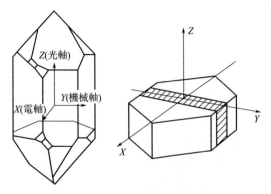

圖 7-6　石英單結晶結構

　　當沿電軸 X 和機械軸 Y 方向的作用力 F_x 和 F_y 加載在晶體切片上時，由於縱向壓電效應和橫向壓電效應將在與電軸垂直的平面上分別產

生相應的電荷量：

$$q_{xx} = d_{xx} F_x$$

$$q_{xy} = d_{xy} \frac{a}{b} F_y$$

式中，d_{xx} 和 d_{xy} 分別為兩個方向的壓電係數。從上式可以看出，垂直電軸平面上的電荷量在 F_x 作用下僅與壓電係數有關，而且與作用力成正比；而在 F_y 作用下時還與晶體切片的尺寸有關。

在僅測量三維力或更少維的場合中，可以使用整體式的壓電力敏元件，當維數超過 3 後，通常使用多力敏元件分布式檢測，即採用多片壓電力敏元件按特定規律排列組合成力敏元件。圖 7-7 所示為六維力傳感器石英晶片組布局示意圖，4 片 X 切型晶體切片和 4 片 Y 切型晶體切片位於同一平面布置，各晶片中的箭頭表示晶體的電軸方向。其中一組用來測量 F_x，二組用來測量 F_y，一組和二組結合用來測量 M_z，三組用來測量 F_z（可以進一步擴展測量 M_x 和 M_y）。

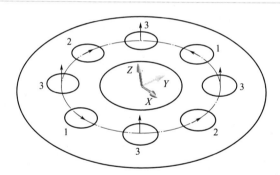

圖 7-7　六維力傳感器石英晶片組布局示意圖

通過 ANSYS 有限元分析軟體對檢測方案進行驗證，當沿座標軸 X 軸方向施加力 F_x 時，只有第一組石英晶片產生壓電效應，如圖 7-8(a) 所示，其他各晶片組的上下表面無電勢差。當施加 0～1000Pa 的壓力時，第一組石英晶片的上下表面產生最大 2.5272V/m 的場強。圖 7-8(b) 表示石英晶片組中心的場強隨作用力的增大呈線性比例關係。

當沿座標軸 Y 軸方向施加力 F_y 時，僅第二組石英晶片的電軸與座標軸 Y 軸平行，故將產生壓電效應，起到測量的作用。當施加 0～1000Pa 的壓力時，第二組晶片的上下表面產生最大 2.5319V/m 的場強，其他組石英晶片的上下表面無壓電效應，如圖 7-9 所示。

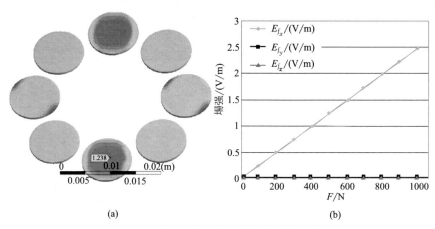

(a) (b)

圖 7-8　在 F_x 作用力下各組産生的場強

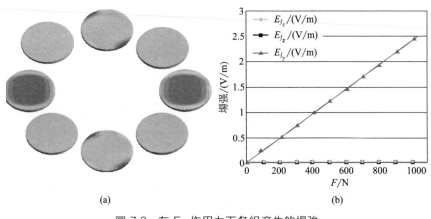

(a) (b)

圖 7-9　在 F_y 作用力下各組産生的場強

當沿座標軸 Z 軸方向施加力 F_z 時，僅第三組石英晶片的電軸垂直於基座表面，産生壓電效應，起測量作用，其他各晶片組的上下表面沒有電荷産生，無電勢差。當施加 $0\sim1000\mathrm{Pa}$ 的壓力時，第三組晶片的上下表面産生最大 $1.4697\mathrm{V/m}$ 的場強，其他組石英晶片無壓電效應，如圖 7-10 所示。

由以上的仿真結果可以看出，在傳感器上施加不同方向作用力時，三組石英晶片將産生不同的壓電效應，輸出量與加載力之間呈良好的線性關係，而且某一方向加載時，其他方向的輸出很小，爲無耦合測力奠定了基礎。

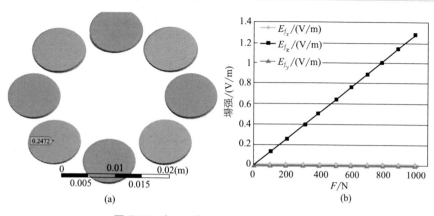

圖 7-10　在 F_z 作用力下各組產生的場強

7.4　光纖光柵式多維力/力矩傳感器檢測原理

　　光纖光柵力覺檢測的原理是通過感知功能將外界應力應變等參量訊號調制到光波參量，接收器將對光波進行解調處理，獲得系統所受載荷的實際情況。光纖光柵檢測方法具有高靈敏度、本質防爆、抗電磁干擾、耐腐蝕、高測量精度（應變測量精度可達 $0.5 \sim 1 \mu \varepsilon$）、低成本和電絕緣等優良特性，已在機器人感知系統獲得了大量的應用研究，如將光纖光柵應變計集成在機器人輔助手術系統的手術鉗和探針上，實現毫牛級的操作力檢測。此外，光纖光柵具有單向敏感性（僅對軸向應變敏感），可以防止在多維測量時因橫向應變造成耦合輸出，因此基於光纖光柵檢測方法的力覺感知系統靈敏度高，可靠性好，抗干擾能力強，耦合誤差小，適合未知環境下的精密操控。

　　光纖光柵式多維力/力矩傳感器檢測原理如圖 7-11 所示，光纖光柵利用光纖的光敏特性製成，光纖既作為傳輸介質，同時也作為檢測力/力矩資訊的力敏元件使用。Bragg 光柵經激光刻寫在光纖纖芯上，當訊號光源（如寬帶光）入射於光纖內經光纖傳輸到被測點時，由於在紫外線光照射下的光纖光敏性會產生光致折射率變化，入射光中匹配的頻率將產生相干反射，並形成窄帶中心反射峰。反射波波長可以表示為

$$\lambda = 2 \Lambda \vartheta$$

　　其中，λ 為 Bragg 光柵反射波波長；Λ 為 Bragg 光柵週期；ϑ 為纖芯的有效折射率。

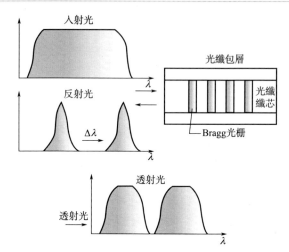

圖 7-11　光纖光柵式多維力/力矩傳感器檢測原理示意圖

當有力/力矩作用在力敏元件上時，Bragg 光柵在軸向應變作用下，光纖有效折射率和光柵週期都將發生變化，使得反射光訊號出現光譜漂移。假設系統的溫度保持恆定，光纖 Bragg 光柵波長的變化可以用下式描述：

$$\Delta\lambda = 2\Lambda\,\Delta\vartheta + 2\vartheta\,\Delta\Lambda$$

為提高光纖光柵式力/力矩傳感器的測量靈敏度，通常對光纖光柵採用增敏處理，如將光纖光柵預埋入力敏元件彈性體基體材料中或植入襯底材料並加以封裝等方式。此時光纖 Bragg 光柵的中心波長值漂移量為

$$\Delta\lambda = [\alpha + \zeta + (1-\rho)(\alpha_s + \alpha)]\Delta T\lambda + (1-\rho)\varepsilon\lambda$$

式中　α——熱膨脹係數；

　　　ζ——熱光係數；

　　　ρ——有效彈光係數；

　　　α_s——基體材料熱膨脹係數；

　　　ε——應變大小；

　　　ΔT——溫度變化大小。

7.5　力覺傳感器性能評價指標

在多維力/力矩傳感器的設計過程中，為更方便地分析和評價其各項性能指標，防止出現應變柔性矩陣單位不一致的問題（如力的單位為 N，而力矩單位為 N・m），通常將檢測矩陣作正規化處理：

$$\overline{\boldsymbol{C}}_s = \boldsymbol{N}_{\varepsilon s}^{-1} \boldsymbol{T} \boldsymbol{N}_{\varphi s}$$

式中

$$\boldsymbol{N}_{\varepsilon s} = \mathrm{diag}\{S_{1m}, S_{2m}, \cdots, S_{nm}\}$$
$$\boldsymbol{N}_{\varphi s} = \mathrm{diag}\{F_{xm}, F_{ym}, F_{zm}, M_{xm}, M_{ym}, M_{zm}\}$$

分別表示彈性極限內的最大應變和預先設定的最大力和力矩載荷。有了正規化的應變柔性矩陣後，就可以定義傳感器的各向同性指標——條件數：

$$\mathrm{Cond}(\overline{\boldsymbol{C}}_s) = \sigma_{\max}(\overline{\boldsymbol{C}}_s) / \sigma_{\min}(\overline{\boldsymbol{C}}_s) \geqslant 1$$

其中，$\sigma_{\max}$ 和 $\sigma_{\min}$ 為 $\overline{\boldsymbol{C}}_s$ 矩陣的最大和最小奇異值。條件數越小的力傳感器性能越優良。理想的各向同性傳感器的條件數為 1，表明傳感器彈性體對各維力和力矩的敏感程度完全一致。條件數可以認為是傳感器的相對靈敏度指標。這時，$\sigma_{\max} = \parallel \overline{\boldsymbol{C}}_s \parallel_2$ 和 $\sigma_{\min} = 1 / \parallel \overline{\boldsymbol{C}}_s^{+} \parallel_2$（$\parallel * \parallel_2$ 為歐氏範數）可以被分別看成是傳感器絕對應變靈敏度和力/力矩靈敏度。一般來說，很多指標都可以用來衡量傳感器絕對靈敏度，如：

$$\mathrm{trace}(\overline{\boldsymbol{C}}_s^{\mathrm{T}} \overline{\boldsymbol{C}}_s) = \sum_{i=1}^{6} \sigma_i^2$$
$$\det(\overline{\boldsymbol{C}}_s^{\mathrm{T}} \overline{\boldsymbol{C}}_s) = \prod_{i=1}^{6} \sigma_i$$

一般而言，最大化靈敏度指標會與最大化另一項傳感器指標——傳感器剛度相衝突。傳感器靈敏度和傳感器剛度指標都取決於傳感器彈性體的剛度參數。

7.6 機器人微型指尖少維力/力矩資訊獲取的研究

7.6.1 四維指尖力/力矩傳感器結構

(1) 傳感器彈性體結構

傳感器的彈性體是連接被測力/力矩和感知元件——應變片的媒介，其設計不僅應該考慮其靜態和動態特性，同時也應該考慮傳感器的靈敏度、線性度及維間耦合等特性。如圖 7-12 所示，新型四維力/力矩傳感器彈性體（由上至下）主要由帶外螺紋的連接柱、雙矩形片和 E 形膜（橫截面為大寫字母 E 形狀）組成。E 形膜中間開有小孔，用於將全部應變片引線引下與傳感器底部的放大板相連。E 形膜能感應法向力（F_z）

圖 7-12 新型四維力/力矩傳感器彈性體結構三維圖

和兩個切向力（F_x、F_y），而雙矩形片用來感應繞法向的力矩（M_z）。當三維力（F_x、F_y、F_z）作用於傳感器時，E 形膜的外圈可以看成是與地面相連的固支，另一端連接柱可以看成是懸空梁。由於 E 形膜在這種載荷狀況下相對其他部件剛度最低，最容易發生形變和應變，因此在三維力作用下主要的應變都發生在 E 形膜上。當繞法向力矩（M_z）作用於傳感器時，由於圓形薄膜的抗扭剛度很大，而雙矩形片抗扭剛度相對其他部件最小，所以在這種載荷狀況下主要的形變和應變發生在雙矩形片上。

（2）傳感器總體結構

圖 7-13(a) 所示為四維力/力矩傳感器的爆炸示意圖，設計的傳感器主要包括底座（1）、彈性體（2）、上蓋（3）和指尖（4）。傳感器的本地座標系如圖所示，Z 軸為沿傳感器軸線方向。傳感器各部件之間的裝配關係如圖 7-13(b) 所示。

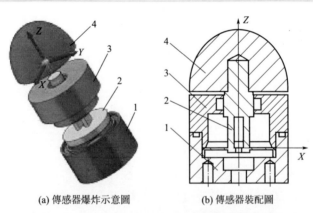

(a) 傳感器爆炸示意圖 (b) 傳感器裝配圖

圖 7-13 四維力/力矩傳感器爆炸示意圖及裝配圖

傳感器指尖部分作為一個加載部件安裝在傳感器的頂端，指尖內有內螺紋與彈性體的傳力柱的外螺紋相連。傳感器的上蓋外螺紋與底座內螺紋相連接。裝配完後，彈性體的 E 形膜與底座之間形成一個圓柱形空

腔，用於安放傳感器的訊號放大板。在傳感器彈性體與上蓋之間、上蓋與底座之間都設計有環形槽用於安放 O 形密封圈，使傳感器內部與外部完全隔絕，達到密封的作用，實驗結果表明，傳感器可以達到 IP68 的密封級別。底座下方有四個螺紋孔可以與機器人手爪相連接。傳感器彈性體選用鋁合金，而其他部件用不銹鋼製造。根據應用要求，確定傳感器的測量範圍為 $F_x = F_y = \pm 30\text{N}$，$F_z = 50\text{N}$，$M_z = 8\text{N} \cdot \text{m}$。最後，設計的傳感器總體尺寸為 $\phi30\text{mm} \times 35\text{mm}$。力/力矩傳感器總體尺寸是一個非常重要的性能參數，很多應用場合對力/力矩傳感器的幾何尺寸都有嚴格的要求。目前，國內外可用的三維或六維力/力矩傳感器品種很多，但可用的四維力/力矩傳感器不多，表 7-2 對現有的四維力傳感器進行了比較。由表 7-2 可知，設計的傳感器具有尺寸小的特點。

表 7-2　現有四維力傳感器外形尺寸比較[3]

研發者	特徵	尺寸/mm	量程($F_x/F_y/F_z/M_z$) /(N/N/N/N·mm)	誤差/F.S.	年份
宋愛國等[4]	十字梁型	$\phi56 \times 16.5$	20/20/20/90	<1.5%	2007
黃亮等	石英晶片組	$\phi80 \times 20$	2000/1000/1000/15000	<1.8%	2008
秦崗等	十字梁型	$\phi55 \times 30$	20/20/20/100	2.1%	2003
Robot D. Lorenz 等	PVDF 壓電薄膜	成人拇指大小	6.8N	3%	1990
梁橋康等	E形膜、金屬片	$\phi30 \times 35$	25/25/50/1500	1.5%	2008

(3) 傳感器機械過載保護的實現

當傳感器受到的力/力矩大小超過傳感器的量程時，傳感器的彈性體會首先發生塑性變形，導致傳感器失效。對於工作在惡劣未知環境有碰撞、衝擊等發生時，力/力矩傳感器更應該考慮過載保護裝置。

本設計採用機械方式實現過載保護。具體來說，傳感器的彈性體與上蓋之間存在有一個預先設計好的徑向空隙（0.2～0.4mm），這個徑向空隙允許彈性體在一定範圍內自由作徑向運動，當傳感器所承受的力/力矩 F_x、F_y、M_x 和 M_y（雖然設計的傳感器只能感應四維力/力矩，但也有可能受到另外兩維力矩的作用）大於最大許用力/力矩 200%時，彈性體發生徑向彈性變形，與上蓋的內壁相接觸產生力/力矩傳遞，而上蓋與底座是通過螺紋連接成一體，所以傳遞的力/力矩通過底座傳遞到機器人手爪上，這樣保證了傳感器最核心的部件——彈性體不受到損壞。另外，傳感器的指尖部件與傳感器的上蓋之間也存在有一定的間隙，通過這個間隙值的設置可以達到保護傳感器彈性體不受過大的 F_z 作用力的損壞。對於最後一維力矩 M_z，由於傳感器 E 形膜及雙矩形片可以承受比

較大的扭轉，變形程度不大，所以對於這一維力矩資訊，沒有考慮其過載保護。

通過改變彈性體 E 形膜的厚度、雙矩形片的幾何尺寸，傳感器的測量範圍就可以得到相應的改變，達到適應一定範圍内任意量程的功能，減少重複設計成本。通過改變上述的兩個間隙值大小，可以使傳感器的量程和過載能力得到相應的改變。具體應該選用多大的間隙，可以通過有限元分析獲得。

7.6.2 五維力/力矩傳感器結構

(1) 傳感器彈性體結構

設計的新型五維力/力矩傳感器一體化對稱式彈性體結構如圖 7-14 所示，彈性體包括由通過中間空心柱連接的雙 E 形膜組成。上 E 形膜用來檢測力矩 M_x 和 M_y，下 E 形膜用來檢測三維力 F_x、F_y 和 F_z。

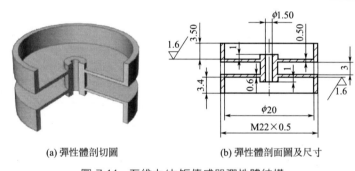

(a) 彈性體剖切圖　　　　　　　(b) 彈性體剖面圖及尺寸

圖 7-14　五維力/力矩傳感器彈性體結構

彈性體主要敏感部件為上、下兩個 E 形膜結構，當傳感器受載荷作用時，主要的彈性變形和應變都發生在這兩個結構上。為了對 E 形膜的性能有一些瞭解，下面對單 E 形膜進行簡單分析。

如圖 7-15 所示為單 E 形膜結構，當有力作用於該結構時，主要的變形和應變將發生在隔膜上，隔膜的主要尺寸為內徑、外徑及厚度。從薄板理論可知，最大變形發生在膜的外圍處：

$$\omega_{\max} = \frac{3F(1-\mu^2)R^2}{4\pi E h^3}\left[1-\left(\frac{r_0^2}{R^2}\right)\frac{1-\left(\frac{r_0}{R}\right)^2+4\ln^2\ln^2\left(\frac{r_0}{R}\right)}{1-\left(\frac{r_0}{R}\right)^2}\right]$$

其中，$r_0=(D_2/2)$ 表示 E 形膜內圓半徑；$R=(D_1/2)$ 表示 E 形膜

外圓半徑；h 表示 E 形膜的厚度；F 表示 E 形膜中間空心柱上加載的力；μ 表示彈性體材料的蒲松比；E 表示彈性體材料的楊氏模量。

發生在半徑 r 處的徑向應變為

$$\varepsilon_r = \frac{-3F}{2\pi h^2}\left[-\frac{2\left(\dfrac{r_0^2}{R^2}\right)\ln\ln\left(\dfrac{r_0}{R}\right)}{1-\left(\dfrac{r_0}{R}\right)^2}-1\right]$$

E 形膜一階振動頻率為

$$f_0 = \frac{10.17h}{2\pi R^2}\sqrt{\frac{E}{12(1-\mu^2)\rho}}$$

式中，ρ 表示 E 形膜材料密度。

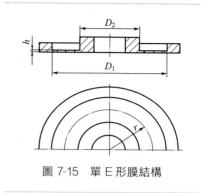

圖 7-15　單 E 形膜結構

（2）傳感器總體結構

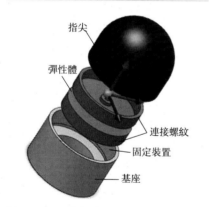

指尖

彈性體

連接螺紋

固定裝置

基座

圖 7-16　五維力/力矩傳感器爆炸示意圖

圖 7-16 所示為設計的五維力/力矩傳感器的爆炸示意圖。傳感器由三個部件組成：上蓋、彈性體和底座。上蓋內的內螺紋與彈性體上部的外螺紋相連接，彈性體下部的外螺紋與底座內的內螺紋相連接，傳感器本身不需要任何螺栓及螺母進行連接，大大簡化了結構。傳感器底部設有螺紋孔便於與機器人手爪相連。裝配時，在所有螺紋上使用螺紋緊固劑保證傳感器內部與外部環境隔絕，也保證傳感器不因振動和衝擊而發生松脫。實驗結果表明設計的傳感器達到 IP65 密封等級。

傳感器彈性體選用鋁合金，而其他部件用不銹鋼製造。根據應用要求，確定傳感器的測量範圍設定為 $F_x = F_y = \pm 30\text{N}$，$F_z = 50\text{N}$，$M_z = 600\text{N}\cdot\text{mm}$。最後，設計的傳感器總體尺寸為 $\phi 24\text{mm} \times 30\text{mm}$，是市場上尺寸最小多維力/力矩傳感器之一。

（3）傳感器機械過載保護的實現

傳統的力/力矩傳感器為了使其不被衝擊、碰撞等載荷破壞，往往考

慮用較大的安全係數來設計，使傳感器有一定的過載能力（一般為最大檢測範圍的幾倍關係），這樣雖然增強了傳感器的可靠性，但是力傳感器的靈敏性大大降低。傳感器的過載保護可以在保證靈敏度的同時，也使傳感器的可靠性得到保證，過載能力可以達到檢測範圍的幾十倍甚至上百倍。

傳感器裝配完成後，上蓋的下表面與底座的上表面間隔有一定的軸向間隙（0.09～0.1mm），彈性體底部與底座固接，可以看成是與大地固支，而彈性體上端可以看成是受限制的自由端，這個微小的軸向間隙可以使彈性體在一定的範圍內自由運動。當傳感器受到超過其測量範圍的力/力矩時，彈性體發生較大的彈性變形，上蓋與底座之間相互接觸，使力/力矩通過這種剛性接觸傳遞至機器人手爪上，保證傳感器彈性體不被破壞，達到過載保護的目的。

7.6.3　靜、動力學仿真及分析

藉助功能強大的有限元分析軟體，對傳感器彈性體的靜、動力學性能進行分析，可以預計傳感器的靜、動態力學性能，將有缺陷的設計消除在設計階段，避免因為重複設計而增加產品的製造成本。

為了簡化分析，彈性體傳力柱上的螺紋在建模時被忽略，用直徑大小為螺紋分度圓直徑的圓柱代替。彈性體工作時其 E 形膜的下表面及外圓表面可以看作是與傳感器底座固接在一起，故把這兩個面作為有限元分析時的約束使用，自由度設為零。由於傳感器的指尖是傳感器與外界接觸的部件，所有的載荷都是通過指尖傳遞給彈性體的傳力柱，所以分析時所有的載荷都通過面載荷的形式加在傳力柱的外圓上。下面就針對每一種載荷作用下的彈性體進行分析。

（1）法向力載荷 F_z 作用

圖 7-17 所示為彈性體在法向力載荷 $F_z = 50N$ 作用時，發生在 E 形膜上的應變分布情況。從應變雲圖可知，徑向應變大致沿圓周等值分布，即同一半徑處的應變大小及方向相等，由於 E 形膜背面為兩片矩形片，所以中間部分的應變為帶圓角的正方形。最小應變發生在四個圓角處，為－894 微應變；最大應變發生在 E 形膜的外圓處，約為 796 微應變；E 形膜片內外徑中間的應變為零，這與前面的 E 形膜理論分析結果相符合。應變分布規律從內到外為－，0，＋。

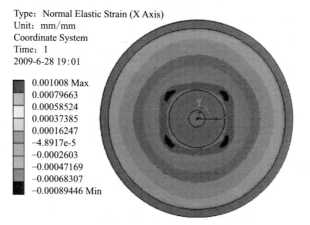

Type：Normal Elastic Strain (X Axis)
Unit：mm/mm
Coordinate System
Time：1
2009-6-28 19：01

0.001008 Max
0.00079663
0.00058524
0.00037385
0.00016247
−4.8917e-5
−0.0002603
−0.00047169
−0.00068307
−0.00089446 Min

圖 7-17　法向力載荷 F_z = 50N 時 E 形膜上的徑向應變（電子版❶）

（2）切向力載荷 F_x（與 F_y 相同）

圖 7-18 所示為傳感器彈性體在切向力 F_x 作用下時的應變分布圖。從圖中可知，E 形膜上的應變主要沿 X 軸方向分布，並在 E 形膜內徑處分別達到最大值（1519 微應變）和最小值（−1640 微應變）。在 E 形膜的外徑分別達到次大值（816 微應變）和次小值（−938 微應變）。應變數值大小大致相對 E 形膜的硬中心對稱，方向相反。

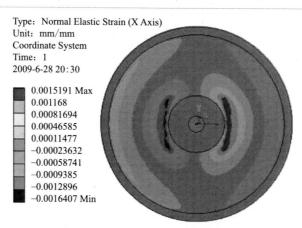

Type：Normal Elastic Strain (X Axis)
Unit：mm/mm
Coordinate System
Time：1
2009-6-28 20：30

0.0015191 Max
0.001168
0.00081694
0.00046585
0.00011477
−0.00023632
−0.00058741
−0.0009385
−0.0012896
−0.0016407 Min

圖 7-18　切向力 F_x = 30N 作用下的應變分布圖 (電子版)

---

❶　為了方便讀者學習，書中部分圖片提供電子版（提供電子版的圖，在圖上有「電子版」標識），在 www.cip.com.cn/資源下載/配書資源中查找書名或者書號即可下載。

當傳感器受另一個方向的切向力 F_y 作用時，應變分布大致相同，如圖 7-19 所示。

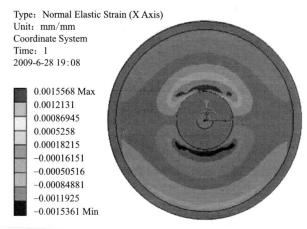

Type：Normal Elastic Strain (X Axis)
Unit：mm/mm
Coordinate System
Time：1
2009-6-28 19：08

0.0015568 Max
0.0012131
0.00086945
0.0005258
0.00018215
−0.00016151
−0.00050516
−0.00084881
−0.0011925
−0.0015361 Min

圖 7-19　切向力 F_y = 30N 作用下的應變分布圖　(電子版)

(3) 繞法向方向力矩 M_z

圖 7-20 所示為彈性體在繞法向方向力矩 M_z 作用下的應變圖，由於座標系選擇緣故，這裡使用當量應變（Equivalent Elastic Strain）來代替徑向應變。從圖上可知，主要應變發生在矩形薄片的中間，由材料力學知識可知，其最大主應力方向應為與水準成 45°方向。

Type：Equivalent(von-Mises) Elastic Strain
Unit：mm/mm
Time：1
2009-6-28 20：58

0.0016181 Max
0.0014383
0.0012585
0.0010787
0.00089896
0.00071916
0.00053937
0.00035958
0.00017979
1.4937e-10 Min

圖 7-20　繞法向方向力矩 M_z = 8N・m 作用下的應變分布　(電子版)

（4）模態分析

　　為了瞭解設計的傳感器彈性體具有良好的動態性能，藉助於 ANSYS
軟體，分析了彈性體的振型及共振頻率，這兩個參數是傳感器的主要動
態特性。圖 7-21 所示為傳感器彈性體的前六階振型，其相應的前六階共

圖 7-21　四維力/力矩傳感器彈性體前六階振型（電子版）

振頻率如表 7-3 所示。傳感器的工作頻率一般按經驗取第一階共振頻率的 2/3，因此設計的四維力/力矩傳感器的許用工作頻率為 $0\sim600\text{Hz}^{[5\sim7]}$。

表 7-3　前六階共振頻率

模態	1	2	3	4	5	6
共振頻率/Hz	930.04	982.37	2838.7	11600	15467	22457

至 20 世紀 50 年代末開始，各種優化算法不斷被提出，其中效果較好、最常見的有函數法、簡約梯度法、複合形法、約束變尺度法、可行方向法、隨機方向法等；近三十年以來，又陸續出現了一些新穎的優化算法，如遺傳算法、人工神經網路、混沌、進化規劃、模擬退火、禁忌搜索等，這些算法通過模擬自然現象或者過程而得到發展，其思想和内容涉及數學、生物學、物理學、人工智慧、神經科學和統計力學等多個方面$^{[8\sim12]}$。

機械優化設計是指在進行產品設計時，根據存在的約束條件，選擇合理的設計參數，使某項或者幾項設計指標獲得最優值$^{[8\sim10]}$。優化設計作為一種數學方法，常常是通過對解析函數求極值的方法來達到優化的目的。如圖 7-22 所示，基於數值分析的 CAE（Computer Aided Engineering）方法一般分為以下幾個步驟$^{[13]}$。

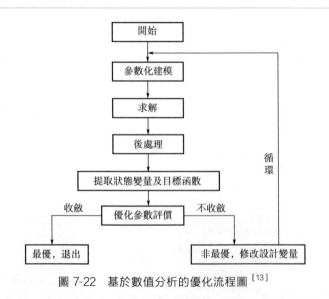

圖 7-22　基於數值分析的優化流程圖$^{[13]}$

① 模型參數化：利用 CAE 軟體相關功能在建模時將設計變數作為

模型可變參數，參數化的模型為以後的修正提供可能，確定優化目標。

② 分析求解：對結構進行相關分析，添加相應的邊界條件及載荷，求出優化目標的值。

③ 後處理：對約束條件和優化目標進行提取，為優化處理器進行優化參數評價做好準備。

④ 參數評價：根據當前參數值、設計和狀態變數及目標函數與上次循環得到的優化目標參數做相應比較，以確定本循環目標函數是不是達到了最優。

⑤ 繼續/結束循環：根據是否達到最優化解確定是否斷續下一個循環。

在傳統的多維力傳感器的設計和研發過程中，一般是先進行多維力傳感器的彈性體及整體的概念設計和理論驗算論證，但由於多維力傳感器的彈性體結構比較複雜，很難獲得精確的理論解，因此也很難確定設計的力傳感器方案和參數是否能夠滿足設計要求。為了更有效地驗證設計，通常要通過試製樣機來進行試驗。當樣機試驗結果不能滿足設計要求如靈敏度、線性度、重複性等參數時，只能根據經驗通過多次從頭到尾的設計—驗證—設計來達到設計要求。這樣不僅延長了設計週期，增加了研發成本，而且最後得到的設計結果可能存在有較大提高和改進的餘地。

將傳感器的彈性體設計作為一個多目標優化過程，藉助於 ANSYS 的 DOE 模塊，將傳感器彈性體的重要幾何尺寸作為設計變數，獲取傳感器因設計變數改變而引起的傳感器性能變化趨勢，使傳感器彈性體滿足預先設定好的設計目標，如彈性體上的應力、應變、變形條件，最終獲取滿足條件的設計變數範圍及組合。

為了簡化分析，將五維力/力矩傳感器彈性體的上、下 E 形膜外圓上的外螺紋省略，並用直徑大小為螺紋分度圓的圓柱表面代替。彈性體工作時其下 E 形膜的下表面及外圓表面可以看作是與傳感器底座固接在一起，故把這兩個面作為分析時的固定約束。由於傳感器的上蓋是傳感器與外界接觸的部件，所有的載荷都是通過該部件傳遞給彈性體的上 E 形膜，所以分析時所有的載荷都通過面載荷的形式加在上 E 形膜的外圓表面上。

將五維力/力矩傳感器彈性體重要幾何尺寸設為設計變數：

$$0.45\text{mm} \leqslant h \leqslant 1\text{mm}$$

$$4\text{mm} \leqslant D_2 \leqslant 4.5\text{mm}$$

$$16\text{mm} \leqslant D_1 \leqslant 20\text{mm}$$

彈性體上發生的最大和最小應變，最大變形作為優化設計的設計目標：

$$e_{\max} \leqslant 1000\text{mm}/\text{mm}$$

$$e_{\min} \leqslant -500\text{mm}/\text{mm}$$

$$d_{max} \leqslant 0.05mm$$

第一和第二個條件確保彈性體工作在材料的比例極限範圍內，同時確保彈性體有足夠的應變即傳感器有一定的靈敏度，第三個條件可以保證傳感器有良好的線性度和可靠性。

根據 Screening 法則確定各設計變數的選擇，確定樣本點，如圖 7-23 所示，樣本點的選擇可以根據多個方法隨需要選定。

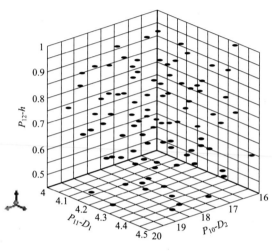

圖 7-23　設計變數樣本點

程序自動將各樣本點按一定方法進行組合，並計算出每種組合相應的輸出變數的值，如圖 7-24 所示。

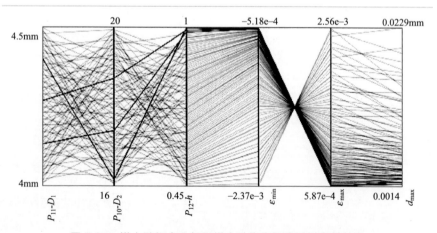

圖 7-24　樣本點組合及每個樣本點產生相應目標參數結果

最後，根據預先設定好的設計目標，軟體自動選擇了三組最優解，如表 7-4 所示。最後選擇了第二組尺寸作為最後傳感器彈性體的加工尺寸。圖 7-25 所示為各設計變數對三個輸出變數（設計目標）的靈敏度，從圖中可知，相對另外兩個設計變數，E 形膜的高度尺寸為傳感器最靈敏尺寸。

表 7-4　優化設計結果

組	h/mm	D_1/mm	D_2/mm	ε_{max}	ε_{min}	d_{max}/mm
1	0.9959	16.176	4.4025	5.3e−4	−5.32e−4	0.0014
2	**0.98238**	**17.395**	**4.1325**	**5.4e−4**	**−5.37e−4**	**0.00185**
3	0.9891	18.708	4.2675	5.3e−4	−5.28e−4	0.002145

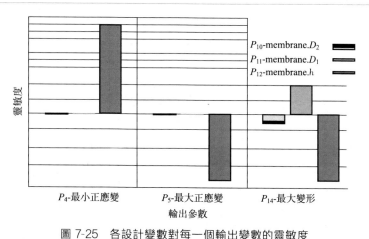

圖 7-25　各設計變數對每一個輸出變數的靈敏度

下面就針對每一種載荷作用下的彈性體進行分析。

（1）法向力載荷 F_z 作用

當法向力 F_z 作用於傳感器時，主要的變形和應變都發生在上、下 E 形膜上，由於邊界和載荷條件相同，上、下 E 形膜同時發生的變形和應變都相同，如圖 7-26 所示。同一半徑處的徑向應變和變形都相同。應變在 E 形膜的內徑處達到最大值（943 微應變），變形在 E 形膜的外圓達到最大值（0.061mm）。

（2）切向力載荷 F_x（與 F_y 類似）

如圖 7-27(a) 所示，傳感器彈性體在切向力 F_x 作用下，主要應變發

生在下 E 形膜上,其分布主要沿 X 軸方向並在 E 形膜片的內徑處達到最大值(967 微應變)和最小值(-971 微應變),應變數值大小關於 Y 軸左右對稱分布但符號相反,應變從左到右分布為:-,0,+,0,-,0,+。圖 7-27(b) 為傳感器在切向力作用下的變形圖,從圖上可知,變形沿 X 軸均勻分布,且關於 Y 軸對稱,在上 E 形膜外圓的最左端和最右端達到最大值(0.0895mm)。當傳感器受切向力載荷 F_y 時,由於結構對稱性,應變和變形結果會沿 Y 軸分布且關於 X 軸對稱。

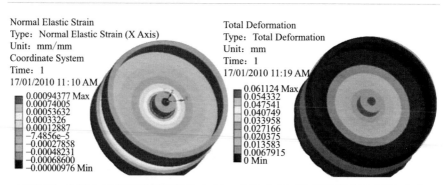

圖 7-26　五維力/力矩彈性體在法向力 F_z = 50N 作用下的應變與變形(電子版)

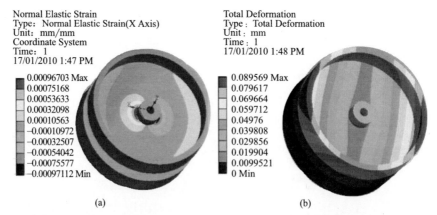

圖 7-27　五維力/力矩彈性體在切向力 F_x = 30N 作用下的應變與變形 (電子版)

(3) 繞切向方向力矩 M_x (與 M_y 類似)

圖 7-28(a) 所示為傳感器在受切向方向力矩 M_x = 600N・mm 作用下,應變主要沿 Y 軸方向均勻分布。由於上、下 E 形膜結構及約束條件相同,故發生同樣的應變分布。上 E 形膜在內徑上達到最大值(853 微

應變）和最小值（−848 微應變），應變數值大小關於 X 軸對稱，但符號相反，從上至下應變符號依次為：−，0，＋，0，−，0，＋。圖 7-28（b）所示為傳感器彈性體在受切向方向力矩作用下時發生的變形情況。變形沿 Y 軸分布且關於 X 軸對稱，在上 E 形膜的外圓上、下兩端達到最大值（0.0992mm）。當傳感器受切向方向力矩 M_y 作用時，發生的應變和變形類似，應變和變形沿 X 軸分布且關於 Y 軸對稱。

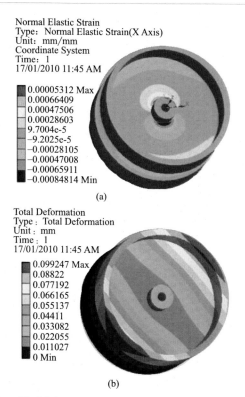

圖 7-28　五維力/力矩彈性體在切向力矩 M_x = 600N · mm 作用下的應變與變形（電子版）

（4）模態分析

　　用 ANSYS 仿真軟體對設計的彈性體進行分析得到傳感器的前八階振型，如圖 7-29 所示。相應的前八階共振頻率如表 7-5 所示。由表可知，設計的傳感器工作頻率為 0～1054Hz。

表 7-5　五維力/力矩彈性體前八階共振頻率

模態	1	2	3	4	5	6	7	8
頻率/Hz	1581.8	1582	2723.3	5427.8	6682.2	6683	9809.2	11073

圖 7-29　五維力/力矩彈性體前八階振型(電子版)

7.6.4 應變片布片及組橋

本設計採用金屬箔式應變片作為檢測元件,採用全橋檢測電路作為測量電路。因為四維力/力矩傳感器與五維力/力矩傳感器設計時使用的原理和方法相同,這裡只針對四維力/力矩傳感器的應變片布片及組橋進行詳細描述,五維力/力矩傳感器的應變片布片及組橋只進行簡單闡述。

根據上節的靜力學分析結果,在彈性體上選擇在最大和最小應變發生的位置放置應變片,每一維使用四個應變片構成全橋檢測電路,最後將四路檢測電路的輸出全部通過彈性體中間的小孔引到底座的空腔中,與空腔中的放大板相連,放大板將四維訊號放大後輸出到數據採集模塊中。

綜合考慮金屬箔式應變片的特點和四維力/力矩傳感器彈性體的應力、應變分布規律,將 E 形膜的內外圓附近及薄矩形片的中心對角方向作為應變片的黏貼位置,如圖 7-30(a) 所示,在 E 形膜上黏貼有三組應變片,其中,$R_1 \sim R_4$ 組成 U_x 組用於檢測 F_x;$R_5 \sim R_8$ 組成 U_y 組用於檢測 F_y;$R_9 \sim R_{12}$ 組成 U_z 組用於檢測 F_z。在矩形薄片上黏貼一組應變

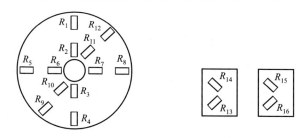

(a) 應變片在E形膜上的布片示意圖　　(b) 應變片在薄矩形片上的布片示意圖

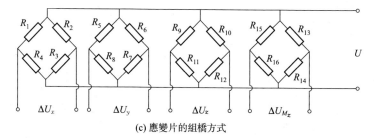

(c) 應變片的組橋方式

圖 7-30　應變片的布片及組橋形式

圖 7-31 四維力/力矩傳感器貼片實物圖

片 $R_{13} \sim R_{16}$ 組成 U_{M_z} 組用於檢測 M_z，如圖 7-30(b) 所示。每一組的四片應變片組成一路全橋檢測電路，如圖 7-30(c) 所示。設計的布片方式實物圖如圖 7-31 所示。以下詳細分析各路檢測電路在每種載荷情況下的輸出。

（1）傳感器受法向力 F_z 作用

當傳感器受法向力作用，並且溫度發生一定變化時，根據前面的分析，各應變片電阻將發生如下變化：

$$\frac{\Delta R_1}{R_1} = \frac{\Delta R_4}{R_4} = \frac{\Delta R_5}{R_5} = \frac{\Delta R_8}{R_8} = \frac{\Delta R_9}{R_9} = \frac{\Delta R_{12}}{R_{12}} = \left(\frac{\Delta R_1}{R_1}\right)_\varepsilon + \left(\frac{\Delta R}{R}\right)_t$$

$$\frac{\Delta R_2}{R_2} = \frac{\Delta R_3}{R_3} = \frac{\Delta R_6}{R_6} = \frac{\Delta R_7}{R_7} = \frac{\Delta R_{10}}{R_{10}} = \frac{\Delta R_{11}}{R_{11}} = \left(\frac{\Delta R_2}{R_2}\right)_\varepsilon + \left(\frac{\Delta R}{R}\right)_t$$

$$\frac{\Delta R_{13}}{R_{13}} = \frac{\Delta R_{14}}{R_{14}} = \frac{\Delta R_{15}}{R_{15}} = \frac{\Delta R_{16}}{R_{16}} = \left(\frac{\Delta R_{13}}{R_{13}}\right)_\varepsilon + \left(\frac{\Delta R}{R}\right)_t$$

其中：

$\left(\dfrac{\Delta R_i}{R_i}\right)_\varepsilon$ 表示第 i 應變片由於應變的變化產生的電阻變化率；

$\left(\dfrac{\Delta R}{R}\right)_t$ 表示第 i 應變片由於溫度的變化產生的電阻變化率。

因此，每一橋路的輸出可以計算如下：

$$\Delta U_z = \frac{U}{4}\left(\frac{\Delta R_9}{R_9} - \frac{\Delta R_{10}}{R_{10}} + \frac{\Delta R_{12}}{R_{12}} - \frac{\Delta R_{11}}{R_{11}}\right)$$

$$= \frac{U}{4}\left[2\left(\frac{\Delta R_1}{R_1}\right)_\varepsilon - 2\left(\frac{\Delta R_2}{R_2}\right)_\varepsilon\right] = \frac{UK}{4}(2\varepsilon_1 + 2|\varepsilon_2|)$$

$$\Delta U_x = \frac{U}{4}\left(\frac{\Delta R_1}{R_1} - \frac{\Delta R_2}{R_2} + \frac{\Delta R_3}{R_3} - \frac{\Delta R_4}{R_4}\right) = 0$$

$$\Delta U_y = \frac{U}{4}\left(\frac{\Delta R_5}{R_5} - \frac{\Delta R_6}{R_6} + \frac{\Delta R_7}{R_7} - \frac{\Delta R_8}{R_8}\right) = 0$$

$$\Delta U_{M_z} = \frac{U}{4}\left(\frac{\Delta R_{15}}{R_{15}} - \frac{\Delta R_{13}}{R_{13}} + \frac{\Delta R_{14}}{R_{14}} - \frac{\Delta R_{16}}{R_{16}}\right) = 0$$

因此，當傳感器受法向力作用，並且溫度發生一定變化時，只有 U_z 組有相應的輸出，其他橋路輸出都為零。

（2）傳感器受切向力 F_x 作用（類似於 F_y）

當傳感器受切向力作用，且環境溫度發生一定的變化時，各應變片阻值發生的變化如下：

$$\frac{\Delta R_1}{R_1} = -\frac{\Delta R_4}{R_4} = \left(\frac{\Delta R_1}{R_1}\right)_\varepsilon + \left(\frac{\Delta R}{R}\right)_t$$

$$\frac{\Delta R_2}{R_2} = -\frac{\Delta R_3}{R_3} = \left(\frac{\Delta R_2}{R_2}\right)_\varepsilon + \left(\frac{\Delta R}{R}\right)_t$$

$$\frac{\Delta R_{12}}{R_{12}} = -\frac{\Delta R_9}{R_9} = \left(\frac{\Delta R_{12}}{R_{12}}\right)_\varepsilon + \left(\frac{\Delta R}{R}\right)_t$$

$$\frac{\Delta R_{11}}{R_{11}} = -\frac{\Delta R_{10}}{R_{10}} = \left(\frac{\Delta R_{11}}{R_{11}}\right)_\varepsilon + \left(\frac{\Delta R}{R}\right)_t$$

$$\frac{\Delta R_{13}}{R_{13}} = \frac{\Delta R_{14}}{R_{14}} = -\frac{\Delta R_{15}}{R_{15}} = -\frac{\Delta R_{16}}{R_{16}} = \left(\frac{\Delta R_{13}}{R_{13}}\right)_\varepsilon + \left(\frac{\Delta R}{R}\right)_t$$

$$\frac{\Delta R_5}{R_5} = \frac{\Delta R_6}{R_6} = \frac{\Delta R_7}{R_7} = \frac{\Delta R_8}{R_8} = \left(\frac{\Delta R}{R}\right)_t$$

相應各橋路輸出為

$$\Delta U_x = \frac{U}{4}\left(\frac{\Delta R_1}{R_1} - \frac{\Delta R_2}{R_2} + \frac{\Delta R_3}{R_3} - \frac{\Delta R_4}{R_4}\right)$$

$$= \frac{U}{4}\left[2\left(\frac{\Delta R_1}{R_1}\right)_\varepsilon - 2\left(\frac{\Delta R_2}{R_2}\right)_\varepsilon\right] = \frac{UK}{4}(2\varepsilon_1 + 2\,|\varepsilon_2|)$$

$$\Delta U_z = \frac{U}{4}\left(\frac{\Delta R_9}{R_9} - \frac{\Delta R_{10}}{R_{10}} + \frac{\Delta R_{12}}{R_{12}} - \frac{\Delta R_{11}}{R_{11}}\right) = 0$$

$$\Delta U_y = \frac{U}{4}\left(\frac{\Delta R_5}{R_5} - \frac{\Delta R_6}{R_6} + \frac{\Delta R_7}{R_7} - \frac{\Delta R_8}{R_8}\right) = 0$$

$$\Delta U_{M_z} = \frac{U}{4}\left(\frac{\Delta R_{15}}{R_{15}} - \frac{\Delta R_{13}}{R_{13}} + \frac{\Delta R_{14}}{R_{14}} - \frac{\Delta R_{16}}{R_{16}}\right) = 0$$

根據以上分析，這種情況下只有橋路 U_x 有輸出，其他各路輸出為零。

（3）傳感器受繞法向力矩 M_z 作用

當傳感器受繞法向力矩作用，且環境溫度發生一定的變化時，各應變片阻值發生的變化如下：

$$\frac{\Delta R_1}{R_1} = \frac{\Delta R_2}{R_2} = \frac{\Delta R_3}{R_3} = \frac{\Delta R_4}{R_4} = \frac{\Delta R_5}{R_5} = \frac{\Delta R_6}{R_6} = \frac{\Delta R_7}{R_7}$$

$$= \frac{\Delta R_8}{R_8} = \frac{\Delta R_9}{R_9} = \frac{\Delta R_{10}}{R_{10}} = \frac{\Delta R_{11}}{R_{11}} = \frac{\Delta R_{12}}{R_{12}} = \left(\frac{\Delta R}{R}\right)_t$$

$$-\frac{\Delta R_{13}}{R_{13}} = \frac{\Delta R_{14}}{R_{14}} = \frac{\Delta R_{15}}{R_{15}} = -\frac{\Delta R_{16}}{R_{16}} = \left(\frac{\Delta R_{13}}{R_{13}}\right)_\varepsilon + \left(\frac{\Delta R}{R}\right)_t$$

相應的各橋路輸出為

$$\Delta U_y = \Delta U_x = \Delta U_z = 0$$

$$\Delta U_{M_z} = \frac{U}{4}\left(\frac{\Delta R_{15}}{R_{15}} - \frac{\Delta R_{13}}{R_{13}} + \frac{\Delta R_{14}}{R_{14}} - \frac{\Delta R_{16}}{R_{16}}\right)$$

$$= \frac{U}{4}\left[2\left(\frac{\Delta R_{13}}{R_{13}}\right)_\varepsilon - 2\left(\frac{\Delta R_{13}}{R_{13}}\right)_\varepsilon\right] = \frac{UK}{4}(4\varepsilon_{13})$$

因此，這種載荷與環境下只有橋路 U_{M_z} 有輸出，其他各路輸出為零。

五維力/力矩傳感器的檢測原理和方法與上述四維力/力矩傳感器的完全相同，根據靜力分析的結果，將五組應變片按圖 7-32 所示布置，並按圖 7-33 所示方式組橋。

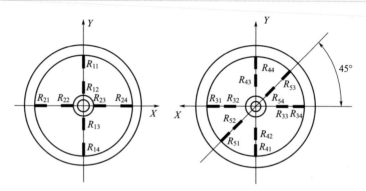

圖 7-32　五維力/力矩傳感器應變片布片示意圖

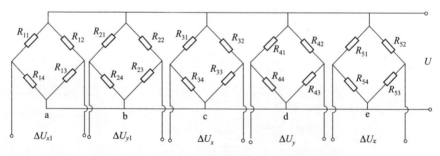

圖 7-33　五維力/力矩傳感器應變片組橋示意圖

各橋路在相應的載荷下輸出如下：

$$\Delta U_{x1} = \frac{U}{4}\left(\frac{\Delta R_{11}}{R_{11}} - \frac{\Delta R_{12}}{R_{12}} + \frac{\Delta R_{13}}{R_{13}} - \frac{\Delta R_{14}}{R_{14}}\right)$$

$$= \frac{U}{4}\left[2\left(\frac{\Delta R_{11}}{R_{11}}\right)_\varepsilon - 2\left(\frac{\Delta R_{12}}{R_{12}}\right)_\varepsilon\right] = \frac{UK}{2}(\varepsilon_{11} + |\varepsilon_{12}|)$$

$$\Delta U_{y1} = \frac{U}{4}\left(\frac{\Delta R_{21}}{R_{21}} - \frac{\Delta R_{22}}{R_{22}} + \frac{\Delta R_{23}}{R_{23}} - \frac{\Delta R_{24}}{R_{24}}\right)$$

$$= \frac{U}{4}\left[2\left(\frac{\Delta R_{21}}{R_{21}}\right)_\varepsilon - 2\left(\frac{\Delta R_{22}}{R_{22}}\right)_\varepsilon\right] = \frac{UK}{2}(\varepsilon_{21} + |\varepsilon_{22}|)$$

$$\Delta U_x = \frac{U}{4}\left(\frac{\Delta R_{31}}{R_{31}} - \frac{\Delta R_{32}}{R_{32}} + \frac{\Delta R_{33}}{R_{33}} - \frac{\Delta R_{34}}{R_{34}}\right)$$

$$= \frac{U}{4}\left[2\left(\frac{\Delta R_{31}}{R_{31}}\right)_\varepsilon - 2\left(\frac{\Delta R_{32}}{R_{32}}\right)_\varepsilon\right] = \frac{UK}{2}(\varepsilon_{31} + |\varepsilon_{32}|)$$

$$\Delta U_y = \frac{U}{4}\left(\frac{\Delta R_{41}}{R_{41}} - \frac{\Delta R_{42}}{R_{42}} + \frac{\Delta R_{43}}{R_{43}} - \frac{\Delta R_{44}}{R_{44}}\right)$$

$$= \frac{U}{4}\left[2\left(\frac{\Delta R_{41}}{R_{41}}\right)_\varepsilon - 2\left(\frac{\Delta R_{42}}{R_{42}}\right)_\varepsilon\right] = \frac{UK}{2}(\varepsilon_{41} + |\varepsilon_{42}|)$$

$$\Delta U_z = \frac{U}{4}\left(\frac{\Delta R_{51}}{R_{51}} - \frac{\Delta R_{52}}{R_{52}} + \frac{\Delta R_{53}}{R_{53}} - \frac{\Delta R_{54}}{R_{54}}\right)$$

$$= \frac{U}{4}\left[2\left(\frac{\Delta R_{51}}{R_{51}}\right)_\varepsilon - 2\left(\frac{\Delta R_{52}}{R_{52}}\right)_\varepsilon\right] = \frac{UK}{2}(\varepsilon_{51} + |\varepsilon_{52}|)$$

7.6.5 標定及校準實驗設計與維間解耦

多維力/力矩傳感器的標定是指傳感器在製造和裝配完成後，應進行嚴格的試驗來確定傳感器的性能，建立起傳感器的電輸出與加載的力/力矩物理量的對應關係，即使用標準輸入量的值來正確解釋輸出量的值，為測量系統建立起正確的輸出刻度，其實質就是多輸入多輸出系統的靜態辨識問題。

多維力/力矩傳感器的校準是指在傳感器使用一定的時間（按國家計量法規定，一般為一年）或者經過維修後，為確保傳感器的各項性能指標達到使用的要求，也應對傳感器主要技術性能指標進行校準試驗。一般來說，校準和標定的方法和內容是基本相同的[14]。多維力/力矩傳感器的標定分為靜態標定和動態標定。前者用來確定傳感器的靜態性能如靈敏度、線性度、重複性等；而後者用來檢驗傳感器的動態特性如頻響、

時間常數、固有頻率和阻尼比等[14]。

通過實驗室具有自主知識專利產權的標定平台〔如圖 7-34(a) 所示〕，對設計的傳感器進行標定。平台通過標準砝碼經過滑輪和鋼索對待標定的傳感器進行加載，如圖 7-34(b) 所示。具體步驟如下。

(a)

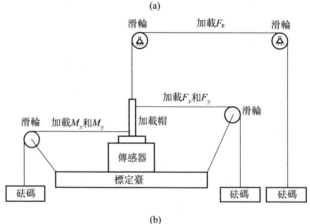

(b)

圖 7-34　多維力/力矩傳感器標定平台及示意圖

① 將環境溫度設定為 24℃、相對濕度 RH 小於 85％、大氣壓力為 (760±60)mmHg（1mmHg＝133.322Pa）。

② 將傳感器的量程按砝碼重量分成若干個等間距點。

③ 根據上一部的分點情況，由小到大逐漸給傳感器各維正反方向分別加載標準輸入量，並記錄下與輸入值對應的輸出量。

④ 將已加載的載荷按由大到小逐漸減少，同時記錄下與輸入值對應的輸出量。

⑤ 按步驟③、④所述過程，將傳感器進行五次循環加載，並將每個對應的輸出記錄下來，得到傳感器的輸入-輸出測試數據曲線。

⑥ 對得到的數據進行必要的處理，根據處理結果就可以確定傳感器的性能指標。

多維力/力矩傳感器彈性體做成一體化的結構，雖然消除了因裝配引起的誤差及遲滯，也同時給傳感器帶來了不可消除的維間耦合。一般來說，多維力/力矩傳感器維數越少，可以達到的精度就越高，如現在的單維力傳感器誤差可以達到 0.1％FS，而六維力/力矩傳感器誤差只能達到 3％FS。為了消除多維力/力矩傳感器各維間的相互耦合，必須對多維力/力矩傳感器進行解耦。為了消除這種耦合，可以從兩個方面考慮：一個是設計新型的完全解耦的彈性體結構，各維之間完全獨立，不需要任何的解耦方法；另一個是採用解耦方法，將存在的耦合盡量消除。目前常用的解耦方法為矢量計算法，目的在於得到最優的解耦矩陣。通過檢測原理中提到的解耦方法，對設計的四維及五維力/力矩傳感器進行解耦，解耦的結果在下一節介紹。

7.6.6 傳感器精度性能評價

通過上節中提到的標定及解耦方法，並經過一定的訊號處理，最終獲得了四維及五維力/力矩傳感器的輸入和輸出曲線，如圖 7-35 與圖 7-36 所示。圖中橫座標表示加載的標準砝碼重量，縱座標表示 A/D 採集模塊的輸出數字量。

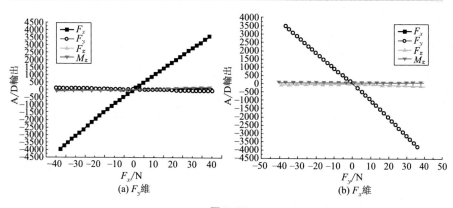

圖 7-35

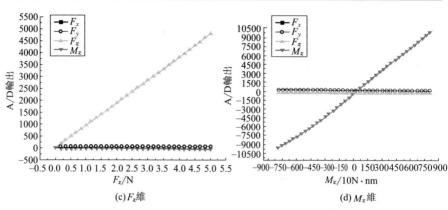

(c) F_z維　(d) M_z維

圖 7-35　四維力/力矩傳感器標定結果（電子版）

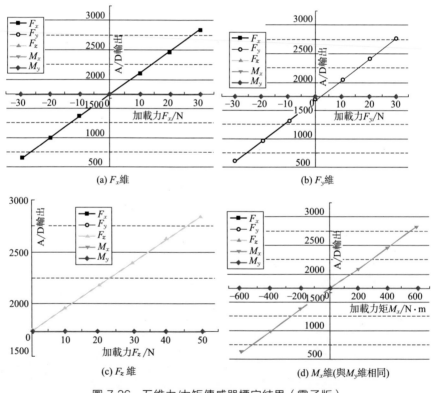

(a) F_x維　(b) F_y維

(c) F_z維　(d) M_x維(與M_y維相同)

圖 7-36　五維力/力矩傳感器標定結果（電子版）

從得到的數據結果分析，設計的新型四維力/力矩傳感器的最大線性度誤差為 0.2％FS，最大耦合誤差為 0.5％；設計的新型五維力/力矩傳

感器的最大線性度誤差為 0.15%FS，最大耦合誤差為 0.9%，都完全滿足使用要求。圖 7-37 所示為設計的傳感器原型實物圖。

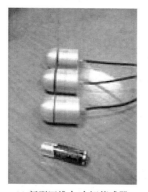 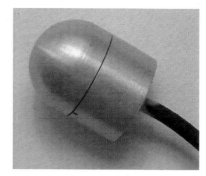

(a) 新型四維力/力矩傳感器　　　　　(b) 新型五維力/力矩傳感器

圖 7-37　傳感器原型實物圖

7.6.7　機器人微型四維指尖力/力矩資訊獲取實例

如圖 7-38 所示，實驗室項目組研製的機器人手爪包括 6 個關節，每個手指有一個獨立驅動指關節，三個手指跟關節共用一個驅動器；多傳感器系統具備力覺、觸覺、滑覺（指力）、目標距離和接近距離、視覺、關節位置等檢測能力。將設計的四維力/力矩傳感器應用於機器人手爪指尖，用來獲取手爪工作時與工件的接觸力。嘗試根據多維力/力矩傳感器提供的接觸力資訊達到觸覺、滑覺感知。

 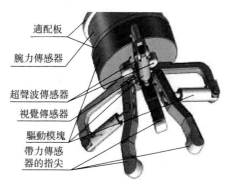

適配板
腕力傳感器
超聲波傳感器
視覺傳感器
驅動模塊
帶力傳感器的指尖

(a) 機器人手爪實物　　　　　　　(b) 手爪3D圖

圖 7-38　多維力/力矩傳感器應用

觸覺可能通過檢測指尖與工件間接觸力來感知，而滑覺要求測量指尖與工件間接觸的切向力。依據手指接觸模型，要求指力傳感器有 4 個方向力檢測能力，即接觸法線方向上正壓力，檢測夾緊力大小和接觸覺判斷；接觸切平面內兩個相互垂直方向上的摩擦力作為滑覺檢測，一個繞接觸法線的轉矩作為多指抓取時供目標約束分析，即選用 4 維指力傳感器。本章中研究的機器人指尖少維力/力矩傳感器完全可以滿足這種需求。下面簡述利用設計的四維指尖力/力矩傳感器進行滑覺檢測，並完成抓取的實現。

指力傳感器不能直接判別手爪與工件間滑動狀態，需要藉助一定算法間接判別滑動狀態。當手爪與目標材質一定時，在一定工作環境下，滑動摩擦因數 μ_1 變化範圍比較小，基本是一個定值，即摩擦力 f_1 與手指夾緊力 F_n 有如下關係：

$$f_1 = \mu_1 \cdot F_n$$

設指力傳感器檢測到的摩擦力為 f_f，則

$$f_f = \sqrt{f_X^2 + f_Y^2}$$

其中 f_X、f_Y 表示接觸切平面內兩個正交方向上摩擦力。當手指與工件處於滑動狀態時，有

$$f_f = f_1 < F_e$$

F_e 為作用於工件的外力，包括工件重力等。當手爪握緊工件時，即手指與工件沒有相對滑動時，此時摩擦狀態為定摩擦，設定摩擦因數為 μ_s，則

$$f_s = \mu_s \cdot F_n$$

有如下關係：

$$f_s = f_f = F_e$$

此時 f_s 平衡工件受到的外力 F_e，當 F_e 為定值，夾緊力 F_n 增大時，μ_s 為變化量，即定摩擦因數為變數，這是定摩擦與動摩擦的基本區別。鑒於這一特點，可以藉助四維指力傳感器判斷握緊狀態。圖 7-39 是握緊狀態判別算法流程。首先根據目標形狀識別結果，結合目標材質和專家數據庫知識，判斷夾緊力大致值。再取合適夾緊力，保證不損壞工件和手爪，試抓工件並判斷摩擦因數有無變化。當摩擦因數有變化時，說明手爪與工件處於滑動狀態；適當增加夾緊力，並確保夾緊力在安全範圍內，再試抓工件，直到摩擦因數無變化時，說明處於握緊狀態。如果夾緊力達到安全值上限，仍然不能握緊目標，說明工件重量超出手爪抓取能力，應放棄抓取[15]。圖 7-40 所示為機器人手爪裝備有研製的指尖四維力/力矩傳感器後進行的抓取實驗。

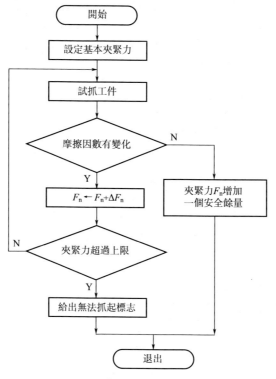

圖 7-39　機器人手爪抓取算法

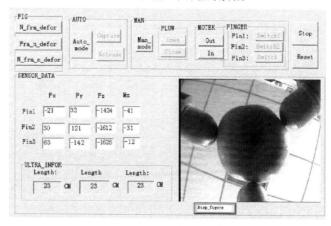

圖 7-40　帶指尖四維力/力矩傳感器的手爪抓取實驗

　　設計的人機交互界面可以檢測各維的實時輸出，圖 7-41 所示為抓取時的三個指尖力/力矩傳感器 F_z 維的監測[16]。

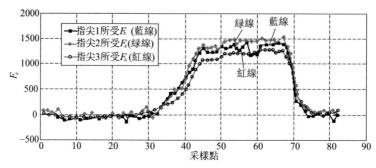

圖 7-41　抓取時三個指尖力/力矩傳感器 F_z 維的監測　(電子版)

參考文獻

［1］ 欒桂冬. 傳感器及其應用[M]. 西安：西安電子科技大學出版社，2002.

［2］ 羅勇. 壓電式六維力傳感器結構仿真及訊號處理電路設計[D]. 重慶：重慶大學，2008.

［3］ 梁橋康，宋全軍，葛運建. 一種新型結構機器人的四維指力傳感器設計[J]. 中南大學學報 2009，40（1）：115-120.

［4］ 宋愛國，黃惟一，等. 直接輸出型機器人四維力與力矩傳感器[P]：CN 1425903A. 2003-06-25.

［5］ 干方建. 基於多維力傳感器的機器人動態特性若干問題的研究[D]. 合肥：合肥工業大學，2003.

［6］ 劉正士，陸益民，陳曉東，等. 一種高性能六軸腕力傳感器彈性體結構設計[J]. 應用科學學報，2001，19（1）：57-61.

［7］ Xu Kejun, Li Cheng, Zhu Zhineng. Dynamic Modeling and Compensation of Robot Six-Axis Wrist Force/Torque Sensor [J]. IEEE Transaction on Instrumentation and Measurement, 2007, 56（5）：2094-2100.

［8］ 鐘志華. 現代設計方法[M]. 武漢：武漢理工大學出版社，2001.

［9］ 童炳樞. 現代 CAD 技術[M]. 北京：清華大學出版社，2000.

［10］ 周廷美. 機械零件與系統優化設計建模及應用[M]. 北京：化學工業出版社，2005.

［11］ 王凌. 智慧優化算法及其應用[M]. 北京：清華大學出版社，2001.

［12］ 翟靜，黎新. 機械優化設計綜述[J]. 機械，2006，33：4-6.

［13］ 董科，張國良，陳文娟. 淺談機械優化設計[J]. 山東水利職業學院院刊，2009，2：16-17.

［14］ 何道清. 傳感器與傳感器技術[M]. 北京：科學出版社，2004.

［15］ 許德章. 國家高技術研究發展計劃課題 2007 年度執行情況報告. 合肥：中科院合肥智慧機械研究所，2007.

［16］ Liang Qiaokang, Dan Zhang, Yunjian Ge, and Quanjun Song. A novel miniature four-dimensional force/torque sensor with overload protection mechanism [J]. IEEE Sensors Journal, 2009, 9(2): 1741-1747.

第8章

機器人多維力/
力矩傳感器
解耦方法的研究

　　多維力/力矩傳感器是實現機器人力覺、觸覺感知的重要部件,其研究對於提高機器人的智慧化水準具有重要意義。當前,市場上常見的多維力/力矩傳感器大都是具有一體化彈性體結構的電阻應變片式。這種力/力矩傳感器結構緊湊、製造成本低,但其一體化彈性體結構的特點以及其在加工、貼片等工藝上的誤差,使得各輸出通道之間存在耦合。也就是說,當力或力矩加載到多維力/力矩傳感器上的某一方向時,本應該只在其對應的方向上產生輸出電壓,而在其他方向上無輸出,但實際上,其他方向也會有不同程度的輸出,這就是維間耦合現象。這種耦合現象嚴重影響了多維力/力矩傳感器的測量精度,因此需要加以消除或抑制,這一過程稱為解耦。

　　近年來,學者們對多維力/力矩傳感器的解耦研究主要集中在兩個方面,一是從力/力矩傳感器的結構和製造工藝上著手,以消除維間耦合產生的根源,如華中科技大學的賀德建等[1]、上海交通大學的何小輝等[2]通過改進傳感器結構和電阻應變片的布片方案來實現六維力解耦,東南大學張海霞等[3]則提出了一種結構解耦的新型應變片式三維力/力矩傳感器;二是尋求一種有效的靜態解耦算法,即通過數學建模找到多維力/力矩傳感器的輸出電壓訊號與所加載的力/力矩大小之間的映射關係,從而實現對各維力/力矩的準確測量,這種方法較前一種更容易實現,既能降低傳感器製造工藝上的要求,同時也能取得較好的解耦效果。本章主要討論後一類解耦方法。

　　近年來常見的幾種多維力/力矩傳感器靜態解耦算法如表 8-1 所示。

表 8-1　常見多維力/力矩傳感器靜態解耦算法

年份	研究者	解耦方法	實驗對象	解耦效果
2004	姜力等[4]	BP 神經網路	微型五維指尖力傳感器	靜態耦合率(Ⅱ類誤差)≤0.5%
2006	金振林等[5]	最小二乘法	Stewart 型六維力傳感器	Ⅰ類誤差≤1.8%,Ⅱ類誤差≤1.7%
2011	曹會彬等[6]	線性神經網路	小量程六維腕力傳感器	比傳統解耦方法的誤差下降24%
2012	肖汶斌等[7]	RBF 神經網路	六維力傳感器	總體誤差低於1%FS
2012	石鐘盤等[8]	基於混合遞階遺傳算法和優化小波神經網路	大量程柔性鉸六維傳感器	Ⅰ類誤差≤1.25%,Ⅱ類誤差≤2.59%
2013	武秀秀等[9]	基於耦合誤差和分段擬合建模	十字梁結構的六維力傳感器	Ⅰ類誤差≤0.59%,Ⅱ類誤差≤4.365%
2015	茅晨等[10]	基於耦合誤差建模	六維力傳感器	Ⅰ類誤差≤0.599%,Ⅱ類誤差≤2.984%

多維力/力矩傳感器的靜態解耦算法主要包括線性解耦和非線性解耦，其中線性解耦的精度較差，這是由於多維力/力矩傳感器的輸入輸出普遍存在著非線性關係。對於非線性解耦，一般採用神經網路等智慧算法來逼近輸入輸出的非線性關係，但神經網路解耦速度較慢，難以滿足多維力/力矩動態測量的要求。

8.1 靜態線性解耦

靜態線性解耦將傳感器的輸入輸出關係假定為線性，即滿足

$$F_{6 \times n} = C_{6 \times 6} \cdot U_{6 \times n} \tag{8-1}$$

式中，$F_{6 \times n}$ 為加載在傳感器上的 n 個力/力矩列向量$[F_x, F_y, F_z, M_x, M_y, M_z]^T$ 所組成的輸入矩陣，$U_{6 \times n}$ 為對應的 n 個橋路輸出電壓列向量$[U_{F_x}, U_{F_y}, U_{F_z}, U_{M_x}, U_{M_y}, U_{M_z}]^T$ 所組成的輸出矩陣，$C_{6 \times 6}$ 則為該六維力/力矩傳感器的標定矩陣，將輸出電壓讀數轉換為力/力矩值。

傳感器的靜態線性解耦即求解標定矩陣 $C_{6 \times 6}$，主要有以下兩種求解方式[7]。

8.1.1 直接求逆法（$n = 6$）

選取 6 組線性無關的力/力矩列向量組成標定力進行標定實驗，按公式（8-1）組成含 6 個線性無關方程的線性方程組，再根據克拉默法則即可求解出唯一的標定矩陣 C，計算公式如下：

$$C = FU^{-1} \tag{8-2}$$

8.1.2 最小二乘法（$n > 6$）

由於標定實驗中存在著較大的隨機誤差，往往需要增加標定次數，得到冗餘的 n 個標定力向量。此時，按公式（8-1）組成的方程個數將多於 6 個，則將該線性方程組的最小二乘解作為標定矩陣，計算公式如下：

$$C = FU^T(UU^T)^{-1} \tag{8-3}$$

上述直接求逆法解耦計算簡單，但精度很差，主要是因為所用到的標定實驗數據較少，容易受隨機誤差影響。而基於最小二乘法的線性解耦精度要稍好一些，因為它實際上是對覆蓋到整個量程範圍的眾多標定

數據進行顯著性檢驗，剔除了偏離數據整體變化趨勢的點，以最小誤差線性逼近樣本數據。最小二乘法解耦雖然在一定程度上消除了隨機誤差和部分非線性關係，但本質上仍屬於線性解耦。

8.2　靜態非線性解耦

　　實際應用中，上述靜態線性解耦方法解耦效果並不十分理想。這主要是由於多維力/力矩傳感器的輸出電壓與加載力/力矩之間並非呈絕對的線性關係，而且各通道之間的維間耦合也不完全是線性的。而非線性解耦則將傳感器的輸入輸出假定為更為合理的非線性關係，嘗試用一種非線性模型來逼近這種非線性關係，其解耦效果明顯更佳。

8.2.1　基於 BP 神經網路的多維力/力矩傳感器解耦

　　BP 神經網路（Back-Propagation Network）即反向傳播網路[11]，其主要特點在於採用了誤差反向傳播算法，一方面，輸入資訊從輸入層經隱含層逐層向後傳播，另一方面，誤差訊號則從輸出層經隱含層逐層向前傳播，並根據某種準則（如最速下降法）逐步修正網路的連接權值。隨著學習的不斷進行，各權值不斷得到修正，網路輸出值與目標輸出值間的誤差也越來越小，直到誤差達到所需精度要求後，網路就訓練完成了。此時所得的各權值係數即可確定一個 BP 神經網路模型，這個模型便建立起了多維力/力矩傳感器輸入輸出之間的非線性關係，即實現了非線性解耦。

　　圖 8-1 所示為 BP 神經網路的解耦模型示意圖，一般採用逆向建模，將六維力/力矩傳感器的多路輸出電壓所組成的列向量作為 BP 神經網路的輸入，將對應的作用在傳感器上的多個力/力矩分量作為 BP 神經網路的輸出。BP 神經網路一般將 tansig 函數作為隱含層傳遞函數，而輸出層則採用 purelin 型線性函數，隱含層採用單隱層，其神經元個數需根據實驗情況來確定。BP 神經網路訓練時，還需確定初始權值，通常情況下是隨機給定，但這容易造成網路的不可重現性。由於初始權值過大或過小都會對性能產生影響，通常將初始權值定義為較小的非零隨機值。當然，也有學者專門針對該問題提出了用遺傳算法優化 BP 神經網路的初始權值和閾值，使優化後的 BP 神經網路能夠更好地預測函數輸出。

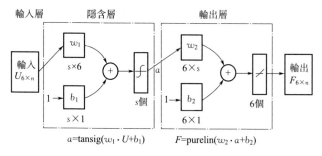

圖 8-1　BP 神經網路解耦模型示意圖

8.2.2　基於支持向量機 SVR 的多維力/力矩傳感器解耦

支持向量機（SVM）可分為支持向量分類機（SVC）和支持向量回歸機（SVR）兩大類。其中，SVR 在系統識別、非線性系統的預測等方面有著廣泛的應用，而多維力/力矩傳感器的解耦實質上就是要探尋多路輸出電壓值與實際加載的多維力/力矩資訊之間的非線性關係，因此可以用到 SVR 的方法。

支持向量回歸（SVR）的基本思想[12] 是：給定訓練樣本集 $S=\{(x_i,y_i),x_i\in R^d,y_i\in R,i=1,2,\cdots,n\}$，其中 x_i 表示 d 維輸入向量，y_i 則表示相對應的目標輸出值，n 為訓練樣本個數。首先通過非線性映射 $x\to\varphi(x)$，將輸入的低維空間映射到高維空間，然後轉化為線性回歸問題。然後通過求解線性回歸問題，得到一個回歸函數 $f(x)$，且由該函數求出的每個樣本輸出值與輸入樣本所對應的目標輸出值相差不超過 ε，同時還需使回歸函數盡量平滑。

假設回歸函數可以寫成如下形式：

$$f(x)=w\cdot\varphi(x)+b \tag{8-4}$$

式中，w 為權值向量，b 為偏置。

依據上述 SVR 的基本思想，可用數學語言描述為一個凸優化問題：

$$\min\quad \frac{1}{2}\parallel w\parallel^2+C\sum_{i=1}^n(\xi_i+\xi_i^*)$$

$$\text{s. t.}\quad \begin{cases} y_i-[w\cdot\varphi(x_i)+b]\leqslant\varepsilon+\xi_i \\ [w\cdot\varphi(x_i)+b]-y_i\leqslant\varepsilon+\xi_i^*,i=1,2,\cdots,n \\ \xi_i,\xi_i^*\geqslant0 \end{cases} \tag{8-5}$$

其中 $\varepsilon \geqslant 0$ 用來表示 SVR 預測值與實際值之間的偏差。松弛因子 ξ_i 和 ξ_i^* 是由於考慮所採集的樣本中可能會有較大誤差而引入的，它反映了樣本集中各樣本點誤差的大小，松弛因子越大，該樣本的誤差越大，多數樣本所對應的松弛因子為 0。而常數 $C > 0$ 稱為懲罰因子，它決定了上述誤差較大的樣本點對目標函數的損失程度，顯然懲罰因子 C 越大，對目標函數的損失也就越大，極端的情況是 C 無窮大時，樣本集中只要出現一個誤差超過 ε 的樣本點，目標函數的值即變為無窮大，導致上述問題無解。目前，懲罰因子 C 的值只能靠試湊法來確定。

為便於求解式(8-5)，引入 Lagrange 乘子 α_i、α_i^*，並最終轉化為上述凸優化問題的對偶問題：

$$
\max_{\alpha_i,\alpha_i^*} \quad -\frac{1}{2}\sum_{i,j=1}^{n}(\alpha_i-\alpha_i^*)(\alpha_j-\alpha_j^*)[\varphi(\boldsymbol{x}_i)\cdot\varphi(\boldsymbol{x}_j)]-
$$

$$
\varepsilon\sum_{i=1}^{n}(\alpha_i+\alpha_i^*)+\sum_{i=1}^{n}y_i(\alpha_i-\alpha_i^*) \tag{8-6}
$$

$$
\text{s.t.} \quad
\begin{cases}
\sum_{i=1}^{n}(\alpha_i-\alpha_i^*)=0, \\
\alpha_i,\alpha_i^* \in [0,C]
\end{cases} ,i=1,2,\cdots,n
$$

可以看到，上述問題的求解只需計算出 $\varphi(\boldsymbol{x}_i)$ 與 $\varphi(\boldsymbol{x}_j)$ 的內積，而無需知道 $x \rightarrow \varphi(\boldsymbol{x})$ 的具體映射形式。因此，只需找到一個如下形式的核函數：

$$
K(\boldsymbol{x}_i,\boldsymbol{x}_j)=\varphi(\boldsymbol{x}_i)\cdot\varphi(\boldsymbol{x}_j) \tag{8-7}
$$

該核函數的輸入參數 x_i 和 x_j 為兩個低維空間內的向量，輸出值則為經過 $x \rightarrow \varphi(\boldsymbol{x})$ 映射到高維空間後的向量內積。這樣，引入核函數之後，低維空間的非線性回歸問題就變成了高維空間的線性回歸問題了。目前常用的核函數主要是徑向基函數（RBF），主要是由於其對應的特徵空間是無窮維的，有限的樣本在該特徵空間中肯定是線性的，其表達式為

$$
K(\boldsymbol{x},\boldsymbol{x}_i)=\exp(-\gamma\|\boldsymbol{x}-\boldsymbol{x}_i\|^2),\lambda>0 \tag{8-8}
$$

式中，γ 為核函數的一個參數，需由用戶確定。

求解式(8-6) 即可得到 α_i，α_i^*，其中與 $\alpha_i-\alpha_i^* \neq 0$ 相對應的樣本，稱為支持向量。由此可以求出權值向量 $\boldsymbol{w}$：

$$
\boldsymbol{w}=\sum_{i=1}^{n}(\alpha_i-\alpha_i^*)\varphi(\boldsymbol{x}_i)=\sum_{i=1}^{nSV}(\alpha_i-\alpha_i^*)\varphi(\boldsymbol{x}_i) \tag{8-9}
$$

式中，nSV 為支持向量的數目。

閾值 b 則可根據 Karush-Kuhn-Tucker（KKT）條件求出：

$$b = y_i - \boldsymbol{w} \cdot \varphi(\boldsymbol{x}_i) - \varepsilon \qquad 0 < \alpha_i < C, \alpha_i^* = 0 \qquad (8\text{-}10)$$

或 $\qquad b = y_i - \boldsymbol{w} \cdot \varphi(\boldsymbol{x}_i) + \varepsilon \qquad 0 < \alpha_i^* < C, \alpha_i = 0 \qquad (8\text{-}11)$

為了計算可靠，一般對所有支持向量分別計算 b 的值，然後取平均值，即

$$b = \frac{1}{nSV} \left\{ \sum_{0 < \alpha_i < C} [y_i - \boldsymbol{w} \cdot \varphi(\boldsymbol{x}_i) - \varepsilon] + \sum_{0 < \alpha_i^* < C} [y_i - \boldsymbol{w} \cdot \varphi(\boldsymbol{x}_i) + \varepsilon] \right\}$$

$$= \frac{1}{nSV} \left\{ \sum_{0 < \alpha_i < C} [y_i - \sum_{j=1}^{nSV} (\alpha_j - \alpha_j^*) K(\boldsymbol{x}_j, \boldsymbol{x}_i) - \varepsilon] + \right.$$

$$\left. \sum_{0 < \alpha_i^* < C} [y_i - \sum_{j=1}^{nSV} (\alpha_j - \alpha_j^*) K(\boldsymbol{x}_j, \boldsymbol{x}_i) + \varepsilon] \right\} \qquad (8\text{-}12)$$

最終可以得到支持向量回歸機的回歸函數為

$$f(\boldsymbol{x}) = \boldsymbol{w} \cdot \varphi(\boldsymbol{x}) + b = \sum_{i=1}^{n} (\alpha_i - \alpha_i^*) K(\boldsymbol{x}_i, \boldsymbol{x}) + b \qquad (8\text{-}13)$$

可以看到，SVR 回歸算法在計算回歸函數 $f(\boldsymbol{x})$ 時，無需計算權值向量 $\boldsymbol{w}$ 和非線性映射 $\varphi(\boldsymbol{x})$ 的具體值，而只需計算 Lagrange 算子 α_i、α_i^*、核函數 $K(\boldsymbol{x}_i, x)$ 以及閾值 b 即可。而且支持向量回歸函數的複雜程度與輸入空間的維數無關，而僅僅取決於支持向量的數目。

非線性 SVR 的算法可以歸納如下[13]：

① 給定訓練樣本集 S；

② 選擇適當的精度參數 ε 以及核函數 $K(\boldsymbol{x}_i, \boldsymbol{y}_i)$；

③ 求解式(8-6) 中的優化問題，得到 $\alpha = (\alpha_1, \alpha_1^*, \cdots, \alpha_n, \alpha_n^*)$；

④ 計算閾值 b；

⑤ 構造非線性 SVR 的超平面 $f(\boldsymbol{x})$。

SVR 形式上類似於一個神經網路，輸入為多維向量，輸出為中間節點線性組合後得到的單維實數值，每個中間節點對應一個支持向量，其權值即為對應的拉格朗日算子 $\alpha_i - \alpha_i^*$，如圖 8-2 所示。

本章將多維力／力矩傳感器的 6 路輸出電壓作為 SVR 的輸入，將施加在力／力矩傳感器上 6 個不同方向上的力或力矩值分別逐一作為 SVR 的輸出，依次構造出 6 個獨立的 SVR 模型。訓練完成後，再分別用各個模型對測試樣本進行預測。

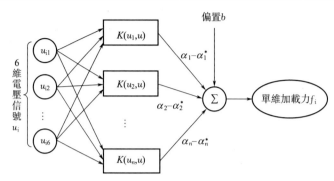

圖 8-2　建立從 6 維輸出電壓 $\boldsymbol{u}_i$ 到單維加載力資訊 $\boldsymbol{f}_i$ 的 SVR 模型

8.2.3　基於極限學習機的多維力/力矩傳感器解耦

實驗表明，BP 神經網路和支持向量機 SVR 的非線性逼近能力已使得多維力/力矩傳感器的解耦精度與傳統線性解耦相比得以顯著提升。然而，BP 神經網路大多採用梯度下降法[14]，該方法需要多次迭代以修正權值和偏置，因此訓練過程耗時較長。而支持向量機 SVR 在用交叉驗證法或遺傳算法優化初選參數時耗費時間也較長。然而，多維力/力矩傳感器除了需要滿足精度要求外，還需要在測量時保證較好的動態響應性，而 BP 神經網路和 SVR 訓練速度慢的特點則很難適應這一要求。研究發現，極限學習機（ELM）比上述兩種方法的學習速度更快，泛化性能也較好。因此，本節將介紹基於 ELM 的多維力/力矩傳感器解耦方法。

極限學習機實質上屬於一種特殊的單隱層神經網路學習算法，但與傳統的 BP 算法不同，該算法隨機產生輸入層與隱含層間的連接權值及隱含層神經元的偏置，且在訓練過程中無需調整，只需要設置隱含層神經元的個數，便可以獲得唯一的最優解。

基於極限學習機解耦的網路結構如圖 8-3 所示，它由輸入層、隱含層和輸出層組成，各層之間的神經元全連接。其中輸入、輸出層神經元個數均為 6 個，分別對應 6 個輸入變數和 6 個輸出變數。與 BP 神經網路解耦一樣，ELM 解耦也採用逆向建模。網路的隱含層神經元個數為 L 個，同樣需由實驗確定。

對於 N 個樣本 $(\boldsymbol{u}_i, \boldsymbol{f}_i)$，其中輸入 $\boldsymbol{u}_i = [u_{i1}, u_{i2}, \cdots, u_{i6}]^{\mathrm{T}}$，輸出 $\boldsymbol{f}_i = [f_{i1}, f_{i2}, \cdots, f_{i6}]^{\mathrm{T}}$，一個含 L 個隱含層神經元的網路輸出可表示為

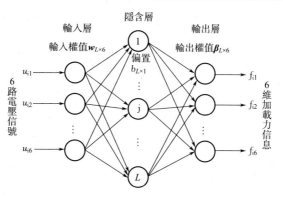

圖 8-3 基於極限學習機解耦的網路結構

$$
\boldsymbol{t}_i = \begin{bmatrix} t_{i1} \\ t_{i2} \\ \vdots \\ t_{i6} \end{bmatrix}_{6\times 1} = \begin{bmatrix} \sum_{j=1}^{L} \beta_{j1} g(\boldsymbol{w}_j \cdot \boldsymbol{u}_i + b_j) \\ \sum_{j=1}^{L} \beta_{j2} g(\boldsymbol{w}_j \cdot \boldsymbol{u}_i + b_j) \\ \vdots \\ \sum_{j=1}^{L} \beta_{j6} g(\boldsymbol{w}_j \cdot \boldsymbol{u}_i + b_j) \end{bmatrix}_{6\times 1} \tag{8-14}
$$

$$
= \sum_{j=1}^{L} \boldsymbol{\beta}_j g(\boldsymbol{w}_j \cdot \boldsymbol{u}_i + b_j), i = 1, \cdots, N
$$

其中，$\boldsymbol{w}_j = [w_{1j}, w_{2j}, \cdots, w_{6j}]^{\mathrm{T}}$、$\boldsymbol{\beta}_j = [\beta_{j1}, \beta_{j2}, \cdots, \beta_{j6}]^{\mathrm{T}}$ 和 $\boldsymbol{b}_j$ 分別為第 j 個隱含層神經元的輸入權值、輸出權值和偏置，$\boldsymbol{w}_j \cdot \boldsymbol{u}_i$ 表示向量 $\boldsymbol{w}_j$ 和 $\boldsymbol{u}_i$ 的內積，$g(u)$ 為隱含層傳遞函數。若上述網路能以零誤差逼近這 N 個樣本，即滿足

$$
\sum_{i=0}^{N} \| \boldsymbol{t}_i - \boldsymbol{f}_i \| = 0 \tag{8-15}
$$

則存在 $\boldsymbol{w}_j$、$\boldsymbol{\beta}_j$ 和 $\boldsymbol{b}_j$ 使得

$$
\sum_{j=1}^{L} \boldsymbol{\beta}_j g(\boldsymbol{w}_j \cdot \boldsymbol{u}_i + b_j) = \boldsymbol{f}_i, i = 1, \cdots, N \tag{8-16}
$$

上式可改寫為如下矩陣形式：

$$
\boldsymbol{H\beta} = \boldsymbol{F} \tag{8-17}
$$

其中

$$H(w_1,w_2,\cdots,w_L,b_1,b_2,\cdots,b_L,u_1,u_2,\cdots,u_N)=$$

$$\begin{bmatrix} g(w_1 \cdot u_1+b_1) & g(w_2 \cdot u_1+b_2) & \cdots & g(w_L \cdot u_1+b_L) \\ g(w_1 \cdot u_2+b_1) & g(w_2 \cdot u_2+b_2) & \cdots & g(w_L \cdot u_2+b_L) \\ \vdots & \vdots & \ddots & \vdots \\ g(w_1 \cdot u_N+b_1) & g(w_2 \cdot u_N+b_2) & \cdots & g(w_L \cdot u_N+b_L) \end{bmatrix}_{N \times L}$$

$$(8\text{-}18)$$

$$\boldsymbol{\beta}=\begin{bmatrix} \beta_1^{\mathrm{T}} \\ \beta_2^{\mathrm{T}} \\ \vdots \\ \beta_L^{\mathrm{T}} \end{bmatrix}_{L \times 6} ,\boldsymbol{F}=\begin{bmatrix} f_1^{\mathrm{T}} \\ f_2^{\mathrm{T}} \\ \vdots \\ f_N^{\mathrm{T}} \end{bmatrix}_{N \times 6} \qquad (8\text{-}19)$$

矩陣 $\boldsymbol{H}$ 稱為隱含層輸出矩陣，在極限學習機算法中，隱含層神經元的輸入權值 $\boldsymbol{w}_{L \times 6}=[w_1,w_2,\cdots,w_L]^{\mathrm{T}}$ 和偏置 $\boldsymbol{b}_{L \times 1}=[b_1,b_2,\cdots,b_L]^{\mathrm{T}}$ 可隨機給定，因此矩陣 $\boldsymbol{H}$ 實際上是一個確定的矩陣。於是該網路的訓練便轉化為一個求取隱含層神經元輸出權值 $\boldsymbol{\beta}_{L \times 6}$ 的過程。

根據 Huang 等[15] 證明的定理可知，若隱含層神經元個數與訓練樣本個數相等，則對於任意的 $\boldsymbol{w}_{L \times 6}$ 和 $\boldsymbol{b}_{L \times 1}$，上述網路都可以零誤差逼近訓練樣本。而當訓練樣本個數 N 較大時，為了減少計算量，隱含層神經元個數 L 通常比 N 要小得多，此時該網路的訓練誤差可以逼近一個任意的 $\varepsilon > 0$，即

$$\sum_{i=0}^{N} \| t_i - f_i \| < \varepsilon \qquad (8\text{-}20)$$

因此，當隱含層的傳遞函數 $g(u)$ 無限可微時，極限學習機網路的參數並不需要全部進行調整，$\boldsymbol{w}_{L \times 6}$ 和 $\boldsymbol{b}_{L \times 1}$ 在訓練前可以隨機選定，且在訓練過程中保持不變。而隱含層神經元的輸出權值 $\boldsymbol{\beta}_{L \times 6}$ 則可通過求解其最小二乘範數解來獲得，即

$$\| \boldsymbol{H}\hat{\boldsymbol{\beta}}-\boldsymbol{F} \| = \min_{\beta} \| \boldsymbol{H}\boldsymbol{\beta}-\boldsymbol{F} \| \qquad (8\text{-}21)$$

因此，隱含層神經元輸出權值 β 的最小二乘範數解為

$$\hat{\boldsymbol{\beta}}=\boldsymbol{H}^{+}\boldsymbol{Y} \qquad (8\text{-}22)$$

式中，$\boldsymbol{H}^{+}$ 為隱含層輸出矩陣 $\boldsymbol{H}$ 的廣義逆。

根據以上分析，ELM 解耦的訓練步驟歸納如下：

① 隨機產生隱含層神經元的輸入權值 $\boldsymbol{w}_{L \times 6}$ 和偏置 $\boldsymbol{b}_{L \times 1}$；

② 計算隱含層輸出矩陣 $\boldsymbol{H}$；

③ 計算隱含層神經元的輸出權值 $\hat{\boldsymbol{\beta}}=\boldsymbol{H}^{+}\boldsymbol{Y}$。

8.2.4 稀疏電壓耦合貢獻的極限學習機解耦（MIVSV-ELM）

基於稀疏電壓耦合貢獻的極限學習機解耦的網路結構如圖 8-4 所示，它是由輸入層、隱含層和輸出層組成，各層之間的神經元全連接。其中輸入層神經元的個數為 12 個，其中 6 個為六路電壓訊號，另外 6 個為電壓的稀疏耦合貢獻值，輸出層神經元的個數為 6 個，對應著 6 個加載力的資訊。網路的隱含層神經元個數為 L 個，通過實驗確定。

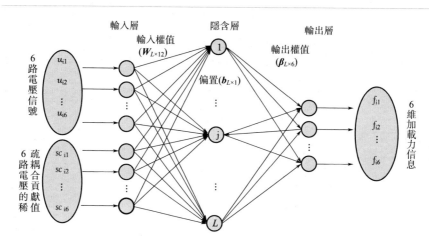

圖 8-4　基於稀疏電壓耦合貢獻的極限學習機解耦的網路結構

對於 N 個樣本 (in_i, f_i)，其中輸入 $in_i = [u_{i1}, u_{i2}, \cdots, u_{i6}, sc_{i1}, sc_{i2}, \cdots, sc_{i6}]^{\mathrm{T}}$，輸出 $f_i = [f_{i1}, f_{i2}, \cdots, f_{i6}]^{\mathrm{T}}$，一個含 L 個隱含層神經元的網路輸出可表示為

$$
t_i = \begin{bmatrix} t \\ t_i \\ \vdots \\ t_i \end{bmatrix}_{6\times 1} = \begin{bmatrix} \sum_{j=1}^{L} \boldsymbol{\beta}_{j1} g(\boldsymbol{w}_j \cdot \boldsymbol{in}_i + \boldsymbol{b}_j) \\ \sum_{j=1}^{L} \boldsymbol{\beta}_{j2} g(\boldsymbol{w}_j \cdot \boldsymbol{in}_i + \boldsymbol{b}_j) \\ \vdots \\ \sum_{j=1}^{L} \boldsymbol{\beta}_{j6} g(\boldsymbol{w}_j \cdot \boldsymbol{in}_i + \boldsymbol{b}_j) \end{bmatrix}_{6\times 1}
$$

$$
= \sum_{j=1}^{L} \boldsymbol{\beta}_j g(\boldsymbol{w}_j \cdot \boldsymbol{in}_i + \boldsymbol{b}_j), i = 1, \cdots, N \tag{8-23}
$$

式中，$w_j = [w_{1j}, w_{2j}, \cdots, w_{12j}]^T$，$\boldsymbol{\beta}_j = [\beta_{j1}, \beta_{j2}, \cdots, \beta_{j6}]^T$ 和 $\boldsymbol{b}_j$ 分別為第 j 個隱含層神經元的輸入權值、輸出權值和偏置；$w_j \cdot in_i$ 表示向量 w_j 和 in_i 的內積；$g(u)$ 為隱含層激活函數。若上述網路能以零誤差逼近這 N 個樣本，即滿足：

$$\sum_{i=0}^{N} \| \boldsymbol{t}_i - \boldsymbol{f}_i \| = 0 \tag{8-24}$$

則存在 w_j、$\boldsymbol{\beta}_j$ 和 $\boldsymbol{b}_j$ 使得：

$$\sum_{j=1}^{L} \boldsymbol{\beta}_j g(w_j \cdot in_i + \boldsymbol{b}_j) = \boldsymbol{f}_i, i = 1, \cdots, N \tag{8-25}$$

上面的式子可改寫為如下矩陣形式：

$$\boldsymbol{H\beta} = \boldsymbol{F} \tag{8-26}$$

其中

$$\boldsymbol{H}(w_1, w_2, \cdots, w_L, b_1, b_2, \cdots, b_L, in_1, in_2, \cdots, in_N) =$$

$$\begin{bmatrix} g(w_1 \cdot in_1 + b_1) & g(w_2 \cdot in_1 + b_2) & \cdots & g(w_L \cdot in_1 + b_L) \\ g(w_1 \cdot in_2 + b_1) & g(w_2 \cdot in_2 + b_2) & \cdots & g(w_L \cdot in_2 + b_L) \\ \vdots & \vdots & \ddots & \vdots \\ g(w_1 \cdot in_N + b_1) & g(w_2 \cdot in_N + b_2) & \cdots & g(w_L \cdot in_N + b_L) \end{bmatrix}_{N \times L} \tag{8-27}$$

$$\boldsymbol{\beta} = \begin{bmatrix} \beta_1^T \\ \beta_2^T \\ \vdots \\ \beta_L^T \end{bmatrix}_{L \times 6} \quad \boldsymbol{F} = \begin{bmatrix} f_1^T \\ f_2^T \\ \vdots \\ f_N^T \end{bmatrix}_{N \times 6} \tag{8-28}$$

矩陣 $\boldsymbol{H}$ 稱為隱含層輸出矩陣，在極限學習機算法中，隱含層神經元的輸入權值 $w_{L \times 12} = [w_1, w_2, \cdots, w_L]^T$ 和偏置 $\boldsymbol{b}_{L \times 1} = [b_1, b_2, \cdots, b_L]^T$ 可隨機給定，因此矩陣 $\boldsymbol{H}$ 實際上是一個確定的矩陣。於是該網路的訓練轉化為一個求取隱含層神經元輸出權值 $\boldsymbol{\beta}_{L \times 6}$ 的過程。

根據 Huang 等人的證明可知，若隱含層神經元個數與訓練樣本個數相等，則對於任意的 $w_{L \times 12}$ 和 $\boldsymbol{b}_{L \times 1}$，上述網路都可以零誤差逼近訓練樣本。而當訓練樣本個數 N 較大時，為了減少計算量，隱含層神經元個數 L 通常比 N 要小得多，此時該網路的訓練誤差可以逼近一個任意的 $\varepsilon > 0$，即

$$\sum_{i=0}^{N} \| \boldsymbol{t}_i - \boldsymbol{f}_i \| < \varepsilon \tag{8-29}$$

因此，當隱含層的激活函數 $g(u)$ 無限可微時，極限學習機網路的

參數並不需要全部進行調整，$w_{L \times 12}$ 和 $b_{L \times 1}$ 在訓練前可以隨機選定，且在訓練過程中保持不變，而隱含層的神經元的輸出權值 $\boldsymbol{\beta}_{L \times 6}$ 則可以通過求解其最小二乘範數來獲得，即

$$\| H \hat{\boldsymbol{\beta}} - F \| = \min_{\beta} \| H \boldsymbol{\beta} - F \| \tag{8-30}$$

因此，隱含層神經元輸出權值 $\boldsymbol{\beta}$ 的最小二乘範數解為

$$\hat{\boldsymbol{\beta}} = H^{+} Y \tag{8-31}$$

式中，H^{+} 為隱含層輸出矩陣 H 的廣義逆矩陣。

根據以上分析，本文解耦的訓練步驟歸納如下：

① 隨機產生隱含層神經元的輸入權值 $w_{L \times 12}$ 和偏置 $b_{L \times 1}$；

② 計算隱含層輸出矩陣 H；

③ 計算隱含層神經元的輸入權值 $\hat{\boldsymbol{\beta}} = H^{+} Y$。

8.3 實驗

8.3.1 標定實驗

多維力/力矩傳感器標定實驗系統的組成框圖[16] 如圖 8-5 所示。標定時，首先將多維力/力矩傳感器安裝在標定實驗臺上，施加載荷後，傳感器產生變形，引起應變片阻值變化，進而破壞電橋平衡而輸出電壓訊號。傳感器各通道電壓訊號經訊號放大調理電路放大並去噪後，再由數據採集板卡上傳至上位機數據採集軟體，並記錄下各加載情況下傳感器各橋路的輸出電壓值。

圖 8-5　多維力/力矩傳感器標定實驗系統的組成框圖

本章以一個機器人六維腕力/力矩傳感器為實驗對象，其結構如圖 8-6 所示。該傳感器總體尺寸為 $\phi 60\text{mm} \times 45\text{mm}$。雙 E 形膜結構，結構上引起的維間耦合較大。該傳感器各方向上的量程如下：F_x、F_y 方向均為 $\pm 200\text{N}$，F_z 方向為（-300N，0），M_x、M_y 方向均為 $\pm 8000\text{N} \cdot \text{mm}$，$M_z$ 方向則為 $\pm 10000\text{N} \cdot \text{mm}$。

標定實驗就是要獲取多維力/力矩傳感器的加載力/力矩資訊與相應輸出電壓的大量數據樣本，為解耦提供訓練樣本和測試樣本。隨後便可利用解耦算法來實現該六維力/力矩傳感器的靜態解耦，以提高其測量精度。

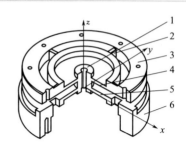

圖 8-6　六維力/力矩傳感器結構

1—中空圓柱體；2—4 個矩形薄片（測 M_z）；
3—加載環；4—上 E 形膜（測 M_x、M_y）；
5—下 E 形膜（測 F_x、F_y、F_z）；6—基體

8.3.1.1　標定流程

① 將傳感器安裝在標定實驗平台上。

② 在傳感器全量程範圍內按砝碼重量分成若干個等間距測量點，將載荷按測量點從零逐步增加到滿量程值，然後減少至零，再逐步增加至負向滿量程值，然後減少至零，用上位機數據採集軟體記錄下對應的傳感器各橋路輸出電壓值（取值範圍為±5V）。

③ 按步驟②完成 3 次循環標定。

8.3.1.2　標定實驗曲線分析

通過上述標定實驗，取同一加載情況時的各數據平均值，可以得到解耦前各方向加載力/力矩與傳感器各橋路輸出電壓的關係，如圖 8-7 所示。從圖中可以看到，F_y、M_x、M_y 方向單向加載時，分別對 M_z、F_y、F_x 方向產生了較大的耦合效應。這主要是由雙 E 形膜的一體化彈性體結構所引起的，因而需要進行解耦。

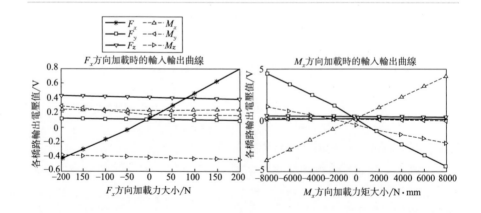

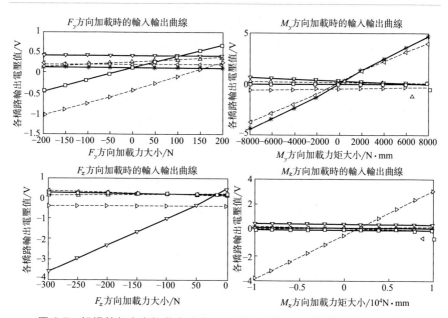

圖 8-7　解耦前各方向加載力/力矩大小與各橋路輸出電壓值間的關係曲線

8.3.2　解耦實驗

8.3.2.1　樣本數據預處理

上述標定實驗所得到的樣本數據中，力的取值在 300 以內，而力矩的取值最大達到了 10000，數量級差異較大。這種差異可能會造成網路預測誤差過大，因此需對數據進行歸一化處理[14]，將所有數據都轉化為 [−1, 1] 之間的數，以取消各維數據間的數量級差異，這也是神經網路預測前對數據常做的一種預處理方法。實驗結果也表明，經過歸一化處理後，解耦精度往往更好，因此本文在利用各種方法進行解耦之前，均對樣本數據進行了歸一化預處理。本文採用了最大最小法來進行數據歸一化，其函數形式為

$$x_k = \frac{x_k - x_{\min}}{x_{\max} - x_{\min}} \qquad (8\text{-}32)$$

式中，$x_{\min}$ 為數據序列中的最小數；$x_{\max}$ 為數據序列中的最大數。

8.3.2.2　訓練樣本和測試樣本

標定實驗中，3 次循環標定使得同一加載情況對應 6 組數據。為了保

證樣本數據的全面性，將上述標定實驗所得到的全部數據作為訓練樣本。而對於測試樣本，由於需要保證其準確性，本文對同一加載情況下的 6 組數據取平均值，以消除標定實驗中的隨機誤差，這樣即可得到更為精確的標定數據樣本，並以此作為測試樣本來檢測各解耦算法的解耦性能。

8.3.2.3 解耦實驗

如圖 8-8 所示為多維力/力矩傳感器的解耦流程框圖，本文用 MAT-LAB 軟體分別實現了線性解耦和非線性解耦，並用測試樣本分別對各解耦方法的解耦效果進行了測試。相關解耦算法的實現代碼在本書附錄中給出。

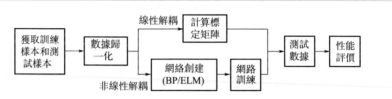

圖 8-8 多維力/力矩傳感器的解耦流程框圖

（1）線性解耦

① 直接求逆法：選取各方向最大量程時的 6 組樣本數據，用公式（8-2）直接計算標定矩陣。

$$C_1 = \begin{bmatrix} 10.0134 & 2.9052 & -0.5232 & 3.3163 & -9.7937 & 0.7391 \\ 2.0046 & 9.3709 & -0.4462 & 9.1660 & -2.0143 & 0.3859 \\ -0.1895 & -0.1696 & 1.0406 & -0.1918 & 0.2217 & -0.0546 \\ 0.1056 & -0.0926 & -0.0656 & 0.9842 & -0.1107 & 0.0193 \\ 0.0951 & 0.0606 & 0.0051 & 0.0818 & 0.9248 & 0.0066 \\ 0.5542 & -1.0737 & -0.0788 & -0.3742 & -0.5408 & 1.6132 \end{bmatrix}$$

② 最小二乘法：選用訓練樣本中的所有樣本數據，用公式（8-3）計算標定矩陣的最小二乘解。

$$C_2 = \begin{bmatrix} 6.5622 & 0.0215 & 0.0227 & -0.0446 & -6.5645 & 0.0229 \\ -0.1173 & 6.4783 & 0.0366 & 6.4507 & -0.0558 & -0.0531 \\ 0.0473 & -0.0925 & 1.1133 & -0.0683 & 0.0704 & -0.0072 \\ -0.0200 & -0.1826 & -0.0004 & 0.7980 & 0.0052 & -0.0045 \\ 0.1029 & 0.0064 & -0.0026 & 0.0149 & 0.8787 & -0.0035 \\ 0.0472 & -1.2956 & 0.0057 & -0.7931 & -0.0747 & 1.0123 \end{bmatrix}$$

標定矩陣 C_1 的二範數為 17.28，如果用該標定矩陣對測試樣本作預

測，其均方誤差 MSE 達到了 1.26×10^5 之高。標定矩陣 $\boldsymbol{C}_2$ 的二範數為 9.33，如果用 $\boldsymbol{C}_2$ 對測試樣本作預測，均方誤差 MSE 為 3.21×10^3。因此，最小二乘法的解耦精度比直接求逆法明顯要好。正如前面分析所知，最小二乘法消除了部分隨機誤差。

（2）非線性解耦

構建 BP、SVR 和 ELM 等網路時，均有一些參數需要用戶自行給定。這些參數對網路的訓練效果都有一定影響，但卻又缺乏有效的方法來確定它們。對此，這裡主要採取遍歷搜索的辦法來簡單確定這些參數，後續研究中可以進一步考慮用遺傳算法、蟻群算法、粒子群算法等智慧優化算法來確定相關參數，以提高上述網路的泛化能力。

對於 BP 神經網路和 ELM 解耦，隱含層神經元的個數對預測精度都有較大影響，過少則不能建立複雜的映射關係，造成網路預測誤差較大；過多則訓練時間增加，且可能出現過擬合現象。本文首先根據經驗選取 BP 網路隱含層神經元個數為 6～15 個，選取 ELM 網路隱含層神經元個數為 20～50 個，然後以預測值與實際值間的均方誤差、解耦運行時間為目標，從中選取最優的隱含層神經元個數。

如圖 8-9 所示，隨著隱含層神經元個數的增加，預測值的均方誤差逐漸變小，但同時計算量也會隨之增加，從而增加了解耦運行時間。基於這兩方面的考慮，最終選定 BP 網路的隱含層神經元個數為 13。利用同樣的思路，實驗發現，ELM 解耦時隱含層神經元個數為 35 時，ELM 解耦的預測值均方誤差已達較小，此時的解耦運行時間也較低，因此最終選定 ELM 解耦的隱含層神經元個數為 35，如圖 8-10 所示。

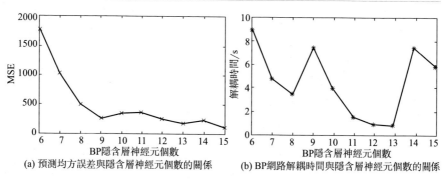

(a) 預測均方誤差與隱含層神經元個數的關係　　(b) BP網路解耦時間與隱含層神經元個數的關係

圖 8-9　BP 神經網路解耦的隱含層神經元個數選擇

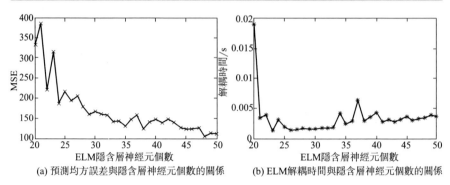

(a) 預測均方誤差與隱含神經元個數的關係　　　(b) ELM解耦時間與隱含層神經元個數的關係

圖 8-10　ELM 解耦的隱含層神經元個數選擇

對於 SVR，訓練開始前要確定的主要參數是懲罰因子 C 和核函數參數 γ，目前常用的一種方法是讓 C 和 γ 在一定的範圍內取值，對於取定的 C 和 γ，把訓練集作為原始數據集並利用 K-CV 方法得到在此組 C 和 γ 下訓練集驗證分類準確率，最終取使得訓練集驗證分類準確率最高的那組 C 和 γ 作為最佳的參數。關於 K-CV 方法，其基本思想是：將樣本數據均分為 K 組，將每個子集數據分別做一次驗證集，其餘的 $K-1$ 組子集數據作為訓練集，這樣就得到了 K 個模型，然後用這 K 個模型對驗證集的預測精度的平均值作為該 SVR 模型的性能指標。這樣獲得的最優參數可以在一定程度上避免過學習和欠學習狀態的發生，最終得到的結果也比較具有說服力。在 SVR 解耦過程中，共包括 6 個 SVR 模型，每個 SVR 模型都分別使用了交叉驗證法來確定各自的最優參數。

8.3.2.4　解耦性能評價

多維力/力矩傳感器各種解耦算法的性能需要有一個評價指標來判定，本文以文獻 [8] 中所述的誤差率為主要評價指標，其定義如下：

$$誤差率 = \left| \frac{F_{實} - F_{預}}{F_{滿}} \right|$$

式中，$F_{實}$ 為實際加載到傳感器各方向上的力/力矩值；$F_{預}$ 為解耦算法得到的預測值；$F_{滿}$ 則為滿量程值。

按照此誤差率的定義，當 F_x 方向單向加載時，可分別得到 F_x、F_y、F_z、M_x、M_y、M_z 方向上的誤差率。其中 F_x 單向加載對 F_x 方向產生的誤差率稱為 I 類相對誤差，它反映的是各方向測量結果與實際加載的偏離大小，即該方向上的測量精度。而 F_x 加載時對其他五個

方向產生的誤差率稱為Ⅱ類相對誤差，它反映了各方向上的維間耦合程度，也稱為靜態耦合率，它是造成多維力／力矩傳感器測量誤差的主要因素。

由此可以計算出上述五種解耦方法在各個方向上的Ⅰ類相對誤差和Ⅱ類相對誤差，為便於比較，本文對同一方向加載情況下各測試樣本所對應的Ⅰ類、Ⅱ類相對誤差取平均值，匯總如表 8-2 所示。

表 8-2　五種解耦方法的Ⅰ類、Ⅱ類相對誤差比較

解耦方法	Ⅰ類相對誤差/%						Ⅱ類相對誤差/%
	F_x	F_y	F_z	M_x	M_y	M_z	最大值
直接求逆法	**49.28**	31.72	0.66	2.90	2.62	7.60	$48.80(M_z \rightarrow F_x)$
最小二乘法	1.62	1.97	**4.16**	1.57	1.53	0.69	$8.74(F_z \rightarrow F_y)$
BP 解耦	**1.50**	1.32	0.30	0.31	0.23	0.31	$0.49(M_x \rightarrow F_y)$
SVM 解耦	1.02	0.94	0.44	0.71	**1.10**	0.62	$0.89(M_x \rightarrow F_x)$
ELM 解耦	**0.92**	0.66	0.04	0.17	0.28	0.29	$0.24(M_z \rightarrow F_y)$
MIVSV-ELM 解耦	**0.31**	**0.62**	**0.01**	0.22	**0.0004**	0.13	**0.17**　$(F_y$-$M_z)$

從表中可以看出，與線性解耦（直接求逆法、最小二乘法）相比，非線性解耦（BP、ELM、MIVSV-ELM）所對應的誤差率明顯更小，而對比三種非線性解耦所對應的誤差率，MIVSV-ELM 解耦法的解耦誤差遠低於 BP 解耦算法，相比 ELM 解耦算法，相對誤差也有明顯的降低，除了單獨加載 M_x 方向時。

為了驗證算法的性能，本文將與 ELM 算法相比較。兩種方法解耦的誤差率對比如圖 8-11 所示，圖中展示了各方向單向加載時，各測試點所對應的Ⅰ類和Ⅱ類誤差。紅色實線表示 ELM 解耦誤差率，而綠色實線代表 MIVSV-ELM 解耦誤差率。

此外，為滿足多維力／力矩傳感器動態測量的要求，其解耦速度越快越好。還可以通過計算解耦輸出預測值與真實值之間的均方誤差以及解耦程序運行時間來考察其綜合性能，如表 8-3 所示。可以看到，與 BP 和 SVR 解耦相比，ELM 解耦的速度得到了極大提升，解耦所得的均方誤差也更小。

表 8-3　幾種解耦方法的性能比較

解耦方法	隱含層神經元個數	解耦時間	解耦均方誤差
BP 解耦	13	0.8262s	183.7128
SVR 解耦	—	1.0138s	160.7400
ELM 解耦	35	0.0026s	134.9855
MIVSV-ELM 解耦	90	0.0028s	28.1072

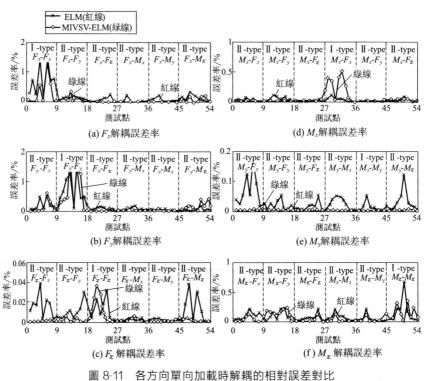

圖 8-11　各方向單向加載時解耦的相對誤差對比

　　通過計算解耦輸出預測值與真實值之間的均方誤差以及解耦所用時間來考察算法的綜合性能，MIVSV-ELM 解耦的速度與 ELM 相差不大，但其解耦的均方誤差有了明顯的下降，綜合性能更優。

8.3.3　BP、SVR 及 ELM 三種非線性解耦算法的對比分析

　　BP、SVR 及 ELM 三種排線性解耦算法對比見表 8-4。

表 8-4　BP、SVR 及 ELM 三種非線性解耦算法對比[17]

解耦算法	優點	不足	運行速度	泛化性能
BP 神經網路	理論上能實現任意非線性映射	①參數較多(網路層數、神經元個數、初始權值以及學習率)，且沒有行之有效的選擇辦法； ②容易陷入局部最優； ③對樣本的依賴性較大； ④不斷的迭代過程造成訓練時間長	很慢	一般

解耦算法	優點	不足	運行速度	泛化性能
SVR 支持向量回歸機	①SVR 模型由少數支持向量決定,算法具有較好的魯棒性; ② 克服了神經網路容易陷入局部最優的問題	①只適用於小樣本,解決大規模訓練樣本時,矩陣運算將耗費大量的機器內存和運算時間; ②懲罰因子 C 和核函數參數 γ 對結果影響較大,這兩個參數的選擇一般可用交叉驗證法或遺傳算法來優化,但會造成學習速度較慢	較慢	較好
ELM 極限學習機	學習速度極快,泛化能力也較強	①隱含層神經元個數對網路的泛化性能影響較大,但又難以確定; ②過多的隱含層神經元還會引起過擬合	極快	較好

參考文獻

[1] 賀德建,張鴻海,劉勝,等．一種用於 MEMS 檢測的無耦合六維力傳感器的研製[J]．微納電子技術, 2003（Z1）: 503-505.

[2] 何小輝,蔡萍．一種小量程六維力傳感器的設計與分析[J]．傳感器與微系統, 2012, 31（1）: 20-22.

[3] 張海霞,崔建偉,陳丹鳳,等．一種結構解耦的新型應變式三維力傳感器研究[J]．傳感技術學報, 2014, 27（2）: 162-167.

[4] 姜力,劉宏,蔡鶴皋．多維力/力矩傳感器靜態解耦的研究[J]．儀器儀表學報, 2004, 25（3）: 284-287.

[5] 金振林,岳義．Stewart 型六維力傳感器的靜態解耦實驗[J]．儀器儀表學報, 2006, 27（12）: 1715-1717.

[6] 曹會彬,孫玉香,劉利民,等．多維力傳感器耦合分析及解耦方法的研究[J]．傳感技術學報, 2011, 24（8）: 1136-1140.

[7] 肖汶斌,董文才．六維力傳感器靜態解耦方法[J]．海軍工程大學學報, 2012, 24（3）: 46-51.

[8] 石中盤,趙鐵石,屬敏,等．大量程柔性鉸六維力傳感器靜態解耦的研究[J]．儀器儀表學報, 2012, 33（5）: 1062-1069.

[9] 武秀秀,宋愛國,王政．六維力傳感器靜態解耦算法及靜態標定的研究[J]．傳感技術學報, 2013, 26（6）: 851-856.

[10] 茅晨,宋愛國,高翔,等．六維力/力矩傳感器靜態解耦算法的研究與應用[J]．傳感技術學報, 2015, 28（2）: 205-210.

[11] 陳明．MATLAB 神經網路原理與實例精解[M]．北京: 清華大學出版社, 2013.

[12] 胡蓉．多輸出函數回歸的 SVM 算法研究[D]．廣州: 華南理工大學, 2005.

[13] 曾紹華．支持向量回歸機算法理論研究與應用[D]．重慶: 重慶大學, 2006.

[14] 王小川．MATLAB 神經網路 43 個案例分析[M]．北京: 北京航空航天大學出版社, 2013.

[15] Huang Guangbin, Zhu Qinyu, Siew Cheekheong. Extreme Learning Machine: Theory and Applications [J]. Neurocomputing, 2006, 70（1）: 489-501.

[16] 田強興,李嘉翊,黃健,等．基於 BP 神經網路的三維力傳感器靜態標定方法研究[J]．儀器技術, 2012（6）: 49-52.

[17] 梁橋康,王耀南,孫煒．智慧機器人力覺感知技術[M]．長沙: 湖南大學出版社, 2018.

第9章

基于力覺感知
的三維座標測
量系統

　　現代三維座標測量系統[1~3]（Coordinate Measuring Machining，簡稱 CMM）在電腦控制下完成各種複雜座標測量，被廣泛用於獲取零件幾何形狀、尺寸和其他物理特徵（如零件表面特徵），隨著工業領域對三維座標測量的精度越來越高，新型的三維座標測量方案十分重要。受測量精度的限制，傳統的測量系統很難滿足複雜零件的座標測量。接觸式的三維座標測量系統通過探測頭與零件接觸，探測頭在與零件接觸時發出控制訊號，系統記錄下當前接觸點的三維座標。為了防止探測頭的磨損和變形，探測頭一般通過安裝在其頭部的紅寶石與零件接觸。圖 9-1 所示為幾種常見的探測頭的形狀，其中柱狀探測頭用來測量孔型或螺紋孔型零件特徵[4]；盤狀探測頭用來測量 T 型等凹槽型零件特徵；尖狀探測頭用來測量點和螺紋型等零件特徵；半圓狀探測頭用來測量深孔和內孔型零件特徵[5]。

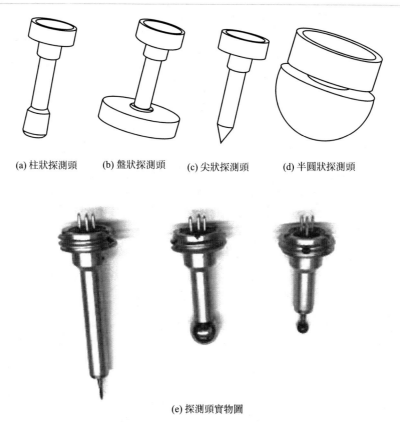

(a) 柱狀探測頭　　(b) 盤狀探測頭　　(c) 尖狀探測頭　　(d) 半圓狀探測頭

(e) 探測頭實物圖

圖 9-1　幾種常見的探測頭的形狀

9.1 接觸式三維座標測量和補償原理

座標測量系統和被測零件之間的座標關係是通過探測頭來建立的。通常在探測頭上配置有接觸式開關，在與被測零件接觸時發出脈衝訊號，這種系統工作方式複雜，而且增加了系統的響應時間和系統成本。另外，這種傳統的測量方式很難測得實際的接觸點座標（尤其在測量斜面形零件時），而且會產生相應的彈性變形誤差。

9.1.1 基於五維力/力矩傳感器的三維座標測量原理

大多數的三維座標測量系統通過測量探測頭的圓心座標和簡單的補償來獲得接觸點的三維座標，這將引入較大的系統誤差。也有一些研究學者通過測得接觸點的三維力資訊來得到探測頭的受力方向，再根據探測頭的幾何形狀曲面方程得到實際的接觸點位置，但這種方法是建立在探測力通過探測頭的中心的假設基礎上。實際上，在考慮探測頭與零件表面產生的摩擦力後，實際的探測力總是在一定範圍內變化，如圖 9-2 所示。

假定系統的探測可以提供精準的三維力資訊和相應的力矩資訊，接觸點的三維座標可以根據下式來計算：

$$\begin{cases} M_x = F_y \cdot z_c + F_z \cdot y_c \\ M_y = F_x \cdot z_c + F_z \cdot x_c \\ f(x_c, y_c, z_c) = 0 \end{cases} \tag{9-1}$$

其中，F_x、F_y、F_z、M_x 和 M_y 分別為作用在接觸點的三維力和相應的作用在探測頭根部的力矩資訊，這些資訊都可以通過設計的五維力/力矩傳感器來獲取。函數 $f(x_c, y_c, z_c)$ 為探測頭頂部在根部參考座標係下的幾何形狀方程。

9.1.2 三維座標測量彈性變形補償

如圖 9-3 所示，通常的探測頭可以簡化為一個端部帶剛性探測球的圓柱梁，由於探測頭與待測工件通過點接觸方式接觸，探測頭只受三個方向的分力作用，即不存在轉矩的作用。因此，探測頭由於與工件發生接觸時發生的變形可以通過下式來計算：

$$d = \begin{bmatrix} d_x \\ d_y \\ d_z \end{bmatrix} = kF = \begin{bmatrix} k_{xx} & 0 & 0 \\ 0 & k_{yy} & 0 \\ k_{xz} & k_{yz} & k_{zz} \end{bmatrix} \begin{bmatrix} F_x \\ F_y \\ F_z \end{bmatrix} \tag{9-2}$$

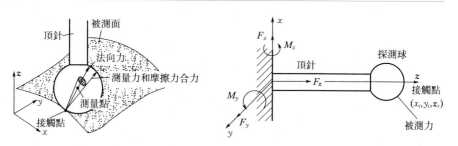

圖 9-2　接觸式三維座標測量示意　　　　圖 9-3　測量力和接觸點示意圖

其中，d 和 F 分別代表探測頭的變形矢量和測量力矢量，k 為剛度矩陣，剛度矩陣可以通過力學知識求得。

9.1.3 三維座標測量綜合不確定度

三維座標測量綜合不確定度可以認為是測量不確定性的一個標準度量，該度量綜合所有的已知誤差和不確定性，從式（9-1）可知，接觸點的三維座標值可以通過下式計算：

$$\begin{cases} x_c = g_1(F_1, F_2, F_3, M_1, M_2) \\ y_c = g_2(F_1, F_2, F_3, M_1, M_2) \\ z_c = g_3(F_1, F_2, F_3, M_1, M_2) \end{cases} \tag{9-3}$$

其中 F_1、F_2、F_3、M_1 和 M_2 分別代表了 F_x、F_y、F_z、M_x 和 M_y。由此，三維座標測量綜合不確定度可以如下式計算：

$$u_{xc} = \sqrt{\sum_{i=1}^{3}\left(\frac{\partial g_1}{\partial F_i}\right)^2 u^2(F_i) + \sum_{i=1}^{2}\left(\frac{\partial g_1}{\partial M_i}\right)^2 u^2(M_i) + 2\sum_{j=1}^{2}\sum_{i=1}^{3}\frac{\partial g_1}{\partial M_j}\frac{\partial g_1}{\partial F_i}u(M_j, F_i)}$$
$$\tag{9-4}$$

$$u_{yc} = \sqrt{\sum_{i=1}^{3}\left(\frac{\partial g_2}{\partial F_i}\right)^2 u^2(F_i) + \sum_{i=1}^{2}\left(\frac{\partial g_2}{\partial M_i}\right)^2 u^2(M_i) + 2\sum_{j=1}^{2}\sum_{i=1}^{3}\frac{\partial g_2}{\partial M_j}\frac{\partial g_2}{\partial F_i}u(M_j, F_i)}$$
$$\tag{9-5}$$

$$u_{zc} = \sqrt{\sum_{i=1}^{3}\left(\frac{\partial g_3}{\partial F_i}\right)^2 u^2(F_i) + \sum_{i=1}^{2}\left(\frac{\partial g_3}{\partial M_i}\right)^2 u^2(M_i) + 2\sum_{j=1}^{2}\sum_{i=1}^{3}\frac{\partial g_3}{\partial M_j}\frac{\partial g_3}{\partial F_i}u(M_j, F_i)}$$
$$\tag{9-6}$$

其中，$u(F_i)$ 和 $u(M_i)$ 為 F_i 和 M_i 不確定度，在本設計中主要是考慮傳感器各維的解析度引入的不確定度；$u(M_j, F_i)$ 表示 M_j 和 F_i 之間的相互關係，如 F_x 與 M_y、F_y 與 M_x 之間的耦合關係；$\partial g_i / \partial F_i$ 表示參數的靈敏度係數，其值的大小可以表示該不確定度對總不確定度影響程度的大小。

9.2 基於五維力/力矩傳感器的探測頭系統設計

圖 9-4　基於五維力/力矩傳感器的探測頭

如圖 9-4 所示，五維力/力矩傳感器集成於探測頭內部，除此之外，探測頭系統還包括一個可換的接觸頭、底座和智慧資訊獲取系統。系統在三維座標測量時可以獲得接觸時的三維力（F_x、F_y 和 F_z）和相應的兩個力矩（M_x 和 M_y），再由集成的資訊獲取系統計算得到三維座標資訊。另外，目前市場上幾乎所有的探測頭系統都基於接觸開關實現，但是接觸開關往往會使整個系統複雜度和成本增加，可靠性下降。本設計採用力/力矩資訊來完成接觸檢測，當探測頭接觸到被測工件時，集成的力傳感器輸出的資訊發生變化，通過資訊獲取系統的分析計算，一方面向執行機構發出停止動作的控制訊號，另一方面由探測頭所得的三維座標基值及力和力矩資訊計算出相應的三維座標值。

由以上分析可知，系統得到的三維座標值的準確性很大程度上決定於集成的五維力/力矩傳感器的精度。

9.2.1 集成式五維力/力矩傳感器的設計

市場上最常見的力傳感器為三維或六維的，但從以上的分析可知，五維力/力矩資訊足以獲得接觸點的三維座標資訊，而且力傳感器的維數越高，引入的維間耦合及相應的解耦就越複雜，可靠性和性價比也相應降低，另外受尺寸等因素的限制，很難集成於探測頭系統。

如圖 9-5 所示，集成式五維力/力矩彈性體為雙層的 Y 形梁，彈性體包括底座、下 Y 形梁、上 Y 形梁、中空的中心柱和上傳力圓環，上傳力

圓環和底座上有螺紋可與探測頭相連。中柱連接上、下Y形梁，其中空的孔可以用來走導線。上 Y 形梁用來檢測繞 x 軸和 y 軸的力矩 M_x 和 M_y，下 Y 形梁用來檢測沿 x 軸、y 軸和 z 軸的三維力 F_x、F_y、F_z。

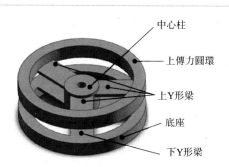

中心柱

上傳力圓環

上Y形梁

底座

下Y形梁

圖 9-5　集成式五維力/力矩傳感器的設計

9.2.2　仿真驅動的集成式五維力/力矩傳感器的設計

本設計採用仿真驅動的設計方法來對集成式五維力/力矩傳感器的彈性體進行設計，這種方法可以快速地獲得彈性體的最優尺寸，並且可以在傳感器的各互相矛盾的性能參數之間取得較好的平衡（如靈敏度和剛度之間的矛盾）。在本設計中，傳感器的幾何尺寸作為輸入設計變數，而傳感器的變形、彈性應變、等效應力作為輸出變數。輸入變數的變化範圍及各輸出變數的優化目標如表 9-1 所示。

表 9-1　輸入變數的變化範圍及各輸出變數的優化目標

參數	輸入參數				輸出參數		
	梁寬度/mm	梁高度/mm	梁長度/mm	最大等效應力/MPa	最大彈性應變/(mm/mm)	最大變形/mm	第一頻響/Hz
變數	P2	P4	P3	P7	P6	P5	P8
目標值	2.5~4	0.1~0.3	16~20	<82	>400	最小化	>400
候選 A	2.5075	0.101	16.02	75.73471474	0.000868102	0.063651909	403.2094856
候選 B	2.5675	0.189888889	16.52	33.69437966	0.000491091	0.024106837	661.8557631
候選 C	2.5225	0.167666667	18.02	48.56994547	0.000709564	0.05533224	483.3482122

前兩個關於最大等效應力和最大正應變的優化目標確保傳感器工作在彈性極限，並有足夠的彈性應變以檢測相應的力和力矩，第三個和第四個優化目標可以分別確保傳感器有良好的線性度和動態響應性能。根據 LHS（Latin Hypercube Sampling）方法確定的樣本點如圖 9-6 所示。從圖中可以看出，傳感器的具體參數對傳感器的輸出變數的影響程度。

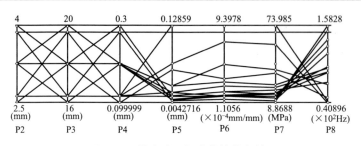

圖 9-6　樣本點及相應的性能參數

　　傳感器具體的輸出參數隨各輸入變數的變化而變化的趨勢可以從圖 9-7 看出，其中各輸入參數 P_i 代表的具體含義如表 9-1 所示。

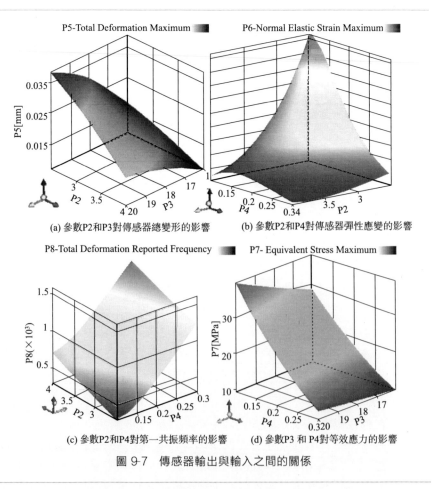

圖 9-7　傳感器輸出與輸入之間的關係

圖 9-8 所示為各主要輸入變數對各輸出變數的靈敏程度，從圖中可知，P4 即上、下 Y 形梁的厚度尺寸對各輸入變數的影響最為顯著，其次是上、下 Y 形梁的外徑尺寸 P3，影響最不明顯的輸入變數為上下 Y 形梁的內徑尺寸 P2。根據這些結論可知，為了精確得到所需的性能參數，應嚴格控制靈敏度高的輸入變數的取值。

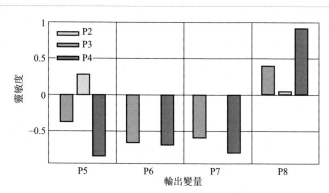

圖 9-8　各輸入變數對輸出參數的靈敏程度

9.3　五維力/力矩傳感器的研製

應用第 2.2.3 節所述的檢測原理，對設計的傳感器進行研製。上節中雖然根據仿真驅動得到了最佳的彈性體尺寸，但是具體發生在彈性體上的應變還未知，為此，通過 ANSYS 軟體對已確定尺寸的傳感器彈性體進行分析，以得到彈性體上最大的應變發生的具體位置，在這些位置黏貼應變片，保證得到的傳感器有最好的靈敏度。

圖 9-9 所示為有限元分析的結果，圖中的顏色深淺代表了應變值的大小，從圖中可以看出，最大應變和最小應變發生在彈性體上下 Y 形梁的最小內徑和最大外徑處，所以選擇這些位置相應地黏貼應變片。

應變片的具體黏貼位置如圖 9-10 所示。一共採用了五路全橋檢測電路共 20 片應變片，$F_x(F_y)$ 使得彈性體繞 $Y(X)$ 軸有彎曲，應變片 R_1、R_2、R_3、$R_4(R_5$、R_6、R_7、$R_8)$ 用來檢測 $F_x(F_y)$。應變片 R_9、R_{10}、R_{11}、R_{12} 用於檢測 F_z。$M_x(M_y)$ 使得彈性體繞 $X(Y)$ 軸旋轉、因此 R_{13}、R_{14}、R_{15}、$R_{16}(R_{17}$、R_{18}、R_{19}、$R_{20})$ 用於檢測 $M_x(M_y)$。

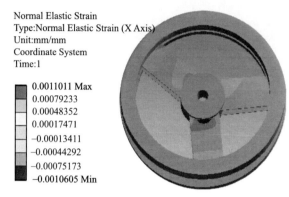

Normal Elastic Strain
Type:Normal Elastic Strain (X Axis)
Unit:mm/mm
Coordinate System
Time:1

0.0011011 Max
0.00079233
0.00048352
0.00017471
−0.00013411
−0.00044292
−0.00075173
−0.0010605 Min

(a) 受F_y=2N作用時發生的正應變雲圖（x方向作用力下結果類似）

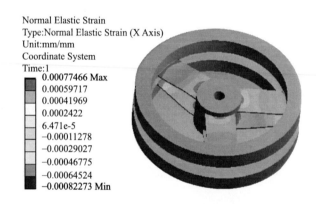

Normal Elastic Strain
Type:Normal Elastic Strain (X Axis)
Unit:mm/mm
Coordinate System
Time:1

0.00077466 Max
0.00059717
0.00041969
0.0002422
6.471e-5
−0.00011278
−0.00029027
−0.00046775
−0.00064524
−0.00082273 Min

(b) 受F_z=2N作用時發生的正應變雲圖

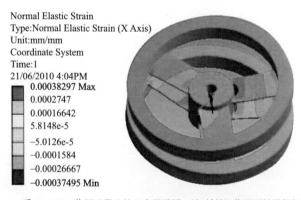

Normal Elastic Strain
Type:Normal Elastic Strain (X Axis)
Unit:mm/mm
Coordinate System
Time:1
21/06/2010 4:04PM

0.00038297 Max
0.0002747
0.00016642
5.8148e-5
−5.0126e-5
−0.0001584
−0.00026667
−0.00037495 Min

(c) 受M_x=2N·m作用時發生的正應變雲圖（繞y軸轉矩作用下結果類似）

圖 9-9　傳感器彈性體有限元分析（電子版）

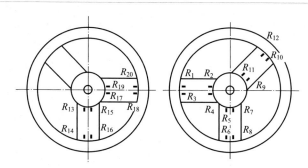

圖 9-10　傳感器彈性體上應變片的具體黏貼位置示意圖

　　如圖 9-11 所示，各應變片組成五組非平衡式全橋測量電路，產生五路電壓輸出訊號。

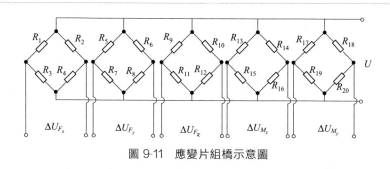

圖 9-11　應變片組橋示意圖

　　所有的應變片採用 BCM Sensor Technologies 公司的 SB-2 系列半導體應變片（ScSG）（SB2-R-2.6-P-1），其詳細參數如表 9-2 所示。

表 9-2　SB2-R-2.6-P-1 型號詳細參數

應變片	標稱阻值 /Ω	尺寸 /mm	應變係數 （GF）	溫度 /℃	應變範圍 /με	最大工作 電流/mA
SB2-R-2.6-P-1	650	5×0.2×0.05	150±5%	−50～+80	6000	10

　　由此，相應的各路電壓輸出大小可以通過電橋知識計算如下：

$$\Delta U_{F_x} = \frac{U}{4}\left(\frac{\Delta R_1}{R_1} - \frac{\Delta R_2}{R_2} + \frac{\Delta R_4}{R_4} - \frac{\Delta R_3}{R_3}\right) = \frac{UK}{4}(\varepsilon_1 - \varepsilon_2 + \varepsilon_4 - \varepsilon_3) \tag{9-7}$$

$$\Delta U_{F_y} = \frac{U}{4}\left(\frac{\Delta R_5}{R_5} - \frac{\Delta R_6}{R_6} + \frac{\Delta R_8}{R_8} - \frac{\Delta R_7}{R_7}\right) = \frac{UK}{4}(\varepsilon_5 - \varepsilon_6 + \varepsilon_8 - \varepsilon_7) \tag{9-8}$$

$$\Delta U_{F_z} = \frac{U}{4}\left(\frac{\Delta R_9}{R_9} - \frac{\Delta R_{10}}{R_{10}} + \frac{\Delta R_{12}}{R_{13}} - \frac{\Delta R_{11}}{R_{11}}\right) = \frac{UK}{4}(\varepsilon_9 - \varepsilon_{10} + \varepsilon_{12} - \varepsilon_{11})$$

$$(9-9)$$

$$\Delta U_{M_x} = \frac{U}{4}\left(\frac{\Delta R_{13}}{R_{13}} - \frac{\Delta R_{14}}{R_{14}} + \frac{\Delta R_{16}}{R_{16}} - \frac{\Delta R_{15}}{R_{15}}\right) = \frac{UK}{4}(\varepsilon_{13} - \varepsilon_{14} + \varepsilon_{16} - \varepsilon_{15})$$

$$(9-10)$$

$$\Delta U_{M_y} = \frac{U}{4}\left(\frac{\Delta R_{17}}{R_{17}} - \frac{\Delta R_{18}}{R_{18}} + \frac{\Delta R_{20}}{R_{20}} - \frac{\Delta R_{19}}{R_{19}}\right) = \frac{UK}{4}(\varepsilon_{17} - \varepsilon_{18} + \varepsilon_{20} - \varepsilon_{19})$$

$$(9-11)$$

9.4　五維力/力矩傳感器的標定

　　傳感器精度在很大程度上依賴於傳感器的標定過程，根據第 8 章描述的標定過程對研製的五維力/力矩傳感器進行標定，得到相應的標定矩陣：

$$\boldsymbol{b} = \begin{bmatrix} -1.4342 & 0.0602 & -2.1330 & -1.2389 & 0.3379 \end{bmatrix}^T$$

$$\boldsymbol{W} = \begin{bmatrix} 4.0652 & -0.2663 & 0.0044 & 0.0307 & -3.8810 \\ 0.2506 & 4.3501 & -0.0176 & -4.0154 & 0.0282 \\ -0.2073 & -0.0784 & 1.3657 & -0.0156 & -0.0051 \\ -0.0283 & -0.9089 & 0.0186 & 2.2808 & -0.0427 \\ -0.7578 & 0.0325 & -0.1653 & 0.0118 & 2.1410 \end{bmatrix}$$

　　為了檢驗傳感器的性能，分別沿 X 軸和 Y 軸正負方向加載 0、50g、100g 三種砝碼，並循環三次，記錄 A/D 轉換器件的輸出如圖 9-12(a) 所示。由於 Z 方向只承受單方向的力，所以僅在 Z 軸正方向加載 0、50g、100g 三種砝碼，並循環三次，記錄 A/D 轉換器件的輸出如圖 9-12(b) 所示。在 M_x 和 M_y 維分別加載 0、1000gf・mm，2000gf・mm（1gf＝9.80665×10^{-3}N）三種轉矩，並循環三次，記錄 A/D 轉換器件的輸出如圖 9-12(c) 所示。

　　傳感器的原型如圖 9-13 所示，集成的多路放大模塊放於探測頭的空腔內，訊號處理電路板放於座標檢測系統中[6]。

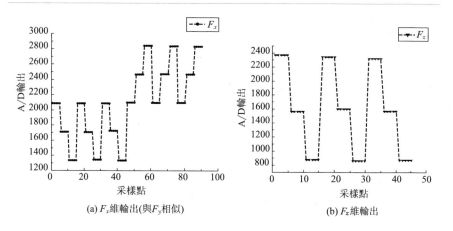

(a) F_x維輸出(與F_y相似)

(b) F_z維輸出

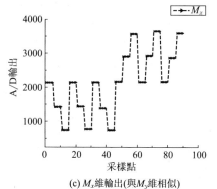

(c) M_x維輸出(與M_y維相似)

圖 9-12 傳感器的輸入輸出曲線

圖 9-13 集成式五維力/力矩傳感器

參考文獻

[1] Klimchik A, Ambiehl A, Garnier S, et al. Efficiency Evaluation of Robots in Machining Applications Using Industrial Performance Measure [J]. Robotics and Computer-Integrated Manufacturing, 2017, 48: 12-29.

[2] Santolaria J, Aguilar J J, Yagüe J A, et al. Kinematic Parameter Estimation Technique for Calibration and Repeatability Improvement of Articulated Arm Coordinate Measuring Machines [J]. Precision Engineering, 2008, 32 (4): 251-268.

[3] 張國雄. 三座標測量機的發展趨勢[J]. 中國機械工程, 2000, 11 (1): 222-226.

[4] Umetsu K, Furutnani R, Osawa S, et al. Geometric Calibration of a Coordinate Measuring Machine Using a Laser Tracking System [J]. Measurement Science and Technology, 2005, 16 (12): 2466.

[5] Curran E, Phelan P. Quick Check Error Verification of Coordinate Measuring Machines[J]. Journal of Materials Processing Technology, 2004, 155: 1207-1213.

[6] 梁橋康. 特殊應用的多維力/力矩傳感器研究與應用研究[D]. 合肥: 中國科學技術大學, 2010.

第10章

仿人機器人足
部多維力/力矩
傳感器的設計
與研究

10.1　概述

　　並聯機構由至少兩個獨立的運動鏈將其動平台與靜平台相連接而成，是 20 世紀 80 年代由新興起的機電及電腦技術相結合的產物。相對串聯機構，並聯機構具有很多優良特性，如剛度大、承載能力強、誤差小、效率高等，因此被廣泛應用於機械加工機床、空間對接機構、運動模擬器、微動執行器等領域。目前，並聯機器人主要的研究趨勢有並聯機構的性能優化、新型構型設計及基於並聯機構的新領域應用研究等。

　　目前，機器人多維力/力矩傳感器主要存在如下幾個缺陷。

　　① 為了檢測機器人操作時笛卡兒座標系中的三維力及三維力矩資訊，多維力/力矩傳感器的彈性體一般都具有比較複雜的幾何結構特徵，導致很難用經典力學知識來建立精確多維力/力矩傳感器數學模型，計算在載荷條件下的變形和應變。

　　② 幾乎所有傳統多維力/力矩傳感器在各維間都存在不可消除的維間耦合，尤其是在切向力與繞切向力矩之間的耦合，而且部分維間耦合還有非線性的特徵，這就給傳感器的解耦、精度提高帶來極大的困難。雖然目前隨著電腦相關技術的發展，許多研究學者提出相關的非線性解耦方法能有效地消除多維力/力矩傳感器的維間耦合，但非線性解耦方法往往比較複雜，而且計算量很大，需要很長的計算時間來完成運算，這就給多維力/力矩傳感器的實時檢測帶來巨大限制。

　　③ 機器人多維力/力矩傳感器的訊號採集及處理對多維力/力矩傳感器各維的輸出提出各向同性的要求，即要求多維力/力矩傳感器在各維的最大量程時輸出的大小相近，便於採用相同的放大倍數及電子芯片，也有利於多維力/力矩傳感器的各維精度保持一致。傳統的多維力/力矩傳感器都基於簡化的模型或者設計師的經驗來進行設計，各向同性很難達到。

　　④ 傳統的機器人多維力/力矩傳感器的剛度性能及靈敏度性能往往是一種矛盾關係，當多維力/力矩傳感器的可靠性要求高時，其剛度也必須相應地較高，此時靈敏度將相應地下降，反之亦然。

　　針對多維力/力矩傳感器存在的缺陷，研究者發現並聯機構作為一種新型機構很適合被用作多維力/力矩傳感器的彈性體，因為其具有如下諸多特徵。

　　① 目前並聯機構的相關理論發展比較成熟，如並聯機構的靜態運動學分析、剛度分析、動態性能分析等理論都有了比較透澈的理解和研究。

　　② 提供無耦合的多維力/力矩資訊：與傳統的多維力/力矩傳感器用同一個彈性體實現對多維力/力矩資訊進行檢測不同，基於並聯機構的多維力/力矩傳感器使用並聯機構的多條支鏈來實現多維力/力矩的感知與檢測，理論上可以提供沒有耦合的多維力/力矩資訊。

　　③ 提供各向同性的多維力/力矩資訊：根據並聯機構的靜態力學理論分析，並聯機構的全局剛度矩陣反映了所承受載荷與並聯機構動平台發生的微小位移之間的關係。利用全局剛度，可以使基於並聯機構的多維力/力矩傳感器各維之間具有各向同性的特點。

　　④ 解決多維力/力矩傳感器的剛度和靈敏度之間的矛盾關係：機器人操作執行器作業時，系統的剛度取決於系統中剛度最小的環節——多維力/力矩傳感器，因此多維力/力矩傳感器的剛度指標對機器人操作的動態性能影響很大。傳統的多維力/力矩傳感器不能同時滿足強剛度和高靈敏度的要求，相反，基於並聯機構的多維力/力矩傳感器由於多條支鏈的存在，可以解決剛度和靈敏度之間的矛盾。

10.2　基於 Stewart 的六維力/力矩傳感器概述

10.2.1　Stewart 並聯機構簡介

　　Stewart 於 1965 年提出 Stewart 並聯機構，該並聯機構由上平台、下平台及六條通過球鉸和虎克鉸連接上下平台的支杆組成。如圖 10-1 所示，每條支杆可以獨立自由伸長和縮短，使其上平台具有空間六個自由度運動：橫向、縱向及垂直三個方向的直線運動和浮仰、橫滾、偏航三個方向的轉動。

(a) Stewart機構示意圖　　(b) MOOG Inc公司的六自由度運動平臺產品

圖 10-1　Stewart 並聯機構

10.2.2　基於 Stewart 並聯機構的六維力傳感器概述

　　早在 1983 年，A. Gaille 與 C. Reboulet 就提出了將 Stewart 並聯機構應用於多維力/力矩傳感器的思想[1]。之後，學者 Romiti[2]、Sorli[3]、Nguyen[4]、Dwarkanath[5]、Ranganath[6]、Ferraresi[7] 以及張曉輝[8]、趙延治[9]、楊建新[10] 等都進行了基於 Stewart 平台並聯機構的多維力/力矩傳感器相關設計研究。現將基於 Stewart 並聯機構的六維力/力矩傳感器的檢測原理概述如下。

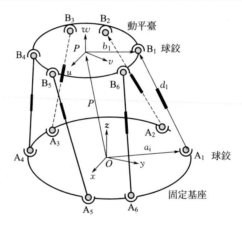

圖 10-2　基於 Stewart 並聯機構的六維力/力矩傳感示意圖

　　基於 Stewart 並聯機構的六維力/力矩傳感器用六個檢測拉壓力的單維力傳感器代替機構中原來的六個驅動部件。通過檢測每條支杆所受的拉壓力，結合相關計算獲取動平台所受的六維力/力矩資訊。

　　如 10-2 所示，設全局座標系 $O\text{-}xyz$ 的原點在下平台的中心位置，全局座標系的 x 軸與 y 軸處於由各支杆下端點組成的平面中；設局部座標系 $P\text{-}uvw$ 的原點在上平台的中心位置，局部座標系的 u 軸與 v 軸處於各支杆上端點組成的平面中。機構的下平台作為固定支承，上平台用來承受外力作用，忽略重力及各關節中的摩擦力作用，且各支杆由於兩端為球鉸，因此可以看成是二力杆，即只承受沿支杆方向的拉壓力，支杆上的單維力傳感器用來檢測各支杆所受的拉壓力大小。每條支杆所受的力可以表示為

$$f_i = f_i s_i, i = 1, 2, \cdots, 6 \tag{10-1}$$

其中，f_i 表示作用於支杆 i 所受拉壓力矢量；f_i 表示支杆 i 所受拉壓力的大小；$s_i = d_i/d_i$ 表示起點在支杆 i 下端點，終點在支杆 i 上端點的單位矢量。

根據力平衡法則，上平台上受到的所有力平衡，可得上平台上所受到的力為

$$f = \sum_{i=1}^{6} f_i = \sum_{i=1}^{6} f_i s_i \qquad (10\text{-}2)$$

同樣，上平台上中心位置所受到的力矩可以表示為

$$n = \sum_{i=1}^{6} b_i \times f_i = \sum_{i=1}^{6} f_i b_i \times s_i \qquad (10\text{-}3)$$

其中，$b_i = \overline{pB_i}$ 表示起點在上平台中心終點在支杆 i 上端點的矢量。

將上式寫成矩陣形式如下：

$$\begin{bmatrix} f \\ n \end{bmatrix} = \begin{bmatrix} s_1 & s_2 & \cdots & s_6 \\ b_1 \times s_1 & b_2 \times s_2 & \cdots & b_6 \times s_6 \end{bmatrix} \begin{bmatrix} f_1 \\ f_2 \\ \vdots \\ f_6 \end{bmatrix} \qquad (10\text{-}4)$$

根據虛功原理

$$w^{\mathrm{T}} \Delta q = F^{\mathrm{T}} \Delta x \qquad (10\text{-}5)$$

其中，$w = [f_1, f_2, \cdots, f_6]^{\mathrm{T}}$ 表示各支杆受力的列矩陣；

$\Delta q = [\Delta q_1, \Delta q_2, \cdots, \Delta q_6]^{\mathrm{T}}$ 表示每個支杆在受拉壓力作用下的形變；

$F = [f, n]^{\mathrm{T}}$ 表示上平台所受到的合力及合力矩矩陣；

$\Delta x = [\Delta x, \Delta y, \Delta z, \Delta \varphi, \Delta \theta, \Delta \psi]^{\mathrm{T}}$，每個元素依次表示沿 x 軸、y 軸、z 軸的位移形變，繞 x 軸、y 軸、z 軸的轉角形變。

對於空間並聯機構，各支杆的變形與上平台的形變的關係可以通過雅克比矩陣來表述：

$$\Delta q = J \Delta x \qquad (10\text{-}6)$$

其中，J 表示並聯機構的雅克比矩陣，對於 Stewart 並聯機構，雅克比矩陣可寫成

$$J = \begin{bmatrix} s_1^{\mathrm{T}} & (b_1 \times s_1)^{\mathrm{T}} \\ s_2^{\mathrm{T}} & (b_2 \times s_2)^{\mathrm{T}} \\ \vdots & \vdots \\ s_4^{\mathrm{T}} & (b_4 \times s_4)^{\mathrm{T}} \end{bmatrix} \qquad (10\text{-}7)$$

由式(10-5) 和式(10-6) 可得

$$(\boldsymbol{w}^{\mathrm{T}}\boldsymbol{J}-\boldsymbol{F}^{\mathrm{T}})\Delta\boldsymbol{x}=0 \tag{10-8}$$

可得

$$\boldsymbol{w}^{\mathrm{T}}\boldsymbol{J}-\boldsymbol{F}^{\mathrm{T}}=0 \tag{10-9}$$

即

$$\boldsymbol{F}=\boldsymbol{J}^{\mathrm{T}}\boldsymbol{w} \tag{10-10}$$

上式也同樣證明了式(10-4)的結論。因此得到各支杆的受力後，就可以計算得到上平台所受力/力矩。

將每根支杆看成一個具有一定剛度的彈簧，於是

$$\boldsymbol{w}=\chi\Delta\boldsymbol{q} \tag{10-11}$$

式中，$\chi=\mathrm{diag}\ [k_1,\ k_2,\ \cdots,\ k_6]$ 表示 6×6 的對角矩陣，其中 k_i 表示支杆 i 的剛度。

將式(10-6)代入上式，根據式(10-10)可得

$$\boldsymbol{F}=\boldsymbol{K}\Delta\boldsymbol{x} \tag{10-12}$$

其中

$$\boldsymbol{K}=\boldsymbol{J}^{\mathrm{T}}\chi\boldsymbol{J} \tag{10-13}$$

即為並聯機構的剛度矩陣，對於 Stewart 並聯機構，由於每條支杆都具有相同的參數，設 $k_1=k_2=\cdots=k_6=k$，可得 Stewart 並聯機構的剛度矩陣為

$$\boldsymbol{K}=k\boldsymbol{J}^{\mathrm{T}}\boldsymbol{J} \tag{10-14}$$

設上平台的半徑為 b，下平台的半徑為 a，平台每條支杆長度為 d，兩平台的高度可通過簡單的計算得到：

$$h^2=d^2-a^2-ab-b^2 \tag{10-15}$$

Stewart 並聯機構的雅克比矩陣為

$$\boldsymbol{J}=\frac{1}{2d}\begin{bmatrix} 2b-a & -\sqrt{3}\,a & 2h & 0 & -2bh & -\sqrt{3}\,ab \\ -b-a & \sqrt{3}\,(b-a) & 2h & \sqrt{3}\,bh & bh & \sqrt{3}\,ab \\ -b+2a & \sqrt{3}\,b & 2h & \sqrt{3}\,bh & bh & -\sqrt{3}\,ab \\ -b+2a & -\sqrt{3}\,b & 2h & -\sqrt{3}\,bh & bh & \sqrt{3}\,ab \\ -b-a & \sqrt{3}\,(a-b) & 2h & -\sqrt{3}\,bh & bh & -\sqrt{3}\,ab \\ 2b-a & \sqrt{3}\,a & 2h & 0 & -2bh & \sqrt{3}\,ab \end{bmatrix}$$

$$\tag{10-16}$$

於是可得 Stewart 並聯機構的剛度矩陣

$$\boldsymbol{K}=\frac{3k}{d^2}\times$$

$$\begin{bmatrix} a^2-ab+b^2 & 0 & 0 & 0 & bh(a/2-b) & 0 \\ 0 & a^2-ab+b^2 & 0 & -bh(a/2-b) & 0 & 0 \\ 0 & 0 & 2h^2 & 0 & 0 & 0 \\ 0 & -bh(a/2-b) & 0 & b^2h^2 & 0 & 0 \\ bh(a/2-b) & 0 & 0 & 0 & b^2h^2 & 0 \\ 0 & 0 & 0 & 0 & 0 & 3a^2b^2/2 \end{bmatrix}$$

$$(10\text{-}17)$$

上式中的左上角 3×3 矩陣代表位移剛度，右下角的 3×3 矩陣代表旋轉剛度，其他分量代表力與力矩之間、移動與轉動之間的耦合關係。

在實際應用中，可能通過將 Stewart 平台的幾何參數按一定比例關係取值，使平台具有一定的特性。

① 取 $a=2b$，可得

$$\boldsymbol{K}=\frac{3k}{d^2}\begin{bmatrix} 3b^2 & 0 & 0 & 0 & 0 & 0 \\ 0 & 3b^2 & 0 & 0 & 0 & 0 \\ 0 & 0 & 2h^2 & 0 & 0 & 0 \\ 0 & 0 & 0 & b^2h^2 & 0 & 0 \\ 0 & 0 & 0 & 0 & b^2h^2 & 0 \\ 0 & 0 & 0 & 0 & 0 & 6b^4 \end{bmatrix}$$

使剛度矩陣成為對角陣，達到消除力與力矩之間、移動與轉動之間耦合關係的目的。

② 取 $a=2b$，$h^2=1.5b^2$，可得

$$\boldsymbol{K}=\frac{3k}{d^2}\begin{bmatrix} 3b^2 & 0 & 0 & 0 & 0 & 0 \\ 0 & 3b^2 & 0 & 0 & 0 & 0 \\ 0 & 0 & 3b^2 & 0 & 0 & 0 \\ 0 & 0 & 0 & 1.5b^4 & 0 & 0 \\ 0 & 0 & 0 & 0 & 1.5b^4 & 0 \\ 0 & 0 & 0 & 0 & 0 & 6b^4 \end{bmatrix}$$

使剛度矩陣的左上角 3×3 對角矩陣元素相等，使平台位移剛度各向同性。

③ 取 $a=2b$，$h^2=6b^2$，可得

$$K = \frac{3k}{d^2} \begin{bmatrix} 3b^2 & 0 & 0 & 0 & 0 & 0 \\ 0 & 3b^2 & 0 & 0 & 0 & 0 \\ 0 & 0 & 12b^2 & 0 & 0 & 0 \\ 0 & 0 & 0 & 6b^4 & 0 & 0 \\ 0 & 0 & 0 & 0 & 6b^4 & 0 \\ 0 & 0 & 0 & 0 & 0 & 6b^4 \end{bmatrix}$$

使剛度矩陣的右下角 3×3 對角矩陣元素相等，使平台旋轉剛度各向同性。

10.3 仿人機器人新型足部設計及六維力/力矩消息獲取實現

10.3.1 仿人機器人足部概述

仿人機器人技術是集機械、電子、電腦、材料、傳感器、控制技術、人工智慧、仿生學等多門學科於一體的複雜智慧機械，代表著一個國家的高科技發展水準，目前已成為機器人領域的研究焦點之一。

仿人機器人足部傳感器可以用來測量仿人機器人足底在各種體態和運動狀態下的壓力分布情況和相關力學參數，也被廣泛應用於臨床醫療診斷、療效評估、體育訓練等領域。

10.3.2 基於並聯機構的新型足部機構設計

近幾十年來，仿人機器人學科得到了迅速的發展，全世界的研究者搭建了多種仿人機器人，如 Honda 的 ASIMO 機器人，早稻田大學的 Wabot 和 Hadaly 機器人，Battelle Pacific Northwest Laboratory 的 Manny 機器人，Kawada Industry 的 HRP 機器人，Sony 的 QRIO 機器人等[11]。此外，國內也有諸多科研單位如國防科技大學、哈爾濱工業大學、清華大學、上海交通大學、北京航空航天大學等都進行了智慧仿人機器人的研製工作。這些仿人機器人的足部/踝部大都只有一到兩個自由度，很大程度上限制了仿人機器人行走時的柔性及穩定性，而仿人機器人這種高穩定性和柔性能使其安全行走在未知環境。另外，仿人機器人的足部不僅應起到支撐整個身體的作用，還應在行走時起到緩衝、吸振

等作用。

目前大部分仿人機器人的足部設計都從仿生角度出發，來複製人類行走的模式，設計了多種基於簡單串聯機構的用於仿人機器人、康復訓練機構、假肢的足部/踝部。然而，串聯機構相對來說有許多缺點，如承載能力有限、動態性能不佳、機構剛度較低、精度有限等，大大限制了仿人機器人足部實際應用。相反，並聯機構因為其多條支鏈共同完成動作，所以具有剛度高、動態性能好、承載能力大、精度高等特點，本節嘗試用新型的並聯機構來實現仿人機器人的足部/踝部。

為使仿人機器人能靈活站立、行走、奔跑等於複雜未知環境，設計一種三自由度（滾轉-偏航-俯仰）的球面運動機構，圖10-3所示為新型仿人機器人足部結構示意圖。該機構包括上平台、下平台、三條主動支杆、一條被動支杆。上平台用來連接仿人機器人腿部，起支撐整個系統的作用；下平台與機器人足底相連；每條主動支杆通過 S 鉸（球鉸）連接上平台，通過 U 鉸（萬向鉸）連接下平

圖10-3　新型仿人機器人足部結構示意圖

台，在每條主動支杆中部的 P 鉸（直線滑動鉸）可以自由伸縮為上平台提供三個相應的運動。圖10-4 表述了上下平台的連接關係，其中灰色的關節表示主動關節，其他關節表示被動關節。

因此，根據 Chebyshev-Grubler-Kutzbach 法則，該機構的自由度為

$$F_r = \lambda(n-j-1) + \sum_{i=1}^{j} f_i = 6 \times (9-11-1) + 21 = 3$$

式中　F_r——表示機構自由度數；

　　　λ——表示完全不受約束的物體的自由度數（對於空間運動構件，$\lambda=6$，對於平面運動構件，$\lambda=3$）；

　　　n——表示機構所含的構件數；

　　　j——表示機構所含的關節數；

　　　f_i——表示第 i 個關節的自由度數。

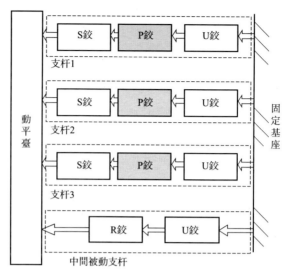

圖 10-4　新型仿人機器人足部關節副連接示意圖

10.3.3　運動學分析

　　圖 10-5(a) 所示為新型仿人機器人足部機構的運動學等效示意圖，其中矩形代表 P 鉸，圓柱形代表 R 鉸，圓形代表 S 鉸，三條主動支杆的下端 A_1、A_2、A_3 點通過 U 鉸連接下平台，三條主動支杆的上端 P_1、P_2、P_3 通過 S 鉸與上平台連接；中心被動支杆的下端點位於全局座標系的原點 O，上端點位於上平台局部座標系的原點 P。為了方便起見，將全局座標系（固定座標系）$O\text{-}xyz$ 設置在下平台上，且其原點處於平台中心，z 軸處於平台法線方向，xy 平面處於由主動支杆的下端 A_1、A_2、A_3 點構成的平面中，且 x 軸與矢量 $\overline{OA_1}$ 重合。局部座標系（運動座標系）$P\text{-}uvw$ 設置在上平台，且其原點處於平台中心，w 軸處於上平台法線方向，uv 平面處於由主動支杆的上端 P_1、P_2、P_3 點構成的平面中，且 u 軸與矢量 $\overline{PP_1}$ 重合。如圖 10-5(b) 所示，α_i 表示 x 軸與矢量 $\overline{OA_i}$ 之間的角度，而 β_i 表示 u 軸與矢量 $\overline{PP_i}$ 之間的角度。

　　因此，主動支杆的下端點位置矢量在全局座標系可以表示為

$$\boldsymbol{A}_i = \begin{bmatrix} a \cdot c\alpha_i & a \cdot s\alpha_i & 0 \end{bmatrix}^{\mathrm{T}} \quad i = 1, 2, 3 \tag{10-18}$$

主動支杆的上端點位置矢量在局部座標系可以表示為

$$\boldsymbol{P}_i = \begin{bmatrix} q \cdot c\beta_i & q \cdot s\beta_i & 0 \end{bmatrix}^{\mathrm{T}} \quad i = 1, 2, 3 \tag{10-19}$$

　　因上平台只有三個轉動自由度，因此六個座標變數中只有三個是獨立變數，其餘三個可以由三個獨立變數計算而得，將這三個獨立變數定義為（ψ，θ，ϕ）。

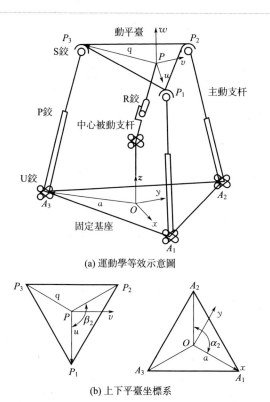

(a) 運動學等效示意圖

(b) 上下平臺坐標系

圖 10-5　仿人機器人足部機構的運動學等效示意圖及上下平台的座標係

　　上平台的位置可以用矢量 $\boldsymbol{P}$ 來表示：

$$\boldsymbol{P}=\overline{OP}=\begin{bmatrix}p_x & p_y & p_z\end{bmatrix}^{\mathrm{T}} \tag{10-20}$$

上平台的姿態可以根據旋轉矩陣來確定：

$$^O\boldsymbol{R}_P=R_z(\phi)R_y(\theta)R_x(\psi) \tag{10-21}$$

其中（ψ，θ，ϕ）代表局部座標係關於全局座標係的三個軸的連續旋轉角度。

　　因被動支杆是一個三自由度的串聯鏈，其位姿可以被其三個關節變數 θ_1、θ_2、θ_3 來完全描述，建立每個串聯關節的座標係如圖 10-6 所示。

　　根據圖 10-6 座標關係，可得被動串聯支杆的相應 D-H（Denavit-Hartenberg）表，如表 10-1 所示。

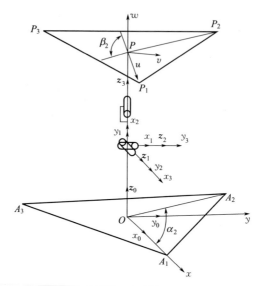

圖 10-6　被動支杆各關節座標係

表 10-1　被動串聯支杆的 D-H 表

i	a_i	d_i	α_i	θ_i
0	0	d_1	$\pi/2$	$\pi/2$
1	0	0	$\pi/2$	θ_1
2	0	0	$\pi/2$	θ_2
3	0	d_3	0	θ_3

因此，從局部座標係向全局座標係的轉換矩陣可以表示為

$$^{O}\boldsymbol{T}_P = \boldsymbol{T}_1\boldsymbol{T}_2\boldsymbol{T}_3\boldsymbol{T}_P = \begin{bmatrix} ^{O}\boldsymbol{R}_P & ^{O}\boldsymbol{P} \\ 0 & 1 \end{bmatrix}$$

$$= \begin{bmatrix} c\theta_1 c\theta_2 c\theta_3 + s\theta_1 s\theta_3 & c\theta_1 s\theta_2 & c\theta_1 c\theta_2 s\theta_3 - s\theta_1 c\theta_3 & d_3(-c\theta_3 s\theta_1 + c\theta_1 c\theta_2 s\theta_3) \\ s\theta_1 c\theta_2 c\theta_3 - c\theta_1 s\theta_3 & s\theta_1 s\theta_2 & s\theta_1 c\theta_2 s\theta_3 - s\theta_1 c\theta_3 & d_3(c\theta_1 c\theta_3 + c\theta_2 s\theta_1 s\theta_3) \\ s\theta_2 c\theta_3 & -c\theta_2 & s\theta_2 s\theta_3 & d_1 + d_3 s\theta_2 s\theta_3 \\ 0 & 0 & 0 & 1 \end{bmatrix}$$

$$(10\text{-}22)$$

對比式(10-21) 可得

$$\theta_2 = \cos^{-1}(c\theta s\psi) \qquad (10\text{-}23)$$

$$\theta_3 = A\tan2\left(\frac{s\theta c\psi}{s\theta_2}, \frac{-s\theta}{c\theta_2}\right) \qquad (10\text{-}24)$$

$$\theta_1 = A \tan2 \left(\frac{s\phi s\theta s\psi + c\phi c\psi}{s\theta_2}, \frac{s\phi c\theta}{s\theta_2} \right) \tag{10-25}$$

逆運動學問題可以簡單地描述為：給定上平台三個獨立角度參數（ψ，θ，ϕ），求相應的各主動支杆的長度。根據矢量運算，可得各主動支杆的長度如下：

$$l_i = \sqrt{[\boldsymbol{P} - \boldsymbol{A}_i + {}^O\boldsymbol{R}_P{}^P\boldsymbol{P}_i]^{\mathrm{T}} [\boldsymbol{P} - \boldsymbol{A}_i + {}^O\boldsymbol{R}_P{}^P\boldsymbol{P}_i]} \tag{10-26}$$

10.3.4 剛度分析

由於機構只有三個獨立的轉動自由度，為得到機構的雅克比矩陣，機構運動時的輸入可以寫為

$$\dot{\boldsymbol{q}} = [\dot{l}_1, \dot{l}_2, \dot{l}_3]^{\mathrm{T}} \tag{10-27}$$

機構運動時的輸出可寫為

$$\dot{\boldsymbol{X}} = [\omega_x, \omega_y, \omega_z]^{\mathrm{T}} \tag{10-28}$$

根據文獻［12］提出的速度向量環方法，不帶被動支杆的機構雅克比矩陣可以按下列方法獲得：

$$\boldsymbol{A}\dot{\boldsymbol{X}} = \dot{\boldsymbol{q}} \tag{10-29}$$

其中

$$\boldsymbol{A} = \begin{bmatrix} (\boldsymbol{P}_1 \times \boldsymbol{s}_1)^{\mathrm{T}} \\ (\boldsymbol{P}_2 \times \boldsymbol{s}_2)^{\mathrm{T}} \\ (\boldsymbol{P}_3 \times \boldsymbol{s}_3)^{\mathrm{T}} \end{bmatrix} \tag{10-30}$$

其中，$\boldsymbol{s}_i$ 為沿支杆 i 的單位向量。

被動支杆的雅克比矩陣可以表示為

$$
\begin{aligned}
\boldsymbol{J} &= \begin{bmatrix} e_1 & e_2 & e_3 \\ e_1 \times r_1 & e_2 \times r_2 & e_3 \times r_3 \end{bmatrix} \\
&= \begin{bmatrix}
d_4(-c\theta_1 c\theta_3 - c\theta_2 s\theta_1 s\theta_3) & d_4 c\theta_1 s\theta_2 s\theta_3 & d_4(c\theta_1 c\theta_2 c\theta_3 + s\theta_1 s\theta_3) \\
d_4(-s\theta_1 c\theta_3 - c\theta_1 c\theta_2 s\theta_3) & -d_4 s\theta_2 s\theta_1 s\theta_3 & d_4(c\theta_2 c\theta_3 s\theta_1 - c\theta_1 s\theta_3) \\
0 & d_4 c\theta_2 s\theta_3 & d_4 c\theta_3 s\theta_2 \\
0 & s\theta_1 & c\theta_1 s\theta_2 \\
0 & -c\theta_1 & c\theta_1 s\theta_2 \\
1 & 0 & -c\theta_2
\end{bmatrix}
\end{aligned}
\tag{10-31}
$$

通過使用 Zhang Dan 在文獻［13］中提出的 Kinetostatic 模型，假設

機構的柔度主要來源於驅動的柔度，機構的柔度矩陣（compliance matrix）可按下式進行計算：

$$C_c = J(AJ)^{-1}C(AJ)^{-T}J^T \tag{10-32}$$

其中，$C = \text{diag}[c_1, c_2, c_3]$：柔度矩陣，$c_i$ 表示第 i 條支杆中驅動的柔度大小。

取所有線性驅動柔度為 1000N/m，可得最小剛度分布圖如圖 10-7 所示。

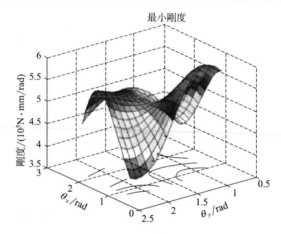

(a) 沿 ψ、θ 變化的最小剛度分布圖($\phi = \pi/4$)

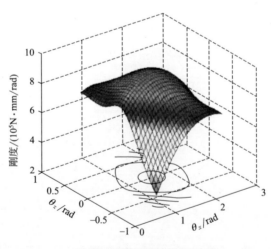

(b) 沿 ψ、ϕ 變化的最小剛度分布圖($\theta = \pi/2$)

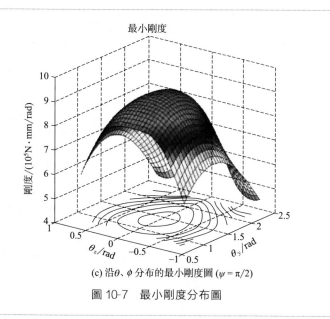

最小剛度

(c) 沿 θ、ϕ 分布的最小剛度圖 ($\psi = \pi/2$)

圖 10-7　最小剛度分布圖

　　根據剛度分布圖，可以直觀得知哪些工作空間可以滿足所需的剛度要求。

10.3.5　足部力/力矩資訊獲取

　　人類雙足行走是生物界最高難度的步行動作，其行走性能也是其他步行機構所無法比擬的。為使仿人機器人能在未知環境中自主行走，完成指定作業，仿人機器人的足部控制應該具備一定的柔性，這也是越來越多的仿人機器人在其足部/踝部配備足部力/力矩傳感器的原因。另外，足部力/力矩傳感器還在步態規劃、估計足部實時姿態、行走步態設計與控制中起到重要的作用。日本早稻田大學的 WL-12RⅢ 是最早採用六維力/力矩傳感器的仿人機器人。本田公司的仿人機器人 ASI-MO 採用六維力/力矩傳感器檢測地面反力，並以此實現實時的 ZMP 檢測，構成姿態控制系統[11]。除此以外，許多仿人機器人足部都在其踝關節處配置有多維力/力矩傳感器，但這些配置的力/力矩傳感器都不是集成式一體化的，使仿人機器人的結構不緊湊、系統更複雜、成本更高。

　　為了檢測仿人機器人在站立、行走等步態下的足部受力資訊，將中心被動支杆中的 U 鉸進行修改，作為集成式一體化的六維力傳感器的彈性體之一。如圖 10-8 所示，U 鉸通過十字軸與兩個轉動幅連接上下兩個

支杆部分。結合 U 鉸上部的 R 鉸，被動支杆將機構的運動限制在三個轉動自由度，所以被動支杆中 U 鉸的十字軸只感應沿三個軸向的力。當機構受三個軸向力作用時，十字軸上的薄弱部分由於剛度最小，應變和變形將主要發生在這些部分，因此被用作力傳感器彈性體的力敏感區（Active Sensing Portion），如圖 10-9 所示。圖中，ASP1、ASP2 用來檢測切向力 F_x；ASP3、ASP4 用來檢測切向力 F_y；ASP5～ASP8 用來檢測法向力 F_z。因此，通過在這些力敏感區上布置應變片，可以達到檢測沿三個軸向的力。

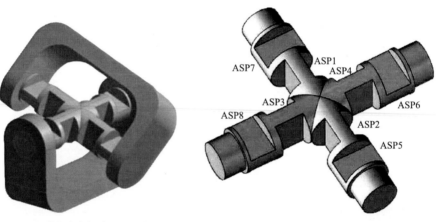

圖 10-8　被動支杆中的 U 鉸結構　　　圖 10-9　被動支杆中 U 鉸的十字軸

　　如圖 10-10 所示，當機構受切向力 F_y（F_x）作用時，十字軸上主要的應變和變形發生在 ASP3、ASP4（ASP1、ASP2）區域，其正反兩面的應力分布相同，而方向相反。最大的彈性應變（798 微應變）發生在力敏感區中央位置區域。

　　如圖 10-11 所示，當機構受法向力時，彈性應變和變形主要發生在ASP5、ASP6、ASP7 和 ASP8 區域。最大彈性應變（601 微應變）發生在力敏感區域的靠近中心的一端，正反面分布相同但數值相反。由於受力情況剛好相反，所以這四個力敏感區域的應變值兩兩相反。

　　忽略重力和摩擦力的影響，每條主動支杆都可以認為是二力杆，只承受沿杆件方向的拉壓力。將每條主動支杆的上部進行修改，將其薄弱環節作為力敏感區域用來檢測支杆所受到的力。如圖 10-12 所示，當主動支杆受力時，其主要彈性應變和變形主要發生在被削薄的薄弱區域，整個區域除兩端外，應變值相同，約為 116 微應變。

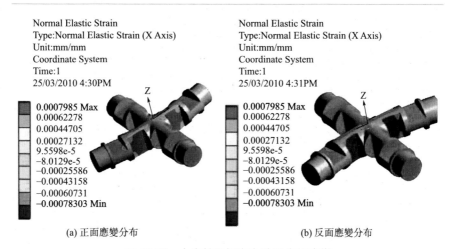

(a) 正面應變分布　　　　　　　　　　(b) 反面應變分布

圖 10-10　十字軸受切向力時發生的應變

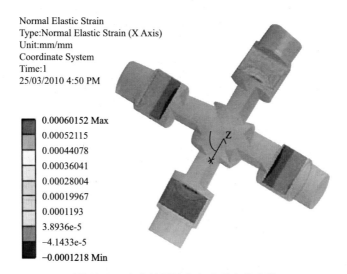

圖 10-11　十字軸受法向力時發生的應變

　　基於以上的應變分析，可以確定最佳的應變片黏貼位置。如圖 10-13 所示，應變片 R_1、R_2、R_3、R_4 分別黏貼在十字軸的力敏感區 ASP5、ASP6、ASP7、ASP8，組成 a 組電橋用來檢測法向力 F_z；應變片 R_5、R_6、R_7、R_8 分別黏貼在十字軸的力敏感區 ASP3、ASP4 的中心，組成 b 組電橋用來檢測切向力 F_y；應變片 R_9、R_{10}、R_{11}、R_{12} 分別黏貼在十字軸的力敏感區 ASP1、ASP2，組成 c 組電橋用來檢測法向力 F_x；應變片 R_{13}、R_{14} 分別黏貼在第一根主動支杆的力敏感區，

組成半橋檢測電路 d 用來檢測第一根主動支杆所受到的力；應變片 R_{15}、R_{16} 分別黏貼在第二根主動支杆的力敏感區，組成半橋檢測電路 e 用來檢測第二根主動支杆所受到的力；應變片 R_{17}、R_{18} 分別黏貼在第三根主動支杆的力敏感區，組成半橋檢測電路 f 用來檢測第三根主動支杆所受到的力。

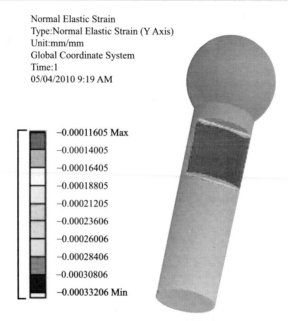

Normal Elastic Strain
Type:Normal Elastic Strain (Y Axis)
Unit:mm/mm
Global Coordinate System
Time:1
05/04/2010 9:19 AM

−0.00011605 Max
−0.00014005
−0.00016405
−0.00018805
−0.00021205
−0.00023606
−0.00026006
−0.00028406
−0.00030806
−0.00033206 Min

圖 10-12 主動支杆在受力時的應變分布

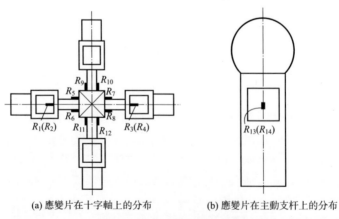

(a) 應變片在十字軸上的分布　　　　(b) 應變片在主動支杆上的分布

圖 10-13 應變片黏貼示意圖

　　為了將應變片的電阻變化轉換為電訊號輸出，將 a、b、c 三組應變片分別組成全橋檢測電路，將 d、e、f 三組應變片分別組成半橋檢測電路，如圖 10-14 所示。

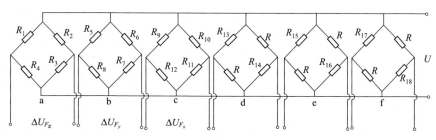

圖 10-14　應變片組橋示意圖

　　因此，當機構受 F_x、F_y、F_z 作用時，相應的各電橋輸出如下：

$$\Delta U_x = \frac{U}{4}\left(\frac{\Delta R_9}{R_9} - \frac{\Delta R_{10}}{R_{10}} + \frac{\Delta R_{11}}{R_{11}} - \frac{\Delta R_{12}}{R_{12}}\right)$$

$$= \frac{U}{4}\left[2\left(\frac{\Delta R_9}{R_9}\right)_\varepsilon - 2\left(\frac{\Delta R_{10}}{R_{10}}\right)_\varepsilon\right] = \frac{UK}{2}(\varepsilon_9 + |\varepsilon_{10}|) \tag{10-33}$$

$$\Delta U_y = \frac{U}{4}\left(\frac{\Delta R_5}{R_5} - \frac{\Delta R_6}{R_6} + \frac{\Delta R_7}{R_7} - \frac{\Delta R_8}{R_8}\right)$$

$$= \frac{U}{4}\left[2\left(\frac{\Delta R_5}{R_5}\right)_\varepsilon - 2\left(\frac{\Delta R_6}{R_6}\right)_\varepsilon\right] = \frac{UK}{2}(\varepsilon_5 + |\varepsilon_6|) \tag{10-34}$$

$$\Delta U_z = \frac{U}{4}\left(\frac{\Delta R_1}{R_1} - \frac{\Delta R_2}{R_2} + \frac{\Delta R_3}{R_3} - \frac{\Delta R_4}{R_4}\right)$$

$$= \frac{U}{4}\left[2\left(\frac{\Delta R_1}{R_1}\right)_\varepsilon - 2\left(\frac{\Delta R_2}{R_2}\right)_\varepsilon\right] = \frac{UK}{2}(\varepsilon_1 + |\varepsilon_2|) \tag{10-35}$$

相應的，每條主動支杆在受拉壓力時的輸出為

$$\Delta U_{\text{limb1}} = \frac{U}{4}\left(\frac{\Delta R_{13}}{R_{13}} + \frac{\Delta R_{14}}{R_{14}}\right) = \frac{U}{4}\left(2\frac{\Delta R_{13}}{R_{13}}\right)_\varepsilon = \frac{UK}{2}(\varepsilon_{13}) \tag{10-36}$$

$$\Delta U_{\text{limb2}} = \frac{U}{4}\left(\frac{\Delta R_{15}}{R_{15}} + \frac{\Delta R_{16}}{R_{16}}\right) = \frac{U}{4}\left(2\frac{\Delta R_{15}}{R_{15}}\right)_\varepsilon = \frac{UK}{2}(\varepsilon_{15}) \tag{10-37}$$

$$\Delta U_{\text{limb1}} = \frac{U}{4}\left(\frac{\Delta R_{17}}{R_{17}} + \frac{\Delta R_{18}}{R_{18}}\right) = \frac{U}{4}\left(2\frac{\Delta R_{17}}{R_{17}}\right)_\varepsilon = \frac{UK}{2}(\varepsilon_{17}) \tag{10-38}$$

　　經標定後，可以得到每個橋路的輸出對應的力的大小。其中 F_x、F_y、F_z 三路的輸出直接為三維力的大小，而 M_x、M_y、M_z 三維力矩

的大小要由式(10-36)、式(10-37) 和式(10-38) 確定支杆受力大小後經過式(10-10) 計算獲得。

10.4　基於柔性並聯機構的六維力/力矩傳感器

基於傳統的並聯機構的多維力傳感器採用傳統的關節，而傳統的關節存在間隙、摩擦、緩衝等誤差因素，很大程度上影響了傳感器的靜態和動態性能。本節提出一種基於柔性並聯機構的六維力傳感器，該機構用柔性關節代替傳統關節以此消除因傳統關節引起的間隙等誤差。

10.4.1　新型關節設計

圖 10-15(a) 所示為廣泛使用的柔性球鉸，可以提供繞三軸的轉動，其各自由度運動的剛度可表示如下：

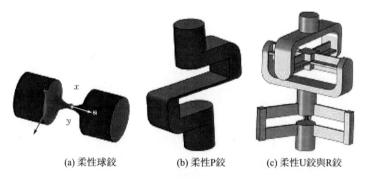

(a) 柔性球鉸　　(b) 柔性P鉸　　(c) 柔性U鉸與R鉸

圖 10-15　基於柔性並聯機構的六維力/力矩傳感器的關節

$$\frac{M_y}{\theta_y} = \frac{M_x}{\theta_x} \approx \frac{Et^{7/2}}{20R^{1/2}} \tag{10-39}$$

$$\frac{F_x}{\theta_y} = \frac{F_y}{\theta_x} \approx \frac{Et^{7/2}}{20R^{3/2}} \tag{10-40}$$

$$\frac{F_z}{\delta_z} \approx \frac{Et^{3/2}}{2R^{1/2}} \tag{10-41}$$

其中，R 表示球鉸的半徑；δ_z 表示轉角撓度；t 表示球鉸的最小直徑尺寸。

關節受 M_x 力矩作用下的最大應力為

$$\sigma_{\max} = \left[3.032 - 7.431\left(\frac{2\alpha}{1+\alpha}\right) + 10.39\left(\frac{2\alpha}{1+\alpha}\right)^2 - 5.009\left(\frac{2\alpha}{1+\alpha}\right)^3\right]\frac{32M_x}{\pi t^3}$$

$$(10\text{-}42)$$

關節受 M_z 力矩作用下的最大剪切應力為

$$\tau_{\max} = \left[2.0 - 3.555\left(\frac{2\alpha}{1+\alpha}\right) + 4.898\left(\frac{2\alpha}{1+\alpha}\right)^2 - 2.365\left(\frac{2\alpha}{1+\alpha}\right)^3\right]\frac{16M_z}{\pi t^3}$$

$$(10\text{-}43)$$

式中，$\alpha = t/(2R)$。

圖 10-15(b) 所示為新型的柔性 P 鉸，可以提供沿支杆方向移動的運動。為了分析其力學性能，將其簡化為兩端固支的薄板在右端的硬塊上受力 F_z 作用，如圖 10-16 所示。

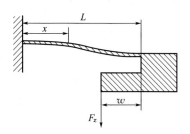

圖 10-16　新型的柔性 P 鉸模型

其彎矩方程為

$$EI\frac{\mathrm{d}^2 z}{\mathrm{d}x^2} = F_z w - F_z(L-x) = F_z(w-L+x) \tag{10-44}$$

因此，梁上距左端固支 x 距離處的轉角和撓度方程為

$$\theta_x = \frac{F_z}{EI}\left[(w-L)x + \frac{x^2}{2}\right] \tag{10-45}$$

$$\delta_x = \frac{F_z}{EI}\left[(w-L)\frac{x^2}{2} + \frac{x^3}{6}\right] \tag{10-46}$$

因此，梁自由端（$w=L/2$）處的轉角和撓度分別為

$$\theta_{x=L} = \frac{F_z}{EI}\left(-\frac{Lx}{2} + \frac{x^2}{2}\right) = 0 \tag{10-47}$$

$$\delta_{x=L} = \frac{F_z}{EI}\left(-\frac{Lx^2}{4} + \frac{x^3}{6}\right) = -\frac{F_z}{EI}\times\frac{L^3}{12} \tag{10-48}$$

　　從以上兩式可知，梁自由端提供了沿力矢量方向的零轉角的純位移。因此，設計柔性 P 鉸能滿足使用要求。

　　圖 10-15(c) 所示為柔性 U 鉸與柔性 R 鉸的組合，其上部為基於十字梁的柔性 U 鉸，使支杆能繞與支杆方向正交的兩軸作純轉動；下部的柔性 R 鉸能使杆件繞其軸線方向作純轉動。

　　柔性 U 鉸由十字截面梁構成，圖 10-17 所示為十字截面梁的示意圖。

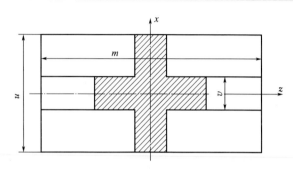

圖 10-17　柔性 U 鉸的十字截面梁構件

繞十字截面梁 z 軸方向的抗扭剛度為

$$K_{\theta_z M_z} = 2\left(1 - \frac{0.582v}{u}\right)\frac{Gv^3 u}{3m} - 0.418\,\frac{Gv^4}{3m} = \left(\frac{u}{v} - 0.373\right)\frac{2Gv^4}{3m}$$

$$(10\text{-}49)$$

繞十字截面梁 x 軸與 y 軸方向的抗彎剛度為

$$K_{\theta_x M_x} = K_{\theta_y M_y} = \frac{G(1+\beta)(uv^3 + u^3v - v^4)}{6m} \qquad (10\text{-}50)$$

其中，G 表示材料的剪切彈性模量；β 表示材料的蒲松比。

10.4.2　基於柔性並聯機構的六維力/力矩傳感器結構

　　基於設計的新型柔性鉸鏈，構造基於柔性並聯機構的六維力/力矩傳感器如圖 10-18 所示。傳感器包括上下平台及連接上下平台的四條支杆，其中，外圍的三條支杆通過柔性 S 型鉸鏈連接上下平台，且其中中部帶有柔性 P 型鉸鏈；中部的第四條支杆上部通過新型的柔性 U 型鉸鏈和 R 型鉸鏈組合而成的 S 型鉸連接上平台，其下部通過固定連接方式與下平台相連。根據虛剛體模型 (pseudo-rigid-body model)，柔性鉸鏈可以用具有相同力——變形特徵的剛體模型代替，因此柔性機構可以使用傳統的剛體模型來進行分析。

圖 10-18　基於柔性並聯機構的六維力/力矩傳感器

　　在中部支杆的柔性 P 型鉸鏈的十字截面梁上黏貼應變片並組橋用於檢測平台所受的 F_x、F_y、F_z。分別在外圍三條支杆中的柔性直線鉸鏈薄板上黏貼應變片並組橋用於檢測每條支杆所受的力大小，通過上節的分析可知，經過簡單的運算就可得到上平台所受的力矩 M_x、M_y、M_z。實現三維力和三維力矩的資訊獲取[14]。

參考文獻

[1]　Gailler A, Reboulet C. An Isostatic Six Component Force and Torque Sensor [C]//Proceedings of the 13th International Symposium on Industrial Robotics. chicago: Robotics International of SME, 1983: 102-111.

[2]　Romiti A, Sorli M. Force and Moment Measurement on a Robotic Assembly Hand[J]. Sensors and Actuators A. 1992（32）: 531-538.

[3]　Sorli M, Pastorelli S. Six-Axis Reticulated Structure Force/Torque Sensor with Adaptable Performances [J]. Mechatronics, 1995（5）: 585-601.

[4]　Nguyen C C et al. Adaptive Control of a Stewart Platform-Based Manipulator [J]. Journal of Robotic Systems, 1993（10）: 657-687.

[5]　Dwarkanath T A, Dasgupta B, Mmruthyunjaya T S. Design and Development of a Stewart Platform Based Force-Torque Sensor [J]. Mecha-tronics, 2001（11）: 793-809.

[6]　Ranganath R et al. A Force-Torque Sen-

sor Based on a Stewart Platform in a Near-Singular Configuration [J]. Mechanism and Machine Theory, 2004 (39): 971-998.

[7] Ferraresi C, Pastorelli S. Statics and Dynamic Behavior of a High Stiffness Stewart Platform-Based Force/Torque Sensor[J]. Journal of Robotic Systems, 1995 (12): 883-893.

[8] 張曉輝. 並聯結構力傳感器力矩各向性研究[J]. 機械設計與研究, 2004, 20 (2): 20-22.

[9] 趙延治, 趙鐵石, 溫銳, 等. 基於結構變形的大型六維力傳感器精度研究[J]. 機械設計, 2007, 24 (9):22-25.

[10] 楊建新, 余躍慶. 基於六維力/力矩傳感器的並聯機器人慣性參數辨識方法[J]. 機械科學與技術, 2006, 25 (7):764-766.

[11] Chestnutt J, Lau M, Cheung G, et al. Footstep Planning for the Honda ASIMO Humanoid[C]. //Proceedings of the 2005 IEEE International Conference on Robotics and Automation, Chicago: IEEE, 2005: 629-634.

[12] Zhang Dan, Clément M Gosselin. Kinetostatic Analysis and Design Optimization of the Tricept Machine Tool Family[J]. Journal of Manufacturing Science and Engineering, 2002, 124 (3): 725-733.

[13] Zhang Dan. Kinetostatic Analysis and Optimization of Parallel and Hybrid Architectures for Machine Tools [D]. Quebec: University of Laval, 2000.

[14] 梁橋康. 特殊應用的多維力/力矩傳感器研究與應用[D]. 合肥: 中國科學技術大學, 2010.

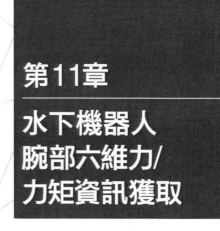

第11章

水下機器人
腕部六維力/
力矩資訊獲取

11.1　概述

目前，中國觀測型水下機器人已經達到了國際先進水準，現階段正在以實現無纜自治型機器人水下作業為目標，研製作業型水下自治機器人。眾所周知，研製自主作業的自治型水下機器人是世界性難題之一，還有很多問題亟待解決。其中水下機器人手爪水下自主作業是最重要的關鍵技術之一，而完備和準確的資訊感知系統是機器人手爪水下自主作業的前提，當前中國外水下機器人都沒有較完善的資訊感知系統，極大地制約了水下機器人手爪的作業能力。

與陸地上使用的多維力/力矩傳感器不同，水下機器人手爪感知系統因水下作業的特殊性還應考慮一些特殊的要求。作為手爪力感知核心的多維力/力矩傳感器的設計首先考慮的應該是傳感器的密封問題，其次是傳感器的内外壓力平衡及補償，最後是傳感器工作的溫度範圍問題。AMTI 公司研製了一種應變式水下多維力/力矩傳感器「UDW3」，其設計採用一個充油的軟外殼來平衡水壓力。邱聯奎等研製了一種薄壁圓筒形應變式多軸力傳感器，用補償膜來補償水壓力（認為液體不可壓縮）。D. M. Lane 等研製了一種具有力覺和滑動觸覺的水下靈巧手，傳感器用柔性的矽膠囊封包以平衡水壓。

11.2　水下特殊環境下的力感知關鍵技術

水下機器人被廣泛應用於水下管道容器安裝及檢查、水下結構與建築檢修、水下環境及生物觀測、打撈救援、海洋考察、能源探測等。

與陸地上使用的智慧機器人手爪不同，抓取作業的穩定性和柔順性對水下機器人手爪作業顯得特別重要；同時由於水下機器人手爪的工作環境十分複雜，干擾複雜，對控制系統的可靠性和魯棒性也有較高要求；另外，為對水下動態對象進行操作，還應有一定的實時性。其次是水下壓力問題：水下每下潛 100m 就增加 10 個大氣壓，為了保證系統的可靠性，必須使水下機器人所有部件都能承受起這種壓力的變化，在此高壓環境下，耐高壓、耐腐蝕的密封結構和技術也是水下機器人的一項關鍵技術。最後是水下溫度的影響，大部分由太陽輻射產生的光和熱被最上層的淺水區（幾十米範圍）所吸收。海浪和湍流將這些熱量迅速帶往更深水域。因此，最上層的

水面溫度恆定，因為海水深度變化而引起的溫度變化不大。緯度是影響水面的表面溫度的最主要因素，高緯度水面溫度可達到－2℃，而低緯度水面溫度可以達到36℃高溫。淺水區下面約100～400m開始的幾百米區域稱為溫度的交界區，在這個區域內溫度迅速下降到10℃以下。所以即使水面溫度很高，但水下大部分區域的溫度在0～3℃之間，而且變化巨大。圖11-1所示為水溫隨水深變化的曲線。

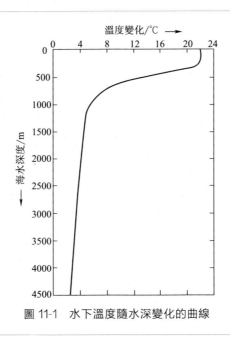

圖 11-1　水下溫度隨水深變化的曲線

11.3　水下機器人腕部六維力/力矩傳感器設計

11.3.1　系統構造及檢測原理

　　如圖11-2所示，設計的水下機器人腕部六維力/力矩傳感器由上轉接板、彈性體、三個密封墊圈、兩個O形密封圈、下轉接板、防水接頭組成。其中，上轉接板安裝在傳感器的頂部與水下機器人手爪相連；彈性體用來將傳感器受到的力資訊轉換為電訊號（電壓）輸出；密封墊圈和O形密封圈構成傳感器的機械密封系統；下轉接板與機器人手臂相連相當於傳感器的基座；四個防水接頭用於傳感器與水下機器人的電氣連

接。裝配完成後，在彈性體與下轉接板之間預留有一個空腔，用於安放傳感器的電路板。

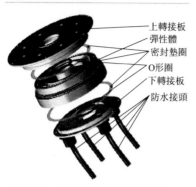

上轉接板
彈性體
密封墊圈
O形圈
下轉接板
防水接頭

圖 11-2　水下機器人腕部六維力/力矩傳感器爆炸示意圖

因為傳感器要安放在已設計好的水下機器人手爪腕部，所以根據手爪安裝尺寸確定外形尺寸為 $\phi200\text{mm}\times60\text{mm}$。根據一般水下作業要求，確定傳感器的各維量程如下：$F_x=F_y=F_z=\pm250\text{N}$，$M_x=M_y=M_z=\pm50000\text{N}\cdot\text{mm}$。考慮水下應用環境，傳感器用鉻鎳不銹鋼製造。

傳感器彈性體是影響傳感器動、靜態性能的最主要因素之一。傳感器彈性體設計時，除了考慮其耦合、結構複雜度、剛度、靈敏度、線性度等性能指標外，還應該考慮傳感器的高度尺寸。設計的傳感器的高度尺寸越高，因此引起的加載在腕部以下的其他部件的附加力矩就越大，相應的傳感器的量程、機器人工作時消耗的功以及驅動的額定功率都應相應加大。另外，傳感器各維在最大量程時的輸出應該相同或者相近，這樣可以使電路部分採用相同的放大元器件和 A/D 採集模塊。因此，一個成功的傳感器彈性體設計應該是傳感器厚度薄、各維輸出同性、高靈敏度、高剛度、耦合小、複雜度低、線性度好。

設計的傳感器彈性體如圖 11-3 所示，彈性體由底座（1）、下 E 形膜（2）、傳力環（3）、上 E 形膜（4）、中空支柱（5）、四片薄矩形片（6）組成。底座與傳感器的下轉接板通過 8 個螺栓相連為傳感器提供剛性支撐作用；中空支柱連接上、下 E 形膜；上部的傳力環與傳感器的上轉接板通過 8 個螺栓連接；四片薄矩形片連接上 E 形膜與傳力環。下 E 形膜用來檢測法向力 F_z 和切向力 F_x、F_y；上 E 形膜用來檢測繞切向方向的力矩 M_x 與 M_y；四片薄矩形片用於檢測繞法向的力矩 M_z。彈性體主要尺寸如表 11-1 所示。

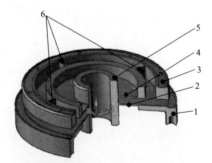

圖 11-3　水下機器人腕部六維力/力矩傳感器彈性體結構（切去 1/4）

表 11-1　水下機器人腕部六維力傳感器彈性體主要尺寸

單位：mm

主要尺寸	外徑	內徑	長	寬	厚
上 E 形膜	115	60	—	—	2
下 E 形膜	115	60	—	—	2
梁	—	—	18	15	1
整體尺寸	200	60			60

　　應變片暴露在周圍環境中會吸收空氣中的水分，或因意外濺潑而使應變片沾上水，如不採取措施很快就會被破壞。水分對應變片有如下的作用：降低絕緣電阻，降低黏合層的黏合強度，使之不能有效地傳遞應變，當黏合層吸收水分時，體積膨脹使敏感柵受附加的張力而發生虛假的應變，在應變中通過電流時，如黏合層中有水分，會產生電解現象，使線柵受到腐蝕，此時應變片出現電阻增加的現象而產生測量誤差。為了防止由密封墊圈和 O 形密封圈老化和防水接頭松脫而引起傳感器內部滲透入水而造成傳感器失效，應對所有傳感器進行防水保護。如圖 11-4 所示，在超過應變片周邊 15mm 左右用鋼片將應變片覆蓋，應變片與鋼片間用矽膠填充，最後用氰基丙烯酸酯膠或者點焊將保護罩牢固地黏在試件上。

11.3.2　傳感器靜態力學分析

　　傳感器彈性體 E 形膜結構的性能在上一章中已有所分析表述，這裡只分析薄矩形片的力學性能。當傳感器受法向方向力矩 M_z 時，主要的應變和變形將發生在四片薄矩形片上，這種受力狀態可以簡化為兩端固支的薄板，如圖 11-5 所示。

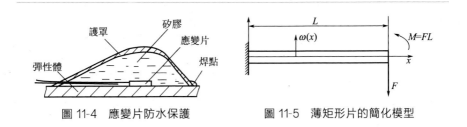

圖 11-4　應變片防水保護　　　　圖 11-5　薄矩形片的簡化模型

　　由力學知識可知

$$EJ\frac{\mathrm{d}^2\omega}{\mathrm{d}x^2} - Fx + (FL - M) = 0 \qquad (11\text{-}1)$$

其中，$J=(bh^3)/12$ 表示薄板的截面慣性矩，b 為薄板的寬度尺寸，h 為薄板的厚度尺寸。

由薄板的幾何邊界條件：

$$\begin{cases} \omega(x)=0, x=0 \\ \omega'(x)=0, x=0 \end{cases} \tag{11-2}$$

根據式(11-1) 可得

$$\omega(x)=\frac{x^3}{6EJ}\left[Fx-3(FL-M)\right] \tag{11-3}$$

因此，發生在薄矩形片上（$z=h/2$）的應力和應變為

$$\sigma_x=-E\frac{\partial^2_\omega}{\partial x^2}z=\frac{Fh}{2J}\left[L-(x-L_h)\right] \tag{11-4}$$

$$\varepsilon_x=-\frac{\partial^2_\omega}{\partial x^2}z=\frac{Fh}{2EJ}\left[L-(x-L_h)\right] \tag{11-5}$$

其中，$L_h=1/2L$。

圖 11-6　單元格劃分後的三維圖

將設計的傳感器彈性體通過有限元分析軟體進行靜力學性能分析，以得到其靜態力學性能，及在受各維力/力矩作用下時彈性體最大和最小應變位置。圖 11-6 為有限元軟體 ANSYS 三維模型進行單元格劃分後的三維圖。

根據彈性體裝配完後的實際受力情況，將彈性體的底座底面設為固定支撐，自由度為零，所有的力都通過彈性傳力環的上表面施加。

11.3.2.1　切向力載荷 F_x 作用下（與 F_y 同）

在切向力載荷 F_x 作用下，彈性體上的變形和應變主要發生在下 E 形膜上。如圖 11-7(a) 所示，應變沿 X 軸分布，關於 Y 軸反對稱，並在內徑和外徑處達到最大值（537 微應變）和最小值（−545 微應變）。相應傳感器彈性體的最大變形發生在沿 X 軸的傳力環上，約為 0.03mm，如圖 11-7(b) 所示。

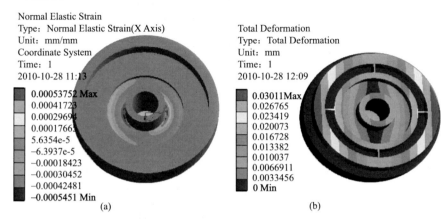

圖 11-7　彈性體在切向力載荷 F_x 作用下的應變和變形（電子版）

11.3.2.2　法向力載荷 F_z 作用下

　　在法向力載荷作用下，彈性體的應變和變形主要發生在上、下 E 形膜上，沿圓周呈波紋分布，並在 E 形膜內徑和外徑處達到最大值（754微應變）和最小值（－744 微應變），如圖 11-8（a）所示。相應的最大變形發生在傳力環的最外圓周，約為 0.024mm，如圖 11-8（b）所示。

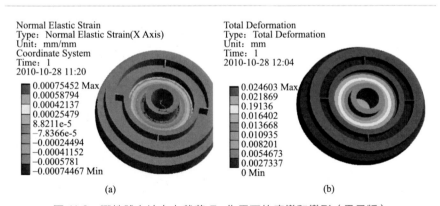

圖 11-8　彈性體在法向力載荷 F_z 作用下的應變和變形（電子版）

11.3.2.3　繞切向方向力矩 M_x 作用下（與 M_y 相同）

　　傳感器彈性體在切向方向力矩載荷 M_x 作用下，應變和變形主要發生在上、下 E 形膜上，應變沿 Y 軸分布且關於 X 軸反對稱，如圖 11-9（a）所示，沿 Y 軸在 E 形膜的內徑和外徑分別達到最大值（524 微應變）

和最小值（－521 微應變）。相應的最大變形發生在傳力環沿 Y 軸的最外圓周，如圖 11-9(b) 所示，大約為 0.01mm。

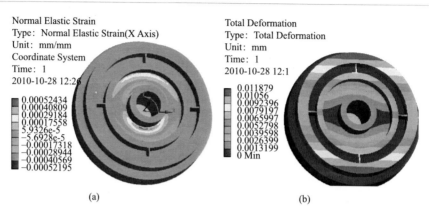

(a)　　　　　　　　　　(b)

圖 11-9　彈性體在切向方向力矩 M_x 作用下的應變和變形（電子版）

11.3.2.4　繞法向方向力矩 M_z 作用下

傳感器彈性體在法向方向力矩 M_z 作用下，應變和變形主要發生在四片薄矩形片上，如圖 11-10(a) 所示，在薄矩形片的兩端達到最大值（977 微應變）和最小值（－977 微應變）。相應的最大變形發生在傳力環最外圓周處，如圖 11-10(b) 所示，約為 0.07mm。

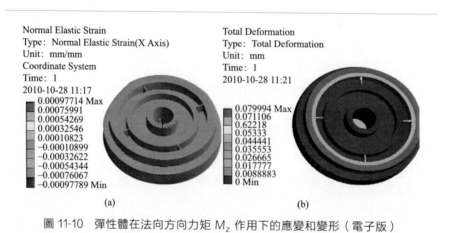

(a)　　　　　　　　　　(b)

圖 11-10　彈性體在法向方向力矩 M_z 作用下的應變和變形（電子版）

11.3.2.5　彈性體的模態分析

傳感器在工作時，力的加載其實是一個動態過程，因此傳感器的自

由振動的固有頻率必須大於所要測量的力／力矩的頻率的三倍以上，由於多維力／力矩傳感器的彈性體要同時檢測多維資訊，其結構一般比較複雜，受力時邊界約束條件也較多，通過解析方法很難得到準確的彈性體固有頻率和振型。為了確保彈性體具有良好的動態性能，通過 ANSYS 軟體對設計的彈性體進行動態分析，得到彈性體的前六階固有頻率（表 11-2）和振型（圖 11-11）。

表 11-2　水下六維力／力矩傳感器前六階固有頻率

模態	1	2	3	4	5	6
固有頻率/Hz	296.81	490.79	972.07	972.28	1036	1334.2

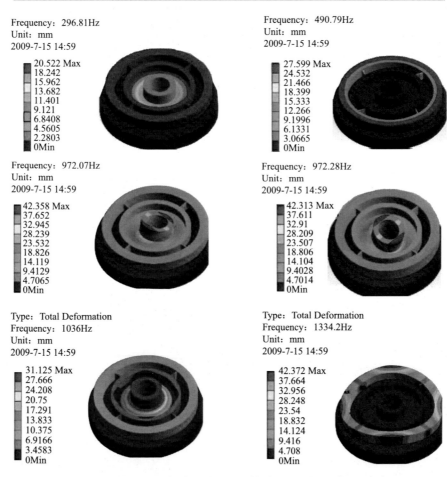

圖 11-11　水下六維力/力矩傳感器彈性體前六階振型（電子版）

11.3.3 傳感器布片及組橋

基於上述傳感器彈性體的靜力學分析，各種載荷情況下傳感器彈性體都工作在材料的比例極限下，而且彈性體上的應變範圍使傳感器具有足夠的靈敏度。各應變片在每種載荷作用下的應變產生情況如表 11-3 所示。

表 11-3 各應變片在每種載荷作用下的應變產生情況

載荷	F_x	F_y	F_z	M_x	M_y	M_z
ε_1	12	−110	−36	9	−40	694
ε_2	−12	−110	−40	8	35	−695
ε_3	16	110	−46	−7	−30	694
ε_4	−14	110	−42	−5	25	−699
ε_5	−2	−65	−560	378	−11	5
ε_6	3	46	780	−847	26	9
ε_7	−5	−42	780	850	37	−5
ε_8	4	67	−562	−380	−9	4
ε_9	40	−23	−536	−8	376	1
ε_{10}	−55	79	790	23	−840	2
ε_{11}	58	62	800	30	849	−1
ε_{12}	−38	−18	−550	−10	−374	−2
ε_{13}	447	−42	−584	−9	370	1
ε_{14}	−853	35	789	25	−837	1
ε_{15}	845	−46	785	29	849	1
ε_{16}	−447	42	−580	−7	−381	.1
ε_{17}	5	−447	−570	379	−10	1
ε_{18}	−6	845	803	−840	27	1
ε_{19}	8	−853	809	859	35	1
ε_{20}	−3	448	−575	−389	−8	1
ε_{21}	21	27	−575	26	−31	0
ε_{22}	−23	−47	814	−30	25	1
ε_{23}	37	40	−578	37	−23	1
ε_{24}	−23	−29	813	−27	29	1

將黏貼於彈性體上的應變片按圖 11-12 所示方式布片，並按圖 11-13 所示組成六路全橋檢測電路。其中應變片 $R_1 \sim R_4$ 貼於薄矩形片的兩側根部，用於檢測繞法向力矩 M_z；應變片 $R_5 \sim R_8$ 沿 Y 軸貼於上 E 形膜內外徑處，用於檢測繞切向力矩 M_x；應變片 $R_9 \sim R_{12}$ 沿 X 軸貼於上 E 形膜內外徑處，用於檢測繞切向力矩 M_y；應變片 $R_{13} \sim R16$ 沿 X 軸貼於下 E 形膜內外徑處，用於檢測切向力 F_x；應變片 $R_{17} \sim R_{20}$ 沿 Y 軸貼於下 E 形膜內外徑處，用於檢測切向力 F_y；應變片 $R_{21} \sim R_{24}$ 沿與 X 軸

成 $45°$ 方向貼於下 E 形膜內外徑處，用於檢測法向力 F_z。

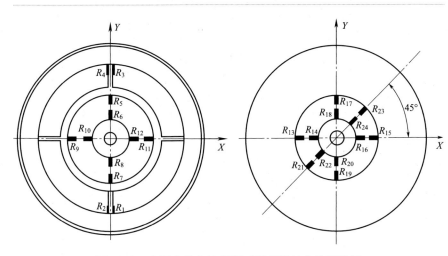

圖 11-12　水下六維力/力矩傳感器應變片布片示意圖

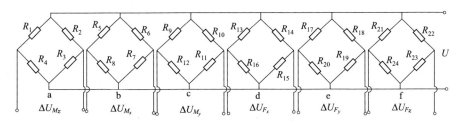

圖 11-13　水下六維力/力矩傳感器應變片組橋示意圖

根據電橋檢測原理，可得傳感器各路電壓輸出為

$$
\begin{bmatrix}
U_{F_x} \\
U_{F_y} \\
U_{F_z} \\
U_{M_x} \\
U_{M_y} \\
U_{M_z}
\end{bmatrix}
=
\begin{bmatrix}
1/4UK(\varepsilon_{13}-\varepsilon_{14}+\varepsilon_{15}-\varepsilon_{16}) \\
1/4UK(\varepsilon_{17}-\varepsilon_{18}+\varepsilon_{19}-\varepsilon_{20}) \\
1/4UK(\varepsilon_{21}-\varepsilon_{22}+\varepsilon_{23}-\varepsilon_{24}) \\
1/4UK(\varepsilon_{5}-\varepsilon_{6}+\varepsilon_{7}-\varepsilon_{8}) \\
1/4UK(\varepsilon_{9}-\varepsilon_{10}+\varepsilon_{11}-\varepsilon_{12}) \\
1/4UK(\varepsilon_{1}-\varepsilon_{2}+\varepsilon_{3}-\varepsilon_{4})
\end{bmatrix}
\tag{11-6}
$$

式中　U_i——表示第 i 路電橋的電壓輸出；

　　　U——表示各電橋的激勵電壓；

　　　K——表示應變片的靈敏係數；

　　　ε_i——表示應變片 i 發生的應變大小。

應變片選擇 Texas Measurements，Inc 的 WFLA-3-1L 系列，該系列應變片自帶有防水層，應變片引線用乙烯基包覆，整個應變片及引線被透明、柔性的環氧樹脂覆蓋，其主要參數如表 11-4 所示。

表 11-4　應變片基本參數

規格	操作溫度	材料	應變極限	尺寸/mm	阻值/Ω	G. F.	極限壽命/次數
WFLA-3-1L	0～80℃	Cu-Ni 合金金屬箔	3% (30000×10⁻⁶)	3×1.7	120	2.1	1×10⁶

電橋選用直流 5V 供電，根據表 11-3 的應變值，得出傳感器在滿載輸入時的各橋路輸出電壓值如表 11-5 所示。

表 11-5　水下六維力傳感器滿載情況下各橋路輸出

橋路	F_x	F_y	F_z	M_x	M_y	M_z
額定輸出/（×1/4UK）	2592	−2593	−2780	2455	2439	2782

從各橋路滿載輸出情況分析，設計的傳感器各維之間在滿載情況下的輸出數值適中而且維間相近，因此傳感器具有各向同性及高靈敏度的特點。各維在每一種載荷情況下的輸出可以用矩陣形式來描述：

$$
\begin{bmatrix} U_{F_x} \\ U_{F_y} \\ U_{F_z} \\ U_{M_x} \\ U_{M_y} \\ U_{M_z} \end{bmatrix} = \frac{1}{4}UK \begin{bmatrix} 2592 & -165 & -8 & 2 & 2437 & 0 \\ 22 & -2593 & 11 & 2467 & 6 & 0 \\ 104 & 143 & -2780 & 120 & -108 & 1 \\ -14 & -220 & 2 & 2455 & 9 & -13 \\ 191 & -22 & 24 & 9 & 2439 & 1 \\ 54 & 0 & 0 & -1 & -130 & 2782 \end{bmatrix} \begin{bmatrix} F_x \\ F_y \\ F_z \\ M_x \\ M_y \\ M_z \end{bmatrix}
$$

$$(11-7)$$

因傳感器各路輸出及維間耦合具有線性的特徵，故採用靜態線性解耦，直接根據文獻 [1] 中提出的方法計算標定矩陣。得到傳感器標定矩陣如下：

$$
\boldsymbol{A} = [a_{ij}] = \begin{bmatrix} 2.3686 & -0.3553 & -0.0640 & -0.8471 & 0.4381 & -0.0028 \\ -0.397 & 2.2648 & -0.0339 & 0.3532 & -0.1036 & 0.0046 \\ -0.005 & -0.0405 & 2.4125 & 0.0105 & 0.0029 & 0.0005 \\ -0.3493 & 0.1954 & 0.0208 & 2.7743 & -0.1018 & 0.0034 \\ -0.2776 & 0.3918 & 0.0230 & 0.433 & 2.5958 & 0.0025 \\ 0.4760 & -0.189 & 0.0611 & -0.1360 & -0.0221 & 2.5204 \end{bmatrix}
$$

$$(11-8)$$

11.3.4　傳感器精度性能評價

　　圖 11-14 所示為研製的傳感器彈性體原型。在實驗室專利產品——六維力傳感器標定平台上對研製的傳感器進行標定。標定平台如圖 11-15 所示。標定臺前端有一個垂直安裝的分度盤，分度盤能帶動安裝在其上面的傳感器實現精確的轉動，傳感器上安裝有用於加載的標定帽，砝碼懸掛在標定帽上的加載帽上，實現給傳感器加載任意方向的切向力、繞切向力矩、繞法向力矩及複合載荷，如圖 11-15 (a) 所示。標定平台中部有一個處於水準面的空洞，用於將傳感器安裝在其中，實現法向力 F_z 載荷的加載，如 11-15 (b) 所示。

圖 11-14　水下機器人腕部六維力/力矩傳感器彈性體原型

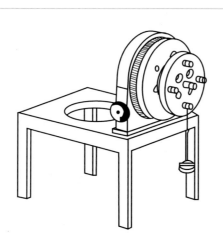

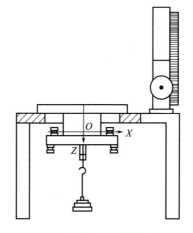

(a) 加載F_x、F_y、M_x、M_y、M_z時示意圖[2]　　(b) 加載F_z時示意圖[2]

圖 11-15

(c) 安裝有傳感器的標定臺的實物圖

圖 11-15　傳感器回轉標定平台

　　具體的標定過程按照參考文獻［2］中的流程完成。傳感器標定結果如圖 11-16 所示。經計算傳感器的最大線性度誤差為 1％FS，最大耦合誤差為 1.8％FS。

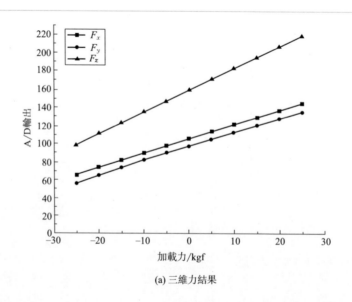

(a) 三維力結果

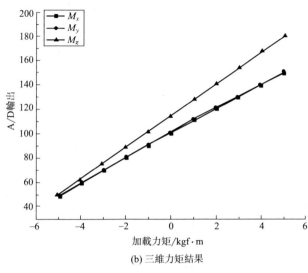

(b) 三維力矩結果

圖 11-16　水下六維力/力矩傳感器標定結果

11.4 水下六維力/力矩傳感器擴展：超薄六維力/力矩傳感器

由於設計的水下六維力/力矩傳感器彈性體具有諸多優良特性，根據該結構，設計了一種空間用超薄六維力/力矩傳感器，如圖 11-17 所示。

目前，國內外研製了多種六維力傳感器，雖然各種力傳感器功能齊全、種類繁多，但是現有的六維力傳感器高度尺寸都比較大，一般為 40～80mm，這就大大制約了傳感器在各個領域的應用。當前尺寸較小的傳感器有美國 Assurance 公司的微小型六維力傳感器，其外徑為 18mm，高度為 30mm。傳感器的高度是影響傳感器應用的一個重要因素，當機械

圖 11-7　超薄六維力/力矩傳感器爆炸示意圖

手實際操作時，作為腕力傳感器的六維力傳感器高度越大，機械手後續部件所受到的力矩因為力臂的增大而成比例地增大，這將影響機械手的額定工作量程及其最大工作空間；當仿人機器人仿人行走時，作為腳力傳感器的六維力傳感器高度越大，不但影響其外觀形狀，安裝在機器人踝關節的電機所需提供的力矩也相應成比例地增大[3]。

針對目前國內外相關技術存在的問題和缺陷，提出一種超薄高精度六維力傳感器，高度方向尺寸能限制在 12mm 以內，並能應用於各種應用場合，同時獲取不同量程要求下的精確六維資訊，為相應的應用設備準確順利完成任務提供高質量的力資訊。如圖 11-18 所示，傳感器具有高度尺寸小、結構簡單、靈敏度高、維間耦合小、獲取的力資訊精度高、可靠性好、動態性能優良等特點[3]。

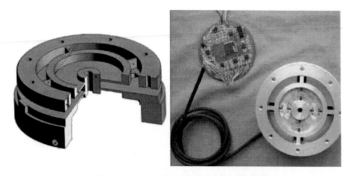

圖 11-18　傳感器彈性體結構及實物圖

由於傳感器檢測原理與性能在前面已有描述，下面只針對該傳感器特有的機械過載保護及基於神經網路的解耦方法進行說明。

傳感器彈性體上設計有凸出的止動塊，而傳感器上蓋設計有與之對應的凹形槽。傳感器在裝配完後，上蓋的最底面與彈性體的最外部軸肩有一定的間隙，止動塊與凹形槽在圓周方向與高度方向都有一定的間隙（參見圖 11-17），而且高度方向的間隙比上蓋底面與彈性體軸肩的間隙大。上蓋的最底面與彈性體的最外部軸肩間隙用於防止傳感器受過大 F_x、F_y、F_z、M_x、M_y 維的載荷而失效，當這些維的載荷超過傳感器設定的最大承載能力時，彈性體發生的形變使這個間隙變為零而將力或者力矩通過剛性接觸傳遞給傳感器底座。止動塊與凹形槽在圓周方向的間隙用於防止 M_z 維的過大載荷損壞傳感器。

傳統的多維力/力矩傳感器的線性解耦方式雖然能滿足一般應用需求的精度，但越來越多的應用環境要求多維力/力矩傳感器有更高的精度。

目前大部分多維力／力矩傳感器都是一體化設計，這就勢必引起傳感器在各維之間存在一定的相互干擾——維間耦合。維間耦合極大地限制了多維力／力矩傳感器的精度，因此有效的解耦方法是多維力／力矩傳感器提高精度的一個重要方面。

非線性模型真實地反映了多維力／力矩傳感器的實際情況，從理論上說可以徹底解決靜態解耦問題，但是這種方法的計算量過大，因而限制了這種方法的實用化[4]。基於線性神經網路的解耦方法不僅結構簡單，計算量也較小，能在一定程度上消除傳感器維間耦合對傳感器精度的影響。

如圖 11-19 所示，將六維力／力矩傳感器六個橋路的輸出電壓組成的列向量 $N = \begin{bmatrix} N_x & N_y & N_z & N_{M_x} & N_{M_y} & N_{M_z} \end{bmatrix}^T$ 作為神經網路的輸入向量，將對應的作用在傳感器座標系原點上的六維力／力矩等效資訊所組成的列向量 $F = \begin{bmatrix} F_x & F_y & F_z & M_x & M_y & M_z \end{bmatrix}^T$ 作為神經網路的輸出向量。$b = \begin{bmatrix} b_i \end{bmatrix}^T$，$i = 1, 2, \cdots, 6$ 為偏差矩陣；訓練完後的各權值 $W = \begin{bmatrix} w_{ij} \end{bmatrix}$，$i, j = 1, 2, \cdots, 6$ 即為解耦矩陣。

$$F = WN + b \tag{11-9}$$

根據上式與式(4-1) 可計算出傳感器的解耦矩陣。線性神經網路解耦最大的特點是用標定數據對神經網路模型進行訓練從而得到解耦矩陣的最優解。其具體算法如圖 11-20 所示。

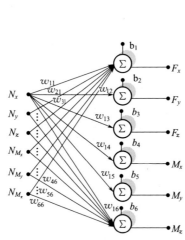

圖 11-19　六維力／力矩傳感器
神經網路解耦模型

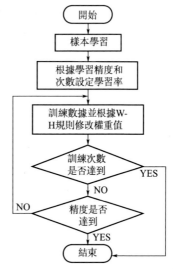

圖 11-20　線性神經網路的解耦方法[5]

得到傳感器的解耦矩陣如下：

$$W = T^{-1} = \begin{bmatrix} 0.6284 & 0.0018 & 0.0022 & -0.0058 & 0.4756 & -0.0010 \\ 0.0027 & 0.6293 & 0.0053 & 0.4474 & 0.0027 & 0.0014 \\ 0.0371 & 0.0030 & 0.0928 & -0.0015 & -0.0022 & -0.0011 \\ 0.0004 & 1.4531 & 0.0080 & 1.9117 & 0.0296 & -0.0012 \\ 1.4679 & -0.0018 & -0.0118 & -0.0340 & 2.0421 & 0.0036 \\ -0.0467 & -0.3137 & 0.0069 & -0.2496 & -0.0328 & 0.4207 \end{bmatrix}$$

(11-10)

偏差矩陣如下：

$$b = \begin{bmatrix} 0.1597 & -0.1508 & 0.0516 & -0.6860 & 0.4688 & -1.4990 \end{bmatrix}^T$$

(11-11)

最後，得到標定實驗的結果如圖 11-21 所示。

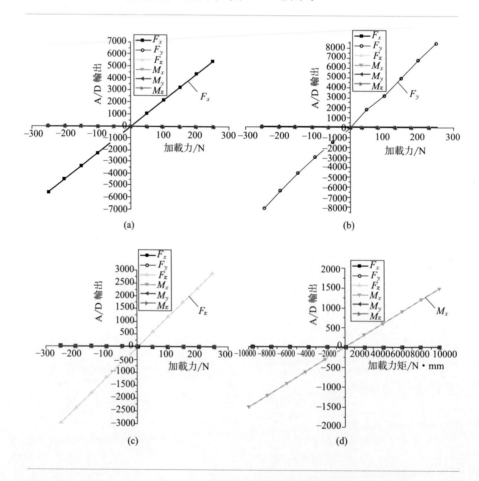

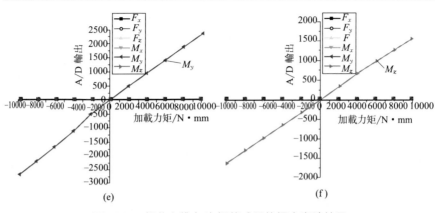

(f)

圖 11-21　超薄六維力/力矩傳感器的標定實驗結果

　　由實驗結果可知，設計的超薄六維力/力矩傳感器線性度好，並且關於零點對稱，最大線性度誤差為 0.17％FS，最大耦合誤差為1.6％FS。

11.5　水下機器人腕部六維力/力矩資訊獲取應用實例

　　六維腕力傳感器主要用於檢測機械手與環境間的作用力，如水對機械手和工件的運動阻力、裝配作業時裝配孔對銷的阻力等。就目前技術手段而言，力的測量方式只能採用直接測量。因此，六維腕力傳感器一般串接在機械臂的手腕與機械手之間，如圖 11-22 所示[6]。

圖 11-22　裝備水下六維力/力矩傳感器的水下手爪及實驗裝置

參考文獻

[1] Zhang Jingzhu, Guo Kai, Xu Cheng. Application Study on Static Decoupling Algorithms for Six-Dimensional Force Sensor [J]. Transducer and Microsystems Technologies, 2007, 26（12）: 58-62.

[2] 吳仲城，申飛，吳寶元，等．用於中等量程的六維力傳感器標定裝置的標定方法：中國，CN 101571442A [P]. 2009.

[3] 戈瑜，梁橋康，宋全軍，等．超薄六維力傳感器及其測量三維力和三維力矩資訊的方法：中國，ZL 200810243742.1 [P]. 2009-05-14.

[4] 姜力，劉宏，蔡鶴皋．基於神經網路的多維力傳感器靜態解耦的研究[J].中國機械工程，2002, 13（24）: 2100-2104.

[5] Cao Huibin, Yu Yong, Ge Yunjian. A Research of Multi-Axis Force Sensor Static Decoupling Method Based on Neural Network[C]//Automation and Logistics, 2009. ICAL' 09. IEEE International Conference on. Chicago:IEEE, 2009: 875-879.

[6] 梁橋康，特殊應用的多維力/力矩傳感器的研究與應用[D]. 合肥：中國科學技術大學，2010.

附錄

多維力傳感器
解耦算法代碼

％**直接求逆法解耦**

```
close,clear,clc;

%%1. 獲取訓練樣本和測試樣本
%訓練樣本(6組)
U_train=(xlsread('Train_Data.xls','A2:F7'))';%輸入
F_train=(xlsread('Train_Data.xls','G2:L7'))';%輸出

%測試樣本(54組)
U_test=(xlsread('Test_Data.xls','A2:F55'))';%輸入
F_test=(xlsread('Test_Data.xls','G2:L55'))';%輸出

%%2. 數據歸一化
[Un_train,input]=mapminmax(U_train);%輸入歸一化
Un_test=mapminmax('apply',U_test,input);

[Fn_train,output]=mapminmax(F_train);%輸出歸一化
Fn_test=mapminmax('apply',F_test,output);

%%3. 根據 F=CU,直接計算解耦矩陣
C1=Fn_train*inv(Un_train)

%%4. 測試
Fn_sim=C1*Un_test;
F_sim=mapminmax('reverse',Fn_sim,output);%輸出反歸一化

%%5. 結果分析
result=[F_test' F_sim'];%計算比較測試樣本的實際輸出與預測輸出
error_mse=mse(error)%計算測試樣本預測輸出的均方誤差
norm_C1=norm(C1)%計算標定矩陣 C1 的範數
LiangCheng=ones(54,1) * [200 200 300 8000 8000 10000];
ErrorRate=abs(error./LiangCheng);%計算誤差率
```

％**最小二乘法解耦**

```
close,clear,clc;

%%1. 獲取訓練樣本和測試樣本
%訓練樣本(300組)
```

```
U_train=(xlsread('Train_Data.xls','A2:F301'))';%輸入
F_train=(xlsread('Train_Data.xls','G2:L301'))';%輸出

%測試樣本(54 組)
U_test=(xlsread('Test_Data.xls','A2:F55'))';%輸入
F_test=(xlsread('Test_Data.xls','G2:L55'))';%輸出

%%2. 數據歸一化
[Un_train,input]=mapminmax(U_train);%輸入歸一化
Un_test=mapminmax('apply',U_test,input);

[Fn_train,output]=mapminmax(F_train);%輸出歸一化
Fn_test=mapminmax('apply',F_test,output);

%%3. 根據 F=CU,用最小二乘法計算解耦矩陣
C2=Fn_train*Un_train'*inv(Un_train*Un_train')

%%4. 測試
Fn_sim=C2*Un_test;
F_sim=mapminmax('reverse',Fn_sim,output);%輸出反歸一化

%%5. 結果分析
result=[F_test' F_sim'];%計算比較測試樣本的實際輸出與預測輸出
error_mse=mse(error)%計算測試樣本預測輸出的均方誤差
norm_C2=norm(C2)%計算標定矩陣 C2 的範數
LiangCheng=ones(54,1) * [200 200 300 8000 8000 10000];
ErrorRate=abs(error./LiangCheng);%計算誤差率
```

%BP 神經網路解耦

```
close,clear,clc;
%%1. 獲取訓練樣本和測試樣本
%獲取 300 組訓練樣本
Train_Data=xlsread('Train_Data.xls','A2:L301');
P_train=Train_Data(:,1:6)';%第 1～6 列為訓練輸入(電壓值)
T_train=Train_Data(:,7:12)';%第 7～12 列為訓練輸出(力/力矩值)

%獲取 54 組測試樣本
Test_Data=xlsread('Test_Data.xls',A2:L55');
```

```
P_test＝Test_Data(:,1:6)';%第1～6列為測試輸入(電壓值)
T_test＝Test_Data(:,7:12)';%第7～12列為理論輸出(力/力矩值)

%%2. 數據歸一化
[Pn_train,input]＝mapminmax(P_train);%輸入數據歸一化到區間[－1,1]
Pn_test＝mapminmax('apply',P_test,input);

[Tn_train,output]＝mapminmax(T_train);%輸出數據歸一化到區間[－1,1]
Tn_test＝mapminmax('apply',T_test,output);

%%3. 創建BP網路
    i＝1;
for NodeNum＝6:15
    tic%開始計時
    net＝feedforwardnet(NodeNum);%隱層節點數為6～15

%%4.BP網路訓練
    [net,tr]＝train(net,Pn_train,Tn_train);

%%5.BP網路測試
    Tn_sim＝sim(net,Pn_test);   %用訓練後得到的模型來對測試數據進行
測試,得到預測輸出數據
    T_sim＝mapminmax('reverse',Tn_sim,output);%測試輸出數據進行
反歸一化
    BP_time＝toc;%獲取BP解耦時間

%%6. 測試結果對比
    result＝[T_test' T_sim'];
    error＝T_test'－T_sim';
    E_mse＝mse(error);%計算均方誤差
    disp(['NodeNum        ','E_mse      ','BP_time     ','Epochs']);
    performance＝[NodeNum,E_mse,BP_time,tr.num_epochs];

    NodeNum0(i)＝NodeNum;%記錄以下數據,供後續繪圖用
    E_mse0(i)＝E_mse;
    BP_time0(i)＝BP_time;
    Epochs0(i)＝tr.num_epochs;
    i＝i+1;
```

```
        disp(performance);
        if NodeNum==13
            result=[F_test' F_sim'];%計算比較測試樣本的實際輸出與預測
輸出
            error_mse=mse(error)%計算測試樣本預測輸出的均方誤差
            norm_C2=norm(C2)%計算標定矩陣 C2 的範數
            LiangCheng=ones(54,1) * [200 200 300 8000 8000 10000];
            ErrorRate=abs(error./LiangCheng);%計算誤差率
        end
end


%%7. 繪圖
subplot(1,2,1),plot(NodeNum0,E_mse0,'r-x');
subplot(1,2,2),plot(NodeNum0,BP_time0,'b- * ');
```

%SVR 支持向量機解耦

```
close,clear,clc;
%%1. 獲取訓練樣本和測試樣本
%獲取 300 組訓練樣本
Train_Data=xlsread('Train_Data.xls','A2:L301');
P_train=Train_Data(:,1:6)';%第 1～6 列為訓練輸入(電壓值)
T_train=Train_Data(:,7:12)';%第 7～12 列為訓練輸出(力/力矩值)


%獲取 54 組測試樣本
Test_Data=xlsread('Test_Data.xls',A2:L55');
P_test=Test_Data(:,1:6)';%第 1～6 列為測試輸入(電壓值)
T_test=Test_Data(:,7:12)';%第 7～12 列為理論輸出(力/力矩值)


%%2. 數據歸一化
[Pn_train,input]=mapminmax(P_train,1,2);%輸入數據歸一化到區
間[-1,1]
Pn_test=mapminmax('apply',P_test,input);
Pn_train=Pn_train';
Pn_test=Pn_test';


[Tn_train,output]=mapminmax(T_train,1,2);%輸出數據歸一化到區間
[-1,1]
Tn_test=mapminmax('apply',T_test,output);
```

```
    Tn_train＝Tn_train';
    Tn_test＝Tn_test';

    ％％分別進行 6 次 SVM 運算
    tic％開始計時
    for i＝1:6

        ％％3. 參數選擇
        [bestmse,bestc,bestg]＝SVMcgForRegress(Tn_train(:,i),Pn_
train,－4,4,－4,4,3,1,1,0.1);
        disp('列印選擇結果');
        str＝sprintf('Best Cross Validation MSE＝％g Best c＝％g Best g
＝％g',bestmse,bestc,bestg);
        disp(str);

        ％％4. 訓練與回歸預測
        cmd＝['－c',num2str(bestc),'－g',num2str(bestg),'－s 3－p 0.01'];
        model＝svmtrain(Tn_train(:,i),Pn_train,cmd);％利用回歸預測分
析最佳的參數進行 SVM 網路訓練

        [Tn_predict(:,i),mse1]＝svmpredict(Tn_test(:,i),Pn_test,mod-
el);％SVM 網路回歸預測

        str＝sprintf('均方誤差 MSE＝％g 相關係數 R＝％g％％',mse1(2),
mse1(3) * 100);％列印回歸結果
        disp(str);

    end
    SVM_time＝toc

    ％％5. 測試結果對比
    T_predict＝mapminmax('reverse',Tn_predict',output);％SVM 預測結
果反歸一化
    result＝[T_test' T_predict']％列出理論輸出數據和測試輸出數據
    error＝T_test'－T_predict';
    E_mse＝mse(error)％計算均方誤差
    SVM_time
    LiangCheng＝ones(54,1) * [200 200 300 8000 8000 10000];
```

```
ErrorRate=abs(error./LiangCheng);
```

％ELM 極限學習機解耦

```
close,clear,clc;
％獲取 300 組訓練樣本
Train_Data=xlsread('Train_Data.xls','A2:L301');
P_train=Train_Data(:,1:6)';％第 1～6 列為訓練輸入(電壓值)
T_train=Train_Data(:,7:12)';％第 7～12 列為訓練輸出(力/力矩值)

％獲取 54 組測試樣本
Test_Data=xlsread('Test_Data.xls',A2:L55');
P_test=Test_Data(:,1:6)';％第 1～6 列為測試輸入(電壓值)
T_test=Test_Data(:,7:12)';％第 7～12 列為理論輸出(力/力矩值)

％％2. 數據歸一化
[Pn_train,input]=mapminmax(P_train);％輸入數據歸一化到區間[-1,1]
Pn_test=mapminmax('apply',P_test,input);

[Tn_train,output]=mapminmax(T_train);％輸出數據歸一化到區間[-1,1]
Tn_test=mapminmax('apply',T_test,output);

i=1;
for NodeNum=20:50
    ％％3. ELM 訓練
    tic％開始計時
    [IW,B,LW,TF,TYPE]=elmtrain(Pn_train,Tn_train,NodeNum,'sig',
0);％隱層節點數為 10～30,激勵函數為 S 型函數

    ％％4. ELM 測試
    Tn_sim=elmpredict(Pn_test,IW,B,LW,TF,TYPE);％用訓練後得到的
模型來對測試數據進行測試,得到測試輸出數據
    ELM_time=toc;％ELM 解耦時間
    T_sim=mapminmax('reverse',Tn_sim,output);％測試輸出數據進行
反歸一化

    ％％5. 測試結果對比
    result=[T_test' T_sim'];％列出理論輸出數據和測試輸出數據
    error=T_test'-T_sim';
```

```
E_mse=mse(error);%計算均方誤差

disp(['NodeNum      ','E_mse     ','ELM_time']);
performance= [NodeNum,E_mse,ELM_time];

NodeNum0(i)=NodeNum;
E_mse0(i)=E_mse;
ELM_time0(i)=ELM_time;
i=i+1;
disp(performance);
if NodeNum==35
    LiangCheng=ones(54,1) * [200 200 300 8000 8000 10000];
    ErrorRate=abs(error./LiangCheng);
end
end

%%6. 繪圖
subplot(1,2,1),plot(NodeNum0,E_mse0,'r-x');
subplot(1,2,2),plot(NodeNum0,ELM_time0,'b-*');
```

機器人力觸覺感知技術

編　　著：梁橋康，徐菲，王耀南

發 行 人：黃振庭

出 版 者：崧燁文化事業有限公司

發 行 者：崧燁文化事業有限公司

E-mail：sonbookservice@gmail.com

粉 絲 頁：https://www.facebook.com/
　　　　　sonbookss/

網　　址：https://sonbook.net/

地　　址：台北市中正區重慶南路一段六十一號八
　　　　　樓 815 室

Rm. 815, 8F., No.61, Sec. 1, Chongqing S. Rd.,
Zhongzheng Dist., Taipei City 100, Taiwan

電　　話：(02) 2370-3310

傳　　真：(02) 2388-1990

印　　刷：京峯彩色印刷有限公司（京峰數位）

律師顧問：廣華律師事務所 張珮琦律師

國家圖書館出版品預行編目資料

機器人力觸覺感知技術 / 梁橋康，
徐菲，王耀南編著 .-- 第一版 .--
臺北市：崧燁文化事業有限公司，
2022.03
　　面；　公分
POD 版
ISBN 978-626-332-127-4(平裝)
1.CST: 機器人 2.CST: 系統設計
448.992　111001512

電子書購買

臉書

定　　價：560 元

發行日期：2022 年 03 月第一版

◎本書以 POD 印製